译文科学

科学有温度

STEVEN E. KOONIN

UNSETTLED

What Climate Science Tells Us,
What It Doesn't, and Why It Matters

悬而未决

气候变化的事实和迷思

[美] 史蒂芬·库宁 著
王乔琦 译

上海译文出版社

献给我的各位导师，

他们让我知道科学诚信有多么重要。

推荐序 理解气候科学的不确定性

江晓原

多年以前，我指导的一位博士生告诉我，她的博士论文写作遭遇瓶颈，我问她，知道瓶颈在哪里吗？她说知道，“只要解决了下面这个问题，瓶颈就能够突破”。她的问题是：世界上到底有没有真正客观的气候科学？我告诉她：“至少到目前为止，尚不存在这样的气候科学。”她说那她论文的瓶颈就可以突破了。不久以后她顺利通过了博士论文答辩，获得了理学（科学史）博士学位。

如今许多人已经对“全球变暖”这一说法习以为常，似乎这已经是一个客观事实，而据大众媒体上普遍的说法，这个事实是由气候科学家告诉我们的。然而实际情况却是：气候科学和“全球变暖”理论的依据，是有着高度不确定性的。如不放弃关于“客观气候科学”的幻想，许多矛盾就无法解释，许多事情就想不明白。

气候科学两大阵营的对垒

关于“全球变暖”理论，国际上其实长期有着巨大争议，简单来说，围绕着“全球变暖”有两大阵营：

一个是我们已经熟悉的认为“全球变暖”为真的阵营，他们在下面三个问题上都采纳“是”的答案，即认为：

1、全球确实是在变暖。

2、全球变暖是工业碳排放造成的。

3、全球变暖会引发环境灾难。

这种立场对迫切希望完成工业化的发展中国家来说，明显是不利的。这个阵营得到联合国“政府间气候变化专门委员会”（IPCC）、美国前总统克林顿、美国前副总统戈尔等机构和人物的支持，特别是戈尔主持的纪录片《难以忽视的真相》（*An Inconvenient Truth*，2006），在社会上影响很大。这个阵营的“金主”以“新能源”产业的资本为主。

另一阵营则认为“全球变暖”并非事实，甚至可能是一个骗局。他们对这三个问题都表示质疑：

1、全球真的在变暖吗？

2、全球变暖是工业碳排放造成的吗？

3、全球变暖会引发环境灾难吗？

并且答案都倾向于“否”。这个阵营得到一部分著名气候科学家（比如因发现“1500年全球气候变化周期”而获1996年泰勒环境成就奖的哥本哈根大学教授丹斯加德等人）、美国总统特朗普等学界和政治人物的支持，这个阵营的“金主”则以煤炭、石油等传统能源产业的资本为主。

但是长期以来，我们对这两大阵营学说的介绍是完全不成比例的：我们大量引进了前一阵营的学说，并且在国内媒体上形成了某种“共识”——“全球变暖是客观事实”“主张全球变暖意味着政治正确”……而对另一阵营的学说则极少引进，尽管也有少量书籍被低调引进了，比如《全球变暖：毫无由来的恐惧》（上海科学技术文献出版社，2008）、《错误警报：气候变化只是虚惊一场》（山西人民出版社，2024）等。本书很大程度上也可以归入这一类。

“全球变暖”理论之所以形成这种旷日持久的争议局面，归根结底是因为这个理论自身有致命缺陷——巨大的不确定性。这种不确定性不仅提供了巨大的争议空间，也提供了资本和政治权力介入的空间。

气候科学研究的数据从何而来?

要理解气候科学和“全球变暖”理论的不确定性，有两条主要路径。第一条路径是关注作为论断依据的数据来源。

要讨论地球是不是在变暖，当然首先要获得历史上地球的温度数据。但是现代的专业气候温度记录，最早也只能追溯到19世纪中叶，而要论证“全球变暖”理论，必须以千年的时间尺度来考察，这才能够证明地球温度在最近数十年中急剧上升，那么在1850年之前的地球温度，我们从何得知?

没有专业数据，就只能依靠间接推测。推测古代地球温度有如下各种途径：历史文献记录（非专业的）、树木年轮、湖泊沉积物、珊瑚沉积、深海岩芯、孢粉、古土壤、沉积岩等等，但是相对来说最可靠的途径是——冰芯。

冰芯是现代人能够使用的最重要的古气候研究手段。从理论上说，所有在大气中循环的物质，都会随着大气环流而到达冰川上空，并沉降在冰雪表面，最终形成冰芯记录。冰芯中有大量历史信息，比如测定冰芯中各冰层的氧-16和氧-18的比值变化可以确定冰层年代，测定冰芯中氢、氧同位素的比值可以度量当时的气温，冰芯气泡中的气体成分和含量可以揭示大气成分的演化，分析冰芯中的微粒含量和各种化学成分可以获得不同时期的大气气溶胶、沙漠演化、植被变化、生物活动、火山活动、大气环流强度等多种信息。

尽管比起其它各种间接推测地球历史气温的途径来说，冰芯信息量大、保真性好、分辨率高、记录序列可长达数十万年，因而备受青睐，但我们从常识就可知道，冰芯能够提供的历史信息，绝大部分都是间接的、不精确的，分析处理起来仍有巨大的争议空间。

至于其它各种途径，就更不可靠了。例如通常被视为仅次于冰芯的树木年轮，用来推测地球温度就有更大的争议空间。首先选择不同的树木就可以得出大相径庭的结论，同时对不同的树木赋予不同的统计学权重，也很容易构造出符合自己需要的历史气温曲线。

由于缺乏1850年以前地球温度的确切记录，我们只能借助于冰芯、树木年轮等途径间接推测，因此无论是肯定还是否定“全球变暖”理论，其实都无法建立在一个理想的坚实基础之上。但退而求其次，间接途径总比没有途径好，所以接下来的问题是：冰芯中的历史信息能够支持“全球变暖”理论吗？

1984年丹斯加德和奥斯切格发表了《格陵兰岛深层冰芯揭示的北大西洋气候振荡变化》，这被认为是利用冰芯研究历史气候变化的重要文献。他们认为百万年以来，存在着一个主宰着地球气候变化的“1500年周期”，使地球气候处于几乎恒定的周期波动中。

通俗的理解就是：地球温度有自身的变化周期，在这种周期面前，人类的工业碳排放所起的作用很可能是微不足道的。例如，大气中的二氧化碳浓度并不能说明地球近年来的温度变化，1940年后工业碳排放激增，但地球温度却在下降。事实上，直到1975年，主导当时气候变化研究的主题还是“全球变冷”。

此外“全球变暖”理论的许多论点也都面临争议。比如地球大气中的二氧化碳浓度被视为“全球变暖”的罪魁祸首，但反对派认为这两件事的因果关系被颠倒了——实际上是气温升高导致了二氧化碳浓度的增加。又如“全球变暖”将导致全球海平面上升，也是公众耳熟能详的说法，但实际上一些研究结论经常被媒体任意夸大，比如某研究报告预测公元2100年地球海平面上升1.1米的概率是1%（实际上就是几乎不可能），报纸上的报道却变成“海平面可能上升1.1米”……

气候科学研究的结论如何到达公众面前?

第二条路径就是本书所提供的：考察气候科学家——这里假定他们都没有被资本所挟持或收买——的科学论述，是如何被媒体、政客、社会活动家和NGO组织歪曲和变形，之后再到达公众面前的。

本书作者史蒂芬·库宁，曾在加州理工学院理论物理系担任教授近30年，还担任过该校教务长和副校长多年，所以严格地说，他并非专业的气候科学家。但他又曾在奥巴马政府担任过美国能源部副部长，而他在理论物理方面的专业训练，则使他对于气候科学的不确定性有着比绝大部分气候科学家更为深刻的认识。

本书通过对气候科学和“全球变暖”理论中若干重要具体论断的系统考察，深入浅出地向读者展示了当今气候科学的种种不确定性。或者也可以说，本书就是对于“为何至今尚无客观的气候科学”的具体论证。

作者在本书“导言”中就明确指出：“由于相关气候数据不足，我们很难分辨哪些气候变化是来自人类影响，哪些是未被充分理解的自然变化。……简单来说，仅凭我们目前掌握的气候科学知识，尚不足以对地球气候在未来几十年内的变化作出有价值的预测，更不要说借此判断人类活动对气候的影响了。”

这本来是学者严谨的判断，但政客们——比如总统候选人——显然不喜欢这样不温不火的严谨陈述，本书作者这样描述这些政客：“所有候选人都试图用言过其实的‘气候问题迫在眉睫’言论超越对手，于是，公众对‘气候危机’的认识越发脱离科学事实。”一些科学家也被这样的舆论风向所裹挟，不得不对“全球变暖”理论随声附和，“即便相关理论是错的”也不敢站出来表达异议。

“全球变暖”理论的另一个“利器”是在计算机上搞的模型，用这些模型来“预言”气候变化将会造成怎样的全球灾难。但在本书作者这样的理论物理学家眼里，这些模型很多都是不靠谱的，尽管作者只是很含蓄地表示：“我们的模型越来越精致，但它们对未来的描述却变得越来越不确定。”作者还引用了这方面权威专家的一句名言：“所有模型都是错的，但其中有一些有用。”

作者还对气候科学和“全球变暖”理论的各个利益相关群体——科学家、科学机构、活动家和 NGO 组织、媒体、政客——的态度和行为逐一给出了简明扼要的描述，对于我们理解这方面的情形颇有帮助。

例如对于媒体，作者指出：“随着互联网时代的发展，新闻标题为了获取更高点击量而变得更有煽动性——即便文章内容本身并不支持他们想煽动的观点。”这和我们常说的“标题党”真是异曲同工。

又如关于政客，作者担任政府副部长的经历无疑让他对政客们的行事有着比公众多得多的了解：“气候灾难的威胁——无论是风暴、干旱、上升的海平面、农业减产，还是经济崩溃——都能让所有人产生共鸣，对这种威胁的描述既可以非常紧急，又可以足够遥远，政客们的可怕预言只会在卸任几十年后才经受检验。”他的意思是，政客们为了获取关注，在气候问题上可以只管危言耸听，没有任何风险。

在作者的考察之下，气候科学家也不可能是完全无辜的，他们经常不敢说真话。有不少科学家因为不公开支持“全球变暖”就被公众谴责，甚至“职业生涯都受到严重影响”。例如当作者自己就气候问题讲真话时，“很多人会立刻问我是不是特朗普的支持者”。一些科学机构则为了哗众取宠，拿到更多的资助，“更关心让科学契合他们的叙事，而不是让叙事更符合科学”。

至于那些满世界活动的 NGO 组织，作者对他们也有强烈不满：“对很多非政府组织来说，‘气候危机’就是他们存在的全部意义。另外，他们还要担心被更激进的组织超越。”后面这种担心当然会让 NGO 组织竞相攀比激进的程度。

气候科学研究的资助者

当我们考虑“全球变暖”理论时，还有一些维度是不容忽视的。例如，研究经费的资助这个维度，经常在围绕“全球变暖”双方的论战中浮现出来，双方都不时在论战中用它来打击对方。

我们知道，现代科学研究绝大部分都是需要巨额金钱资助的，这些资助的金钱，或者来自国家机构，比如美国的能源部、国防部、国家科学基金会、中国的国家自然科学基金委员会等等，或者来自私人的基金会或企业。在美国，来自后一方面的资助数量相当庞大，这就给资本介入“全球变暖”争议提供了广阔的空间。

“全球变暖”议题最初是在“新能源”资本推动下设立的——断言工业碳排放正在导致全球变暖并将引发惊人的环境灾害，这就需要限制煤炭、石油等传统能源的使用，取而代之的是大力发展水电、太阳能、风电、核电（起初包括在“新能源”行列中）等能源，这就直接打击了传统能源资本的经济利益。

因此，围绕着“全球变暖”议题，“新能源”资本和传统能源资本都大力资助对自己有利的学术研究。由于这在西方本来就是合法行为，所以双方谁也不藏着掖着，都是“光明正大”地进行的。在美国，由资本在后面资助学者研究，得出符合该资本集团意愿的学术成果，这种行为被称为“回音室”，本书中也提到了这个概念。

但是在中国公众和媒体看来，学者接受私人资本的资助，得出符合资本利益的“研究成果”，是一种可耻的行为。所谓“回音室”不就是学者堕落成为资本的应声虫吗？这种中西方社会的差别背景，很多时候会使公众在“全球变暖”问题上被某一方所误导。

例如笔者最近读到一篇单向支持“全球变暖”的文章，为了达到“黑化”理论对手的目的，详细列举了许多反对“全球变暖”理论的研究者接受传统能源集团资助的例证，但是却对主张“全球变暖”理论的研究者接受“新能源”集团资助的情况绝口不提。

所以，考虑到西方社会在某些领域（最突出的领域就是医药和气候科学）盛行私人资助科学研究的情况，我们不能简单地以有没有（其实很多情况下是我们知不知道）接受私人资助作为研究成果可信与否的判据。对各方成果都应该从成果本身来判断。

论战双方的公信力记录

如果说，学者接受私人资本资助成为影响其学术公信力的负面因素，那么对于论战双方学术公信力的记录优劣，更应该成为判断“全球变暖”问题时的另一个思考维度。

对于“全球变暖”理论的坚信者来说，不幸的是，主张“全球变暖”的阵营在学术公信力方面有非常著名的不良记录，这就是“曲棍球杆曲线”造假事件。

为使全球变暖被广大公众接受为一个“科学事实”，迄今为止主要是两方面的努力：首先是诉诸感官印象，主要是展示、报道全球各地气温升高的新闻、画面、视频等等，戈尔的纪录片《难以忽视的真相》就是这方面的集大成之作。但仅仅展示这些并不能否定“地球气温本来就有周期变化”的质疑，所以还需要更有说服力的“科学证据”，这些证据中占有核心地位的是一条名为“曲棍球杆”（hockey stick）的著名曲线，戈尔的纪录片中也强调过同样的曲线——描述过去一千年地球的气温变化情况，曲线基本呈水平状，只是时间轴右端的最近几十年明显翘起，状如曲棍球杆。

这条曲线是曼恩（M. Mann）在1998、1999年的两篇论文中公布的，前一篇文章发表在著名的《自然》杂志上（*Nature*，392，779~787）。曼恩的文章受到联合国IPCC的高度重视，很快广泛传播，被数以千计的报告和出版物引用，也被克林顿政府当作全球变暖的科学证据。曼恩本人也随之平步青云，被任命为IPCC有关气候报告的执笔人。

但是这条曲线不久就被两位加拿大学者指控有学术造假。例如，曼恩选择北美西海岸山区的狐尾松年轮来描述历史上的气候温度，并赋予它在统计学上站不住脚的权重，使得构造出来的地球历史气温曲线符合自己的需要。这一指控相当严厉，2004年曼恩不得不在《自然》杂志上刊登了一份“更正错误”的声明，不过他辩解说，这些错误“没有影响我们以前公布的结果”。但这项指控引起了美国国会的关注，能源与商业委员会委托当时美国国家科学院应用与理论统计学委员会主席威格曼教授组织专门小组进行调查。2006年威格曼提交了调查报告，结论为：曼恩的研究方法错误，他论文中的分析无法支持他的结论。

至此“曲棍球杆曲线”变成学术丑闻。相比之下，反对“全球变暖”阵营迄今为止并未出现这样的学术丑闻。即使我们选择相信“全球变暖”，主张保护环境，毕竟也不能依靠学术造假来支撑信念。

所以，近年的全球变暖，很可能只是因为现在正处于地球固有的某个温度波动周期的变暖阶段而已。实际上，要肯定“全球变暖”或否定“全球变暖”，双方都没有足够的确切依据。因此各国政府只能根据自己国家的利益，来决定实际政策，并选择对“全球变暖”理论的官方态度——只要在事实上对自己国家有利就行。

2025 年 1 月 21 日

于上海交通大学科学史与科学文化研究院

目　录

对本书的评价

阐述全球变暖问题的作品已经很多了——但这本书仍旧很有价值。史蒂芬·库宁的资历、专业和经验让他不仅能提出正确的问题，还能给出具有现实意义的答案。

——曼尼托巴大学杰出名誉教授瓦茨拉夫·斯米尔（Vaclav Smil）

《悬而未决》是气候科学领域的一项绝佳的案例研究，展示了这门学科固有的复杂性和不确定性。同时，这部作品也是一篇警示寓言，提醒我们政策制定过程中“解释过滤器”如何塑造甚至误导气候政策领域的论辩。《悬而未决》应该出现在科学家和工程师的阅读书目清单上，毕竟这两类人的职责不应局限于实验室，还应该以公民的身份向更广大的公众传递正确信息——后者常常因接受的媒体消息实在太多而无所适从。对政策制定者和从政人士来说，这部作品可以让他们反思自己的论点、立场和决策。

——加州理工学院荣誉校长让-卢·沙莫（Jean-Lou Chameau）

气候政策领域必读书目，适时为这个领域带来新鲜空气。如作者所言，气候科学既非定论，也尚不足以指导政策。就现实角度来说，我们面临的还不能算是一场生存危机，而是一个棘手问题，需要务实地平衡成本和收益。

——哈佛大学肯尼迪学院全球能源政策教授威廉·W. 霍根（William W. Hogan）

一位深度参与政府事务的科学家在气候政治领域的强硬表态——同时也预测了未来可能会出现的情况。

——斯坦福大学物理学教授罗伯特·B. 劳夫林（Robert B. Laughlin）

奥巴马政府的科学副部长史蒂芬·库宁撰写了一本非常有趣且引人深思的气候领域图书。他在书中揭示了许多你自以为知晓的气候议题内容实际并非如此。例如，你是否知道：虽然美国现在越来越少创造低温纪录，但绝对高温纪录其实也并没有增加？《悬而未决》一书肯定会以正确的方式颠覆你对气候问题的看法，而且这一定大有裨益。既然我们准备在这上面投资数万亿美元，那就有权尽可能多地获得相关信息。

——斯坦福大学胡佛研究所客座研究员、哥本哈根共识研究中心主席比约恩·隆堡（Bjørn Lomborg）

导　言

“科学”——许多讨论的默认前提就是我们都知道“科学”说了什么。我们被告知“科学”已是定论。你听过多少次类似下面这样的说法？

> 人类破坏了地球气候。温度不断上升，海平面一日高过一日，冰川每天都在融化，热浪、风暴、干旱、洪水和森林野火等自然灾害也在全球范围内愈演愈烈。人类排放的温室气体就是罪魁祸首。“科学”表示，除非人类社会及其能源体系能彻底变革从而消除这些排放，否则地球注定毁灭。

好吧……实际情况可能还没有那么糟糕。没错，地球确实在变暖，人类活动也确实影响并推动了这一进程。可是，除此之外，套用经典电影《公主新娘》（*The Princess Bride*）中的台词：“我觉得‘科学’所说的并非如你所想。”

举个例子，所有总结和评估气候科学现状的研究文献和政府报告都清楚明白地表明美国现在的热浪并不比 1900 年时更频繁，而且在过去 50 年间，美国的最高温度纪录都没有任何变化。每当我提起这点时，大部分人都表示怀疑，剩下一些会倒吸一口凉气，还有一些则会坚决反对。

然而，这几乎肯定不是你唯一没听说过的气候事实。下面这三条大概也会令你大跌眼镜，这些文字都是从最近发表的研究、美国政府和联合国最新发布的气候科学评估报告上直接摘录下来的：

1. 在过去的1个世纪里，人类没有对飓风产生任何显著影响。

2. 格陵兰冰盖的消融速度并不比80年前更快。

3. 至少在21世纪末之前，人类诱发的气候变化对经济的净影响仍处于最低水平。

所以，到底是怎么回事呢？

如果你和大多数人一样，那么在最初的惊讶消退之后就会开始好奇自己**为何**会如此惊讶。为什么你之前从没有听说过这些事实？目前最主流的叙事已经几乎成为了一种模因：我们已经破坏了地球气候，要是再不改变就注定要因此灭亡。可为什么这与上面这些事实格格不入啊？

产生这种脱节的主要原因是：科学结论从诞生到公众知晓之间的环节实在太多，过程实在太漫长了。从研究文献出发，经过评估报告，再到评估报告的摘要，最后还得经过媒体报道。整个“传话”过程环节众多，信息经过一层又一层过滤，披上各种各样的包装，传递给各行各业的受众，其中有很多出错的机会——无论是无意的，还是故意的。大众获取气候信息的渠道几乎只有新闻媒体，甚少有人会真的自己去读评估报告的摘要，更不要说最原始的报告或研究论文了。这也完全可以理解——非专业人士几乎完全搞不懂相关数据和分析，研究论文的写作方式也和“引人入胜”毫不沾边。最后的结果就是：大部分人都不知道气候科学的全貌到底是怎样的。

不过，也别伤心。不了解气候科学真实内容的不只是普罗大众。政策制定者仰赖的信息在抵达他们耳畔时也同样不知道传了几手。因为大部分政府官员——以及其他那些在公共或私营部门参与气候政策制定的人——本身都不是科学家，所以科学家必须确保做关键政策决定的非科学家准确、全面、透明、不受各种“议程”或“叙事”误导地，掌握气候变化方面已知（或未知）的事实。遗憾的是，把事实讲清楚远没有听上去那么简单。

我明白这一点，因为这就是我之前的工作。

我的出发点

我是科学家——我通过测量和观测来尽可能理解世界，然后再将其中的激动人心之处和背后的意义清晰地传达出来。在职业生涯之初，我用高性能计算机建模研究原子和原子核领域的各种复杂现象（计算机建模也是很多气候科学研究需要用到的重要工具），并且很是乐在其中。不过，从 2004 年开始，我花了大约 10 年将同样的方法应用于研究气候科学及其对能源技术的影响：一开始是在英国石油公司（BP）担任首席科学家，专注于推进可再生能源，之后进入奥巴马政府担任能源部副部长，分管科学事务，指导政府在能源技术和气候科学领域的投资。这些角色让我很有满足感，因为这些工作都有助于确定并推动减少二氧化碳排放的措施——而这被公认是“拯救地球”的当务之急。

然而，疑虑随后便开始出现。2013 年年末，美国物理学会——由美国物理学家组成的一个专业机构——希望更新学会对气候问题的公开声明，并请我主持这项工作。为此，我在 2014 年 1 月召集了一次研讨会，主题很明确：对气候科学现状作“压力测试”。通俗地说，就是要分析、批判和总结人类积累的关于地球气候过去、现在和未来的知识。6 名顶尖气候专家和 6 名顶尖物理学家——包括我本人在内——花了整整 1 天仔细审视我们现在究竟掌握了多少有关气候系统的知识，以及我们对气候系统未来的预测有多少自信。为了明确研讨会的重点，我们这些物理学家在此前 2 个月基于当时刚刚发布的联合国评估报告①准备了一份框架文件。我们提出了一些关键而具体的问题，比如：**哪些方面数据不足或者哪些假设缺少支撑——以及这是否重要？我们用以描述现状并预测未来的模型有多可靠？**研讨会记录非常成功地——并且出乎意料地——揭示了彼时气候科学领域的确定性与不确定性，许多人读完后都大感震撼。②

就我个人而言，那次美国物理学会举办的研讨会结束后，我的感受不仅是惊讶，更因为气候科学远没有我之前认为的成熟而感到震惊。以下是我当时总结的几个结论：

1. 在人类的影响下地球的确在不断变暖，但从物理角度上说升温效应仍旧相对较小。由于相关气候数据不足，我们很难分辨哪些气候变化是来自人类影响，哪些是未被充分理解的自然变化。

2. 各种气候模型推导出的结果并不一致，有些甚至还互相矛盾，同许多观测结果也有出入。文献和报告中出现的“专家判断”这样含义不清的用词有时是为了调整模型结果并掩盖模型缺陷。

3. 美国政府和联合国的新闻稿和摘要并不能准确反映相关报告本身的内容。专家的确可能在各种会议上就某些重要问题达成共识，但绝不是媒体渲染的那种强烈共识。媒体报道科学问题时的某些描述会令杰出气候专家（包括报告作者本人）很是尴尬。这点多少有些让人震惊。

---

① Climate Change Statement Review Subcommittee. “American Physical Society Climate Change Statement Review Workshop Framing Document.” American Physical Society, December 20, 2013. https://www.aps.org/policy/statements/upload/climate-review-framing.pdf.

② Koonin, Steven E. American Physical Society Climate Change Statement Review Workshop transcript. Brooklyn, NY: American Physical Society, 2014. https://www.aps.org/policy/statements/upload/climate-seminar-transcript.pdf.

4. 简单来说，仅凭我们目前掌握的气候科学知识，尚不足以对地球气候在未来几十年内的变化作出有价值的预测，更不要说借此判断人类活动对气候的影响了。

为什么上述这些重大缺陷对我和其他相关人士来说颇有启示价值？作为科学家，我觉得科学界正在让公众失望，因为我们没能清清楚楚地把全部事实告诉他们。作为公民，我担心公众舆论和政治辩论可能会受到误导。于是，我开始发声，那年9月在《华尔街日报》(*Wall Street Journal*)“周六随笔”栏目上发表的两千字文章是传播最广的作品。①我在那篇文章中概述了气候科学领域的一部分不确定性，并且忽略这些问题可能会削弱我们理解并应对气候变化的能力：

> 政策制定者和公众希望在气候科学中看到确定性。然而，我担心大肆宣扬气候科学已是“定论”（或是“骗局”）会贬低和打击科学事业，阻碍它在这些重要事宜上的发展。不确定性是科学的原动力和驱动力，必须直接面对。

这篇文章后来总共有成千上万条在线评论，其中绝大多数表示支持。然而，在科学界，我对气候科学现状的坦率就没有那么受欢迎了。一所享有盛名的大学的地球科学系主任私下里对我说：“你在那篇文章里提到的几乎每一点，我都赞同，但我不敢公开这么说。”

我在科学界的许多同行——有一些还是几十年的老朋友——很是光火，因为公开披露并强调了科学界目前存在的问题，进而（按照其中

① Koonin, Steven E. “Climate Science Is Not Settled.” Wall Street Journal, September 19, 2014. https://www.wsj.com/articles/climate-science-is-not-settled-1411143565.

一位同行的说法）“给气候否定者们输送了弹药”。还有一位同行则责备我说，像这样的文章发在那些不太知名的期刊上就可以了，不应该发在读者那么多的地方。另有一位认为科学已是定论的重要人物针对我的专栏文章发表了回应，并且开始呼吁纽约大学重新考虑是否还要雇用我，接着又歪曲了我之前写的许多内容，但是，之后他又不可思议地承认我在专栏文章中提到的许多不确定性是专家都心知肚明的，并且已有不少讨论。①我如此直白且公开地强调这些不确定性内容，似乎在无意间打破了某种沉默规则——类似黑手党的“缄默法则”。

美国物理学会举办的那次研讨会结束后，我又在之后的 6 年多里持续研究相关气候议题，其间公众对气候与能源问题的讨论越发让我感到失望。在这 6 年多里，危言耸听的气候观点逐渐在美国政界占据主流，尤其是在民主党内部——在此之前，民主党的政治立场一直很对我胃口。在 2020 年的民主党总统初选中，所有候选人都试图用言过其实的“气候问题迫在眉睫”言论超越对手，于是，公众对“气候危机”的认识越发脱离科学事实。选举筹备阶段还出现了越来越广泛的政策提案，比如借助政府干预和补贴“对抗气候变化”的“绿色新政”（Green New Deal）。不出所料，拜登政府也将气候和能源列为需要优先考虑的重大事项，任命前国务卿约翰·克里（John Kerry）为气候特使，甚至提议拨出接近 2 万亿美元用于对抗这项“人类的生存威胁”。

虽然我对“绿色新政”这类提案在财政和政策上的优势所知甚少——毕竟，我是物理学家，而不是经济学家——但我确实知道，制定任何政策都应该基于气候变化的真实科学结论。说到底，为缓解人类

① Mufson, Steven, Chris Mooney, Juliet Eilperin, and John Muyskens. “Extreme Climate Change in America.” Washington Post, August 13, 2019. https://www.washingtonpost.com/graphics/2019/national/climate-environment/climate-change-america/.

对地球气候影响而投资数万亿美元的决策与价值取向有关：你得考虑风险承受能力，考虑代际公平和地域公平，还得平衡经济发展、环境影响、能源成本、可操作性和可靠性。但这一切都必须以准确理解科学的确定性与不确定性为前提。

这本书的宗旨就是引导我们走上这条理解之路。至于具体做法，我打算用科学家所知的唯一可行方法：借助有据可查的事实——它们基本都来自最新的官方评估报告或高质量科研文献。正如已故众议院议员、有“国会良心”美誉的约翰·刘易斯（John Lewis）在第一次弹劾特朗普总统的演讲中所说：①

> 当你看到不正确、不公正、不公平的事，你有义务说些什么、做些什么。

我在加州理工学院的已故同事理查德·费曼（Richard Feynman）是 20 世纪最伟大的物理学家之一，因其科研成果（其中包括获得诺贝尔奖的量子电动力学研究）的创造性和重要性而享有盛名。另外，率性不羁的性格、魅力四射的表现力，以及讲好故事的能力也是他能成为传奇的重要原因。费曼是个人物，而且是个智慧超绝的人物。

无数满腔抱负的物理学家慕费曼之名来到加州理工学院，我就是其中之一。1968 年秋天入校之前，我就已经把他那套精彩绝伦的“红皮书”《费曼物理学讲义》从头到尾看过数遍了。我在加州理工学院的 4 年本科生活很像《生活大爆炸》（*The Big Bang Theory*）里刻画的那样，只是没有什么笑料，最大的亮点大概是几次与费曼的一对一对话（他钟

① Karanth, Sanjana. “Rep. John Lewis Delivers Emotional Speech on the ‘Moral Obligation’ to Impeach Trump.” HuffPost, December 18, 2019. https://www.huffpost.com/entry/rep-john-lewis-emotional-speech-moral-obligation-impeach-trump_n_5dfaa5fee4b01834791ab306.

爱与青年物理学家交流），以及大一时与这位伟大的物理学家本人一起打邦戈鼓的难忘经历。

科学诚信是加州理工学院精神的核心。新生踏入校园的第一天，学校就会强调科学诚信的重要性。费曼在智识上的绝对诚实也向全体学生和教职工充分展示了这一点对科学家来说究竟意味着什么。在加州理工学院 1974 年的毕业典礼上，费曼作了一场题为《货物崇拜科学》的知名演讲①，其主旨是科学家必须严格要求自己，不要自欺欺人：

> 总而言之，重点就是要尽可能提供全部信息，从而帮助别人判断你所做贡献的价值，而不是仅仅提供指向某个特定结论的信息。
>
> 最容易解释这一点的方法就是拿它同其他事物作比较，比如广告。昨天晚上，我听说威森食用油不会浸透食物。好吧，这是真的，算不上撒谎，但我现在谈论的可不只是撒不撒谎的问题，而是科学诚信的问题，完全是两个维度。威森食用油的这则广告应当补充以下事实：在特定温度烹饪时，任何油都不会浸透食物；而在其他温度烹饪时，所有油都会浸透食物——当然也包括威森食用油。因此，这则广告传达的是暗示，并非真正的事实，这二者之间的区别正是我们应当警惕的。

大部分面向公众的气候科学描述都有威森食用油的同款问题——其目的是说服别人接受自己的想法，而不是提供信息，所以总是会故意忽略必要的背景或是那些不“合适”的事实。（巧合的是，同食用油一样，气候问题也主要和温度有关。）

---

① Feynman, Richard P. “Cargo Cult Science.” Caltech 1974 commencement address, June 1974. http://calteches. library. caltech. edu/51/2/CargoCult. htm.

我遇到的大多数气候科学研究人员工作态度都客观、严谨，这也是所有科学领域的通用规范。不过，由于气候变化的潜在影响与人类生存本身休戚相关，这个议题总能勾起激愤与冲动也完全可以理解。有些人声称，只要有助于“拯救地球”，一点点误导信息也无伤大雅。确实，如果我们总是以这样的说辞（且不论是多么无根据、多么不准确）描述利害关系，那么部分气候科学家在面对公众时发言不那么客观或许就没那么意外了。早在 1989 年，已故的知名气候研究人员斯蒂芬·施耐德（Stephen Schneider）就明确表示：

> 一方面，身为科学家，职业道德要求我们遵循科学方法，承诺把事实告诉大众，而且是全部事实，别无其他——这意味着我们给大众提供的信息中必须囊括各种怀疑和附加说明，用词充斥“如果”“并且”“但是”。另一方面，我们也不只是科学家，更是活生生的人。和大多数人一样，我们也希望看到世界变得更美好，具体到我们的工作中就是要尽力降低潜在灾难性气候变化的风险。为此，我们需要得到广泛的基础支持，需要抓住公众的想象力。毫无疑问，这必须借助海量的媒体报道。因此，我们不得不刻画可怕的场面，不得不使用简单而夸张的语言，也只能尽量不提心中可能存在的怀疑。我们科学家经常陷入这种“双重道德约束”的困境，那是求解任何方程都无法得到答案的。我们每个人都必须自行决定在收效与诚实之间的正确平衡点在哪里。当然，我希望这表示二者兼备。

还有很多人也提过类似的观点，或是评述过施耐德所说的“双重道德约束”。例如：

真相是什么并不重要，重要的只是人们相信真相是什么。

——绿色和平组织联合创始人保罗·沃特森（Paul Watson）①

我们必须利用好气候变暖问题。即便相关理论是错的，就目前采取的经济、环境政策来说，我们做的事也是对的。②

——联合国基金会主席蒂莫西·沃思（Timothy Wirth）③

有些能够理解我的疑虑的同行争辩说：驱动人类社会改变的唯一方法就是用出现灾难的可能恐吓公众，因此，科学家夸大气候变化不仅完全正当，甚至很有必要。而对于我始终坚信的那种公开且诚实的评估方式，他们认为纯属天真。

——加州大学圣巴巴拉分校环境研究前主席丹尼尔·波特金（Daniel Botkin）④

于是，媒体上到处都是耸人听闻的气候预言。以下就是几个很久之前出现且已被事实证伪的例子：

---

① Schneider, Stephen H. "The Roles of Citizens, Journalists, and Scientists in Debunking Climate Change Myths." Mediarology, 2011. https://stephenschneider.stanford.edu/Mediarology/Mediarology.html.

② Spencer, L., Jan Bollwerk, and Richard C. Morais. "The not so peaceful world of Greenpeace." Forbes, November 11, 1991. Full article at http://luna.pos.to/whale/gen_art_green.html.

③ Bell, Larry. "In Their Own Words: Climate Alarmists Debunk Their 'Science.'" Forbes, February 6, 2013. https://www.forbes.com/sites/larrybell/2013/02/05/in-their-own-words-climate-alarmists-debunk-their-science/.

④ Botkin, Daniel B. "Global Warming Delusions." Wall Street Journal, October 18, 2007. https://www.wsj.com/articles/SB119258265537661384.

（人们的不作为将导致）20 世纪与 21 世纪之交，我们会在一场生态灾难中目睹像核浩劫那样不可逆转的彻底毁灭。

——联合国环境规划署前执行理事穆斯塔法·托尔巴（Mostafa Tolba），1982 年①

（再过几年）冬季降雪（在英国）会变成一件非常罕见且令人激动的事。那时的孩子们可能压根不知道雪是什么。

——高级研究科学家大卫·维内（David Viner），2000 年②

到 2020 年，不断上升的海平面将淹没欧洲城市，英国的气候会变得同如今的西伯利亚一样。

——马克·汤森（Mark Townsend）和保罗·哈里斯（Paul Harris）援引《卫报》（*The Guardian*）发表的一篇五角大楼报告，2004 年③

虽然施耐德后来为了解释他关于“双重道德约束”的陈述还作了不少说明，但我认为他这个观点的隐藏前提就是个危险的错误。“在收效与诚实之间的正确平衡点在哪里”这个问题的答案应该没有任何异议。身为科学家，如果从他们自己的道德偏好出发故意误导政策——哪怕只是

① Shabecoff, Philip. “U. N. Ecology Parley Opens Amid Gloom.” New York Times, May 11, 1982. https://www.nytimes.com/1982/05/11/world/un-ecology-parley-opens-amid-gloom.html.

② Onians, Charles. “Snowfalls Are Now Just a Thing of the Past.” Independent, March 20, 2000. https://web.archive.org/web/20150912124604/http:/www.independent.co.uk/environment/snowfalls-are-now-just-a-thing-of-the-past-724017.html.

③ Harris, Paul, and Mark Townsend. “Pentagon Tells Bush: Climate Change Will Destroy Us.” Guardian, February 22, 2004. https://www.theguardian.com/environment/2004/feb/22/usnews.theobserver.

考虑如此——都是一种狂妄自大的表现。其实换个背景，结论就显而易见了：想想要是有科学家因为宗教信仰而歪曲有关避孕措施的数据，这种行为要是被发现了将会激起怎样的舆论巨浪。

美国国家科学院前院长菲利普·汉德勒（Philip Handler）早在 1980 年的一篇社论中就明确指出了这个问题。这番评述 40 年后仍能令人感到后怕：

> 科学界陷入了两难境地。科学家分不清自己的身份究竟是科学家还是公民，分不清身为科学家的道德准则和身为公民的责任义务，分不清科学问题和政治问题的本质区别。当科学家无法分辨这些边界时，他们自身的意识形态信仰（通常不会明言）会轻而易举地让看似科学的辩论蒙上阴影。①

科学家的角色特殊，随之而来的还有特殊的责任。我们是唯一能把客观的科学内容带入讨论的人，而这也是我们压倒一切的道德义务。同法官一样，我们在工作时有义务将个人情感放在一旁。如果做不到，那我们就剥夺了公众在完全知情的前提下做出选择的权利，进而会破坏他们对这个科学事业的信心。科学家成为倡导环境保护的活动家当然没什么问题，但伪装成科学的激进主义绝对有害。

我们科学家不应该变得像那些推销食用油的人一样。

关于本书

《悬而未决》讲述了两个相互关联的故事。第一个（第一部分）是

① Handler, Philip. "Public Doubts About Science." Science, June 6, 1980. https://science.sciencemag.org/content/208/4448/1093.

有关气候变化的科学；第二个（第二部分）则阐述人类社会在这些变化面前可以如何应对。

第一部分的开头会澄清社会对气候科学提出的几个重要问题——地球气候已经出现了哪些变化？未来又会怎么变化？那些变化的影响又会是什么？另外，这个部分还提供了一些有关官方报告的基础知识，掌握这些知识，我们就能更好地在官方文件中寻找上述问题的答案。

要想理解为什么气候正在变化，以及未来会如何变化，我们先得知晓气候过去是怎么变化的。第一章从气候科学本身开始探索这个问题，解释了获取过去几十年间高质量地球气候（和天气数据不一样）观测结果的重要性和困难之处。此外，这一章还评论了全球变暖的部分迹象，并且把它们放到地质学背景下讨论。

接着，第二章的话题转向地球温度是如何产生的——具有加热作用的太阳光和具有冷却作用的热辐射之间的微妙平衡。我们会在这一章中看到，人类影响及自然影响都会干扰这种微妙平衡，且温室气体在其中扮演了重要角色。由于地球气候非常敏感，我们必须非常准确且精确地认识所有影响因素的作用，以及它们如何随时间而变化。

人类对地球气候最重要的影响是使大气中二氧化碳浓度不断上升，这很大程度上是因为我们燃烧了大量化石燃料。而这就是第三章的关注重点——尤其是二氧化碳排放和浓度之间的联系，让稳定不断加剧的人类影响都异常困难。

第四章的主题则是关于那些描述气候如何受人类及自然影响的计算机模型。我在半个世纪前就开始用计算机做科研工作，同时还是这个领域开创性教材的作者。借助我的相关经验，我们会在这一章中看到计算机模型的工作方式、工作结果，以及部分缺陷。这几十种复杂的计算机模型正是科学家作预测的依据，也是媒体报道引用的源头。然而，它们给出的结果不仅在彼此之间存在显著差异，而且与观测结果也有显著差异——也就是说，它们在少数方面正确，但在许多其他方面却是错的。实际上，随着每一代计算机模型发展，得到的结果差异都会变得更大。换句话说，我们的模型越来越精致，但它们对未来的描述却变得越来越不确定。

第五章则是前五章中第一次讨论科学与“人类已经破坏了地球气候”这个主流想法之间的矛盾，探索科学事实与流行观点相悖的领域并寻找这种偏差的源头。这一章的关注重点是美国历史高温日的出现频率——如今并不比 1900 年更频繁，但是你永远不会从所谓权威的评估报告的误导性表述中知晓这一点。第六章会以类似方式解释为什么专家认为人类影响没有导致飓风灾害出现可观测到的变化，以及相关评估报告是如何模糊并曲解这个结论的。在第七章中，我介绍了过去 1 个世纪里降水情况的温和变化以及相关现象，讨论它们的重要性，并且强调一些很可能会让紧跟时事新闻的读者大跌眼镜的结论——例如，自 1998 年有统计数据以来，全球范围内每年因野火而烧毁的区域面积已经减少了 25%。

第八章提供了一个看待海平面问题的冷静视角——要知道，海平面在过去的几千年里始终在上升。我们会揭晓人类影响在海平面当前的上升速度中究竟产生了多大作用（大概每世纪 1 英尺），并且解释为什么汹涌的海水不太可能在近期淹没海岸。第九章介绍了三种经常被提到的气候变化带来的冲击（死亡、饥馑和经济崩溃）。实际上，大众媒体对这三种冲击的预测并不符合历史记录和评估报告的预测——即便在阅读评估报告本身时很难发现这一点。

在阐明气候科学并不支持目前大众最主流的观点之后，我在第十章中提出了这样一个问题：“谁破坏了它?”——为什么政策制定者和公众接收的气候科学信息如此糟糕？我们会在这一章中看到对所谓“气候危机”的过度渲染是怎么服务于各相关方利益的，其中包括环境活动家、媒体、政客、科学家和科学机构。第十一章是第一部分的最后一章，我会介绍怎么做才能改进气候科学的传播与理解，其中包括对评估报告的质询性审查（“红队”机制）。另外，我还会在这一章中阐述非专业人士怎么做才能获取更多信息、更有批判性地看待各类科学媒体——尤其是在气候科学方面。

第二部分的开头，我们会讨论如何应对地球不断变化的气候状况，重点是区分人类社会**可以**做什么、**应该**做什么，以及**会**做什么——人们经常把这三个截然不同的问题混为一谈，甚至专家有时也难以幸免。第十二章的重点就是讲述人类社会面对气候变化“**会**做什么”，我们会讨论“有意义地减少人类对气候的影响”在具体实践过程中会遭遇的巨大挑战，还会谈及我们距实现巴黎协定的目标还进展缓慢。第十三章的重点是“**可以**做什么”，我们会讨论美国在创建“零碳”能源体系要面对的困难有多么巨大。关于如何应对气候变化的话题在第十四章告一段落，我们会讨论“备用计划”，以此能让世界妥善应对人类或自然因素引起的各类气候变化。我们的方案里既有总是**会**出现的适应措施，也有**可以**在**极端情况**下启动的地球工程。

我在本书的结尾部分总结了一些对气候和能源问题的个人看法，其中包括我认为人类社会**应该**采取的谨慎措施。这些既是为了促进气候科学的发展，也是为了改善气候科学对非专业人士呈现的方式，同时也为了能应对未来的地球气候变化，无论这些变化是人为还是自然因素导致的。

阅读本书之前需要知道的一些实用信息：

一般来说，科学家在工作中使用的是公制单位体系——温度的单位用摄氏度，距离的单位用米或千米，等等。然而，在美国，更多使用“英制”单位体系——温度的单位用华氏度，距离的单位用英寸或英里，等等。为了方便尽可能多的读者阅读，我通常会同时使用这两套单位体系。

还有一点也很重要，就是知道什么时候该用精确表达，什么时候用近似表述就可以了。举个例子，假设你希望池塘结冰，自己好在上面溜冰。因为水在0℃（32℉）时结冰，所以如果我告诉你现在的温度大约是10℃（50℉），那你就知道温度太高，池塘结不了冰，至于温度具体是9℃还是11℃就无关紧要了。然而，如果我告诉你现在的温度**大约**是1℃（34℉），那到底是−1℃还是+3℃就非常关键了。我甚至还得再说得准确点，比如−0.3℃。因此，我在本书中所引数字的精确度视上下文而定。例如，我可能会写“美国人口大约3.3亿”，即便2020年1月1日时的官方数字是3.291 35亿，因为其中的差异并不影响我的阐述。[①]换一个例子，比如将在第八章中讨论的海平面上升问题，2.5毫米/年和3.0毫米/年（0.10英寸/年和0.12英寸/年）的差异很重要，我就会适当精确地描述。

相较专栏文章，撰写这样一本科普类图书的好处之一不仅是能够更深入地探讨问题，还能更自由地使用图表。有些读者看到图表就害怕，还请从容面对。图表是数据的语言，而数据无论对科学本身，还是对科学交流都至关重要。我在本书中选用的图表基本都来自（或者直接改编自）评估报告、科学文献或其他官方数据源。我有时会使用官方版本的图表来强调这是科学内容，而非我个人观点。当然，我总是会给出图片或数据的来源信息。对读者来说，带着批判眼光看待科学图表是一项很值得磨炼的重要技能——我在书中列举了一些来自大众媒体的数据以证明它们的误导性有多强。

---

① Census Bureau. “U. S. and World Population Clock.” Population Clock, January 1, 2020. https://www.census.gov/popclock/.

大概60年前，我还在上小学，整个班级在一次社会实践活动中参观了联合国总部大楼。大厅里挂着一张巨大的伊朗地毯，至今都让我印象深刻。当时有人告诉我说，编织这张地毯的匠人故意制造了一个难以察觉的瑕疵，以证明这是人类的作品。这本书肯定也有瑕疵，但不是我故意为之。实际上，我已经尽可能准确地阐述截至2021年时的气候科学状况了。

唉，哪怕这本书真的什么错都没有，我也会因为写下这部作品而受到攻击。有些人会质疑我的资历，表示我不是“气候科学家”，没资格评头论足。换句话说，哪怕我已经发表了数篇地球科学领域的论文，只要是我没有接受过这门学科的正式训练，就还是没有资格发表评论。实际上，气候科学涉及诸多不同的科学领域，包括：有关分子的量子物理学和关于运动空气、水、冰的经典物理学；大气和海洋中的化学过程；有关固体地球的地质学；有关生态系统的生物学。气候科学同样还牵涉一些“做”科学常用的技术，比如在全球运算速度最快的机器上做计算机建模、利用卫星做远距离探测、古气候分析和进阶统计方法。此外，也会涉及旨在减少温室气体排放的相关政策、经济、能源技术等相关领域。

如此庞杂的知识体系和研究方法使得气候和能源领域的研究成了终极跨学科领域。研究者个人最多只能成为上述两三个领域的专家，因此，评估和交流气候科学现状的关键挑战在于全面、广泛且带着批判眼光阅读相关材料，并将其整合成一幅基于事实的自洽整体图景，接着再把这幅图景传达给公众，而这种信息传递本身就自有一套技能。与詹姆斯·汉森（James Hansen）和迈克尔·曼（Michael Mann）等许多物理学背景的气候科学研究者一样，对于能够在绘制这幅图景的过程中应用物理学工具和身为物理学研究者的科学敏锐性，我感到很是满意。此外，我从事气候科学研究还有一些额外的优势，比如在能源技术领域耕耘多年，又比如给政府和私营部门决策者当过咨询顾问，提供咨询的领域不仅是气候政策，还有其他各种重要国家事务——包括人类基因组计划的质量标准①、时任参议员乔·拜登（Joe Biden）在国际关系委员会关于后“9·11”时代脏弹威胁听证会上的证言。②

即便他们认可了我的资质，还会有一些批评者认为我忽视了更宏观的图景，指责这本书过分关注与所谓气候科学共识相悖的科学内容。然而，考虑到气候科学涉及领域之广，就必须把重点放在某个点或某个面上——毕竟，这个领域的评估报告一份就可能有1 000多页。而我关注的重点就是：气候和能源的流行观点在哪些关键之处严重背离了科学。这样一来，这本书讲述的就不仅仅是观点在科学上正确与否，更是讲述科学（带着自身所有的确定性与不确定性）如何成为所谓的“科学”——亦即如何总结科学、如何传递科学，以及在传递过程中会丢失什么。你听说的气候科学内容也不都是错的，在篇幅和技术水平限制之下，我会尽可能平衡地呈现书中讨论的每个主题。我也在书中注明了引用材料出处，读者可以按图索骥，获取更多信息。

还有一种批评意见会是：我的观点无关紧要。然而，鉴于有很多媒体、政客，甚至部分科学家都频繁地支持与我的观点相对立的主流叙事，比如“创纪录的高温天气愈发频繁”“人为因素影响下飓风灾害加剧”“气候变化会导致经济灾难”。不过想象一下：要是媒体头版新闻转而起这样的标题——《创纪录的高温天气愈发少见》《没有任何迹象表明人为因素影响下飓风灾害加剧》《全球变暖不会对人类经济产生多少

① Koonin, Steven E. “An Independent Perspective on the Human Genome Project.” Science, January 2, 1998. https://science.sciencemag.org/content/279/5347/36.summary.

② Glanz, James, with Andrew C. Revkin. “Some See Panic As Main Effect of Dirty Bombs.” New York Times, March 7, 2002. https://www.nytimes.com/2002/03/07/us/a-nation-challenged-senate-hearings-some-see-panic-as-main-effect-of-dirty-bombs.html.

影响》——那会是什么结果？我认为，哪怕后面这些想象中的标题更接近真实科学内容（而且是接近得多），你也很可能永远看不到，原因我会在后续章节说明。

还有一些不那么严谨的批评者会对我进行人身攻击。有人会称我是化石燃料产业找来的托，哪怕我的履历表明事实并非如此。还有一些人会称我是“气候否定者”。真正的“气候否定者”应该是那些拒绝承认真实数据的人，比如反科学政客——而我恰恰相反。如果我阐述的一切都直接来自官方数据和报告，怎么可能否认科学呢？我所做的不过是呼吁公开、客观的科学讨论，这类批评者却把我的行为类比成“否认大屠杀”这样的事，这尤其令我愤懑，尤其是纳粹在东欧屠杀了200多万我的同胞。

抛开这些谩骂，我也对科学界的朋友们（或许是以前的朋友们）对本书的批评有所预期。他们会像我发表第一篇专栏文章时一样，质疑为什么我要把这些事告诉广大读者，哪怕我的观点早已为专家们熟知。我这么做的原因之前已经讨论过了：作为科学家，不带偏见地阐述科学多大程度上已成定论——或悬而未决——是一种责任，甚至算得上一种良心。

我希望读者带着开放思维翻阅本书。迄今为止，有关在气候科学中的已知和未知，严谨、公开的讨论还是凤毛麟角——鉴于现在的舆论形式，这或许也不意外。时任国务卿约翰·克里（现在是拜登政府的气候大使）在一次演讲中把人为因素引起的气候变化比作大规模杀伤性武器。他说：“科学已经很明确了……奥巴马总统和我都深信，我们没时间参加任何地方召开的地平说大会。”① 然而，科学仍旧**没有**定论。公

① Resnikoff, Ned. “Kerry Compares Climate Change Deniers to ‘Flat Earth Society.’” MSNBC, February 17, 2014. http://www.msnbc.com/msnbc/kerry-slams-climate-change-deniers.

开讨论仍旧是科学过程的核心，科学家担心因为提倡、参与公开讨论而被贴上“反科学”的标签，这实在荒谬。从这个角度上说，本书是提出了一个挑战，征求（其实是欢迎）各方有理有据地就书中的观点展开讨论或提出不同意见。要想在气候和能源问题上做出更睿智的社会决策，同时也为了缓解围绕全球变暖的科学争议的紧张气氛，这会是重要的一步。

第一部分　科　学

我和夫人生了三个孩子。和大多数家长一样，我俩也努力引导孩子们的童年发展，期望他们长大后能幸福、有所成就。至于具体做法，一是以身作则，二是“奖善罚恶”，也就是奖励好的行为，对不良行为则提出告诫。当然，人性就是这样，三个孩子对这些人为影响的回应各不相同，具体如何取决于他们遗传到的基因和成长过程中的其他经历。但无论如何，这些回应都进一步冲击了他们的生活——虽然成长之路上都有坎坷，但孩子们都成长为有自己个性的成年人，我们很是自豪。

同样也是这三个环节——影响（influence）、回应（response）和冲击（impact）——构成了气候科学的核心问题：

1. 人类如何**影响**地球气候——以及这类影响未来会如何变化？
2. 地球气候如何**回应**人类（以及自然）影响？
3. 地球气候作出的回应会如何**冲击**生态系统和人类社会？

过去几十年里，国际社会为了回答上述问题付出了巨大努力。当然，科学就是这样，没有任何答案是完全确定的，而且也永远不会是完全确定的。另外，因为每个问题某种程度上都取决于前一个问题的答案，所以我们完全可以想到，最后一个问题——或许也是最关键的一个问题——的答案会是最不确定的。

认识不确定性

我们在小学、初中学到的科学内容都是一系列确定的知识——地球绕着太阳转，DNA 携带着生物体蓝图，等等。只有当你开始学习科学实践时才会意识到，这些“事实”中的每一个都是通过一连串基于诸多观测或实验的逻辑推演得到的。可以说，上述“确定”的科学知识来之不易。科学的过程与其说是收集一个又一个知识碎片，不如说是降低我们所知领域的不确定性。对于任何给定的知识，不确定性都有可能变得更大或更小，具体如何取决于我们对它的了解处于研究过程中的哪个阶段——如今，我们相当确定苹果是怎么从树上掉下来的，但对湍流流动（比如大气中的对流现象）的认识在经过 1 个世纪的努力之后，仍旧处于尚需努力的阶段。

物理世界中的每一个测量结果都有一个相关的不确定性区间（通常用希腊字母 σ 表示）。我们无法准确地说出测量结果的真实值究竟是多少，只能说它很可能处于由 σ 确定的某个范围内。因此，我们会称 2016 年的全球平均表面温度为 14.85℃，且 σ 为 0.07℃。这就是说，真实值有 2/3 的概率在 14.78℃~14.92℃之间。

作为科学家，知晓测量结果的不确定度同知晓测量结果本身一样重要，因为不确定度可以让你知晓不同测量结果之间差异的显著性。如果 2016 年的全球平均表面温度为 14.85℃±0.07℃（第一个数字是测量结果的值，第二就是测量结果的 σ），而 2005 年的测量结果为 14.54℃±0.07℃，科学家就会宣称二者之间有 0.31℃的显著差异，因为这个差异相当于测量本身不确定度的 4 倍多。另一方面，2015 年的测量结果（14.81℃±0.07℃）只比 2016 年低了 0.04℃，二者之间的差异并不显著，因为这个差值比测量结果本身的不确定度还小——实际上，大概只有一半。当然，媒体还是会因为无知，或是因为想要吸引眼球，而大肆渲染“全球表面平均温度持续上升”，但这就像政治评论者对民意调查结果中 1 个百分点的变化感到兴奋一样——要知道，民意调查结果的误差范围（也就是它的 σ）是 3 个百分点。

测量结果的不确定度和显著性是所有科学家通用的语言。然而，当讨论我们对气候问题更高层面认识中的不确定度时——尤其是同科学圈外的人士讨论时——情况就会变得棘手起来。为了更精准地传达所涉及内容的不确定度，评估报告开发了一种正式语言，如下表所示①：

IPCC 可能性尺度表

术语	结果的可能性
几乎确定	可能性 99%～100%
极有可能	可能性 90%～100%
很可能	可能性 66%～100%
可能	可能性 33%～66%
不太可能	可能性 0～33%
极不可能	可能性 0～10%
几无可能	可能性 0～1%

在这个语言中，“几乎确定”这种表述意味着结果不正确的可能性最多只有 1%，“很可能”这种表述意味着结果正确的概率大约是 2/3，而“极不可能”这种表述意味着结果正确的概率最多只有 10%。

由于气候科学很复杂，不确定度并不总能轻而易举地用概率来量化。为此，联合国政府间气候变化专门委员会（IPCC）创设了第二套标准术语以衡量给定发现的**置信度**。置信度是一种定性判

① Intergovernmental Panel on Climate Change（IPCC）. “The Guidance Note for Lead Authors of the IPCC Fifth Assessment Report on Consistent Treatment of Uncertainties.” https://www.ipcc.ch/site/assets/uploads/2017/08/AR5_Uncertainty_Guidance_Note.pdf.

断，取决于各类不同证据的数量、质量和一致性。如下面这张IPCC表所示，置信度的五个等级分别为：**很高、高、中等、低和很低**。①

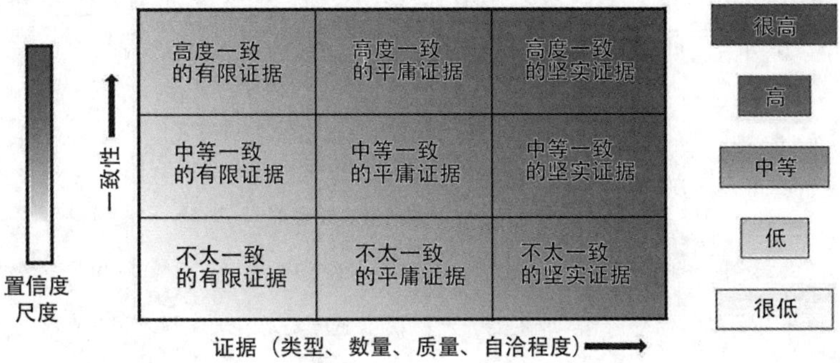

IPCC的报告会做很多明确的置信度评估。

气候科学这个领域相当活跃。成千上万名研究者拿了数以10亿美元计的资助观测并理解气候现象，进而预测气候未来。他们在各类科学期刊上公布研究结果，每年发表1万多篇此类论文。要是换作别的科学领域，如此巨大的投入早就该给故事画上句号了。

然而，气候科学恰恰不是其他科学领域。气候科学核心问题的答案非常重要，可能会对人类社会产生巨大的冲击。因此，联合国和美国政府定期召集大量研究人员撰写正式"评估"报告，旨在为包括其他领域科学家、公私部门决策者和公众在内的非专业人士提供"最好的答

① IPCC, 2013: Climate Change 2013: The Physical Science Basis. Contribution of Working Group I to the Fifth Assessment Report of the Intergovernmental Panel on Climate Change [Stocker, T. F., D. Qin, G.-K. Plattner, M. Tignor, S. K. Allen, J. Boschung, A. Nauels, Y. Xia, V. Bex and P. M. Midgley (eds.)]. Cambridge University Press, Cambridge, United Kingdom and New York, NY, USA, 1535 pp. https://archive.ipcc.ch/report/ar5/wg1/. Figure 1.11.

案”。这些每篇都长达上千页的报告会回顾并总结近期气候科学方面的研究，且会向非科学家解释研究结果。目前，联合国的最新结果是IPCC[①] 在2013年发布的第五次评估报告（AR5），而美国政府的最新结果则是由美国全球气候变化研究计划（USGCRP）[②] 在2017年和2018年分两次发布的第四次美国全国气候评估报告（NCA2018）。

关于评估报告

IPCC成立于1988年。这个组织主持撰写的一系列评估报告是最重要也是最出名的。1990年，IPCC发布了第一次评估报告，2007年发布了第四次评估报告即AR4，[③] 2013年发布了第五次即AR5，[④] 计划将在2021年夏天发布第六次即AR6。[⑤]

每一次评估报告的基础部分都由所谓的“第一工作组”（WGI）完成，主要针对的是地球气候系统的物理方面，尤其是最近几十年中观测到的变化，以及气候对人类及自然影响的回应。其

① Intergovernmental Panel on Climate Change（IPCC）. “The Intergovernmental Panel on Climate Change.” IPCC, January 1, 2000. https://www.ipcc.ch/.

② US Global Change Research Program（USGCRP）. “About USGCRP.” GlobalChange.gov, January 1, 2000. https://www.globalchange.gov/about.

③ IPCC, 2007: Climate Change 2007: The Physical Science Basis. Contribution of Working Group I to the Fourth Assessment Report of the Intergovernmental Panel on Climate Change [Solomon, S., D. Qin, M. Manning, Z. Chen, M. Marquis, K.B. Averyt, M. Tignor and H.L. Miller (eds.)]. Cambridge University Press, Cambridge, United Kingdom and New York, NY, USA, 996 pp. https://www.ipcc.ch/assessment-report/ar4/.

④ IPCC, 2013: Climate Change 2013: The Physical Science Basis. Contribution of Working Group I to the Fifth Assessment Report of the Intergovernmental Panel on Climate Change [Stocker, T.F., D. Qin, G. K. Plattner, M. Tignor, S.K. Allen, J. Boschung, A. Nauels, Y. Xia, V. Bex and P. M. Midgley (eds.)]. Cambridge University Press, Cambridge, United Kingdom and New York, NY, USA, 1535 pp. https://archive.ipcc.ch/report/ar5/wg1/.

⑤ 2021年8月，IPCC正式发布第六次评估报告中的第一份工作组报告。2023年3月，IPCC正式发布整合了三份工作组报告和三份特别报告的综合报告。——译者

他工作组则以第一工作组的评估报告为基础，描述气候变化的冲击，以及人类社会的应对。同时，每个工作组还会提炼各自报告中的精华部分，形成所谓的“决策者摘要”（SPM）。另外还会发布整合了所有工作组成果的综合报告。除了面面俱到的 AR 系列之外，IPCC 还会发布更有针对性的特别报告，主题包括极端事件①、海洋和冰冻圈②、气候变化和陆地③等。

美国政府也会发布自己研究、撰写的评估报告。1990 年颁布的《全球气候变化研究法案》要求每四年做一次美国全国气候评估（NCA）。④由美国全球气候变化研究计划，也就是 USGCRP 负责撰写并发布评估报告。虽然美国全国气候评估报告更侧重本国情况，但总的来说，其宗旨与 IPCC 的评估报告并无多少差异，仅仅在重点和用词上可能会有所不同。

前三次美国全国气候评估报告分别发布于 2000 年、2009 年和 2014 年。（乔治·W. 布什政府对这项事务不那么上心。）第四次美国全国气候评估报告也就是 NCA2018，共分为两卷。第一卷发布于 2017 年 11 月，重点是基于物理现象的气候科学，也称作《气候科学特别报告》（CSSR）。⑤第二卷发布于 2018 年 11 月，重点是气

① IPCC. “Managing the Risks of Extreme Events and Disasters to Advance Climate Change Adaptation (SREX).” IPCC, January 1, 2000. https://archive. ipcc. ch/report/srex/.

② IPCC. “Special Report on the Ocean and Cryosphere in a Changing Climate.” January 1, 2000. https://www. ipcc. ch/srocc/.

③ IPCC. “Climate Change and Land.” Special Report on Climate Change and Land, January 1, 2000. https://www. ipcc. ch/srccl/.

④ USGCRP. “Assess the U. S. Climate.” GlobalChange. gov, January 1, 2000. https://www. globalchange. gov/what-we-do/assessment.

⑤ USGCRP. Climate Science Special Report: Fourth National Climate Assessment, Volume I. US Global Change Research Program, Washington, DC, 2017. https://science2017. globalchange. gov/.

候变化的冲击和风险，以及我们要如何适应。①当然，第二卷中对未来气候变化冲击的分析以 CSSR 中对未来气候变化的预测为基础。因此，这份报告的可信度很大程度上取决于 CSSR 对气候科学中的确定性与不确定性的阐释有多忠实。按计划，第五次美国全国气候评估报告应于 2023 年发布。

AR 系列和 NCA 系列评估报告的起草和评审流程类似。提供资助的组织（IPCC 和 USGCRP）确定每一章的专家作者团队。这些团队会根据其他专家的意见不断修改报告草稿。NCA 还会接受一个由美国国家科学院召集的小组的正式评审。整个撰稿和评审流程耗时数年。举个例子，AR6 的主要作者在 2018 年 6 月第一次会面，大约 3 年后这份报告才正式计划发布。CSSR 的相关流程走得快些，但撰稿和评审也要花费大约 20 个月。

这些评估报告确实为非专业人士具体定义了“科学”。鉴于撰稿和评审如此繁复且严格，读者当然期望它们对相关研究文献的评估和总结全面、客观、透明——这是“黄金标准”。按我个人的经验判断，这些报告在很大程度上也的确符合读者的预期。实际上，本书第一部分（也就是科学部分）的许多细节就来自这些报告。不过，仔细阅读最近的一些评估报告，也会发现在一些重要问题上存在基础错误，可能会给出不实信息或误导读者。这些错误是什么？是怎么出现的？媒体是怎么传播的？还有，要做些什么才能纠正这些错误？这些问题就是科学部分的另一个维度了。

---

① USGCRP. “Fourth National Climate Assessment, Volume II: Impacts, Risks, and Adaptation in the United States: Summary Findings.” NCA4, January 1, 1970. https://nca2018.globalchange.gov/.

深度参与这场气候科学“传话游戏”的组织和个人在谈论气候问题时都依赖评估报告。举个例子，美国科学促进会（AAAS）在2019年发布了一份题为《我们如何应对》的报告。报告开头参考NCA2018，高度总结了气候科学的现状：

> 我们的国家、我们的州、我们的城市和我们的城镇，都面临着一个紧急问题：气候变化。美国人现在已经感受到了气候变化的影响，并且在未来几十年里还将继续如此。不断升高的气温会冲击田地里的农夫和城市里的通勤者。放眼全国，飓风、洪水、野火、干旱越来越频繁且破坏力越来越强。虽然这些问题给社会和地球带来了巨大风险，但最大的风险无疑还是我们对此无动于衷、放任自流。科学告诉我们，我们越快应对气候变化，未来要面对的风险和解决问题的成本就越低。①

差不多50年前，我就是美国科学促进会成员了，多年前甚至还获得了会士提名。因此，我可以明确告诉你，上述声明从未提交给这个组织12万名成员审阅，更不用说获取认可了。要是他们当初要我发表意见，我肯定会根据我对评估报告和相关文献的熟悉程度提出一个多少有点不同的陈述：

> 在过去的1个世纪里，地球变暖了，一部分原因是自然现象的影响，另一部分原因则是人类活动对地球气候日益增长的影响。从物理层面上说，这些人类影响（最重要的是燃烧化石燃料在大气中

① AAAS. “About.” How We Respond, January 1, 2000. https://howwerespond.aaas.org/report/.

积聚的二氧化碳）对复杂地球气候系统的影响很小。遗憾的是，我们有限的观测结果和认识既不足以有效量化地球气候对人类影响的回应，又不足以有效量化地球气候的自然变化。然而，虽然人类对气候的影响自 1950 年后上升了接近 5 倍，且地球确实略有变暖，但大多数恶劣天气现象仍处于过去的变化范围内。目前对未来气候和天气事件的预测，使用了显然不合适的模型。

随后，我会进一步探讨个人和组织（其中包括美国科学促进会）在讨论气候议题时倾向于使用没有支持的夸张言论的部分原因。另外，我还会概述一些具体做法，以便将讨论从不合宜的说教姿态中解放出来，转入更专业的形式，亦即公正、全面、放在社会大背景下传递与气候科学相关的信息。看了下面这几章，你就会知道为什么我在面对气候变化问题时态度更真实、更谨慎，并且没那么杞人忧天——毕竟，我可不是要向你推销食用油。

第一章

关于气候变暖，我们知道什么？

我从小就有一股测量世界的冲动。温度就是我最早好奇的测量对象之一，所以，我在幼儿园里很快就爱上了教室墙上那种小小的酒精温度计。**它是怎么工作的？为什么它的读数会变化？**最后，我那5岁的小脑瓜开始好奇，如果我把温度计带去学校走廊，甚至走出教学楼，读数会变成什么。于是，在一个冬日，我在快要下课时把温度计揣在兜里，走出教室。离开学校往家里走时，温度计读数下降了；走进家门后，读数又上升了。看到这一系列变化，我很是高兴。遗憾的是，就在我把温度计放到冰箱时，妈妈发现了我未经同意就私自借用了学校的实验设备。第二天早上，我只能归还温度计，向老师道歉，并且保证不会再这么做了——总之，这是一堂很好的人生课。另外，几天后，爸爸妈妈就给我买了一份礼物——一支属于我自己的温度计。

我还是个孩子的时候就能凭本能知道，认识世界始于测量——也就是数据。然而，采集有用的全球气候数据可比把温度计揣在兜里到处晃麻烦多了。地球很大，而且很多地方都去不了（尤其是地球表面70%都是海洋）。另外，既然我们寻找的是几十年尺度下的微小变化，就需要准确、精确（不确定度小）地对较长时间跨度进行记录。即便我们拿到了可靠的有用数据，它背后的故事也很少简单明了。在这一章中，我们会看到，全球温度变化的真实故事远比“人类正使全球变暖”复杂多了。

大多数人都见过图1.1中的这张标志性图表（或是它的某个版

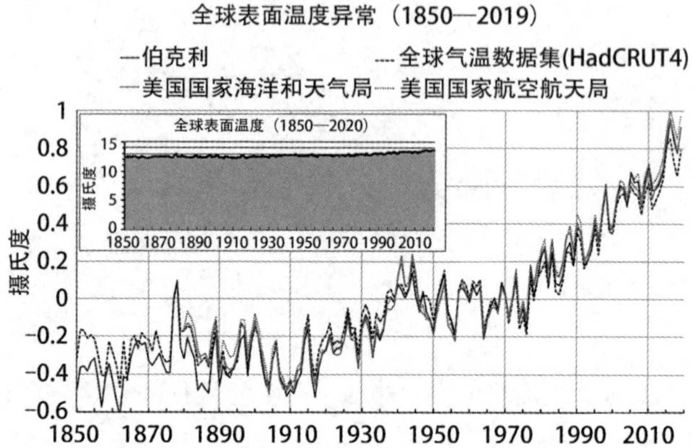

图 1.1

四项独立分析得出的全球表面温度异常年度变化图。所谓“异常”，指的是实际温度偏离基准（平均）值。虽然这四项分析之间存在微小差异，但都清楚显示了相似的变化趋势和几乎同步的波动。一般而言，表内数据点的不确定度（误差）为±0.1℃。① 表中的插图展示的是全球表面平均温度变化情况，而非异常变化。在这幅插图中，四项分析之间的差异已经小到基本无法展现。

本）。它表现的是，自 1850 年以来，全球“温度”上升了大约 1℃（1.8℉），而且在 1980 年前后，变化曲线斜率陡然上升。看起来，确实有些情况正在发生变化。不过，这张图究竟是什么意思？（毕竟，你应该注意到了，这张图的名字是“温度异常”，而非“温度”。）此外，年平均温度的正常变化幅度其实可以比这张表的整个变化范围还大。举个具体的例子，纽约的年平均温度大约是 13℃（55℉），但年与年之间的差异可以超过 2℃（3.6℉）。因此，我们是否真的应该担心这些长期变化？毕竟，相较全球实际温度波动来说，表中展示的这些变化可以说相当小。所以这张表的真正含义又是什么呢？

---

① Data accessed 11/27/20 from Berkeley Earth (http://berkeleyearth.org/archive/data/); UK MetOffice (https://www.metoffice.gov.uk/hadobs/monitoring/index.html); NOAA (https://www.ncei.noaa.gov/access/metadata/landing-page/bin/iso?id=gov.noaa.ncdc:C00934); and NASA (https://data.giss.nasa.gov/gistemp/).

即便我当时偷取学校里的温度计做实验时只有 5 岁，我也能明白，温度会随着地点和时间的变化而变化。如今，全世界成千上万个观测站和我们头顶上空的几十枚卫星持续不断地记录整个地球的此类变化（以及其他很多关于天气的信息）。气象局整合并分析这些观测结果，进而生成指导我们日常计划的天气预报。

无论天气预报在我们早上出门决定是否要多带件毛衣时有多有用，通过天气观测来了解气候状况都完全是另一码事，后者要复杂得多，因为气候并不是天气——这是大众讨论中经常忽视的一点。任何地方的天气都在频繁变化，具体方式既可以是可预测的，也可以是出人意料的——时间跨度可以是一天（同一天内，下午 4 点的温度通常都比凌晨 4 点高）、几天（锋面云过境时），也可以是一个季度、一年。另一方面，**某个地点的气候是几十年里该地的平均天气状况**。实际上，联合国世界气象组织把气候定义为 30 年内的平均天气状况，只不过气候研究者讨论的平均周期有时会缩短至 10 年。因此，天气在年与年之间的变化，并不能算是气候变化。

非专业人士常常会混淆气候和天气的概念（专家有时也会混淆，甚至偶尔会故意混淆）。下面这个例子可以明确二者之间的区别。如果你从威斯康星搬家去亚利桑那南部，有关你新家气候的知识会告诉你：一定要买空调，否则夏天没法过；不带走厚重的冬季大衣，很可能也没什么问题；在麦迪逊枝繁叶茂的喜水植物到了图森不太可能还活得那么滋润。而关于天气的知识则会告诉你，根据周二的天气预报，你在周四抵达新家时应该带把伞。一句可以追溯到 1901 年的格言很好地体现了气候与天气的区别：**气候是你期待的，而天气则是你得到的**。

既然气候是许多年内天气状况的平均，那么它的变化一定比较缓慢。毕竟，首先得花上至少 10 年持续观测天气从而定义气候，所以少说也得花上 20 年才能识别出气候的变化。如此漫长的时间已经接近人类记忆的极限——尤其是当其中的变化较小时——因此，我们必须持续不断地记录天气状况，以免被错误记忆愚弄。最能吸引公众注意的自然是像风暴和热浪这样的极端天气事件——它们发生的次数和强度也确实每年都不一样，但几十年内的平均状况才能定义气候。

如果我们不能从“整体”角度审视气候随时间的变化，就可能被片面的数据愚弄。不仅如此，如果我们不能从整体角度审视整个地球，也同样可能被愚弄。全球各地的气候各不相同，具体如何取决于纬度（越靠近两极，温度越低）、海拔（山上的温度总是要低些）、是否接近水域（这个因素对气候的影响要温和一些）等因素。新加坡全年每日最高温度平均大约是 33℃（91℉），而莫斯科在 1 月的每日最高温度平均大约是 −4℃（25℉），7 月则是 24℃（75℉）。要想评估人类影响的结果，最好把考察范围扩大到全球大部分地区的温度，一是因为大家最关注的人类影响——比如温室气体——在全球范围内产生作用，二是因为通过对大片地区的数据作平均，可以让气候的微小变化更明显地从“背景噪声”中体现出来。

唉，只不过测量全球表面温度并非易事，尤其是我们寻找的是几十年尺度下 1℃都不到的温度变化。另外，我们还必须把温度计本身的变化、它们的安装方式，以及确切的安装位置等因素考虑在内。即便气象站多年都没有搬迁，站址附近的城市化发展也是不得不考虑的因素，因为建筑、道路，以及集中的人类活动会让城市的温度比同地区郊区温度高几摄氏度。最关键的问题是：我们要怎么在无法把温度计插遍全世界的前提下测量真正的全球温度？好在，汉森和莱比戴夫（Lebedeff）1987 年发表的一篇具有里程碑意义的论文证明，相距 1 200 千米（750 英里）以内的两地平均温度变化相似。①换句话说，如果某个地点的平均温度上升

① Hansen, J. E., and S. Lebedeff. "Global Trends of Measured Surface Air Temperature." Journal of Geophysical Research, November 27, 1987. https://pubs.giss.nasa.gov/abs/ha00700d.html.

了1℃，那么附近区域的平均温度变化很可能（但不是一定）也是这样。这样一来，我们只需要借助稀疏的气象站网络就能判断大片区域内的温度变化。即便有小部分区域没有实际获取数据，也可以通过概率来填补。图 1.1 中，四个独立团队正是从这个基本思路出发，使用各不相同的分析方法，得到了非常相似的全球表面温度记录。

说到图 1.1，我们回到之前提出的那个问题：为什么这张图的主题是“温度异常”，而非“温度”？“异常”指的是某个地点的观测对象——在这个例子中就是温度——偏离基准（平均）值的程度。借助这种与基准作比较得到的相对值，我们就能把北极地区的温度变化同热带地区的温度变化放在同一基础上讨论，进而比较全球不同地点、不同时间的气候变化，最后梳理出大尺度范围内的总体趋势。至于基准的选择，通常是我们考察的时间跨度内中间 30 年的平均值（图 1.1 选用的是 1951—1980 年内的平均值）。这种选择方式多少有些随意，但并不重要，因为选择不同的基准只会使最后得到的曲线上下移动，它的形状和幅度则完全不会改变（要记住，我们感兴趣的是气候的**变化**）。

于是就有了图 1.1 这张全球表面温度异常曲线图——全球日平均温度（对全球各个地区全年每一天观测得到的温度值作平均）与预期温度间的差值。看看这张表，我们会发现，在过去的 1 个世纪里，全球平均温度异常上升了。当然，这既不意味着全球所有地区的温度都一直在上升，也不意味着所有地区温度上升的幅度相同。不过，温度异常随时间的变化确实为我们提供了一些重要且有趣的信息。

图 1.1 体现了全球平均表面温度记录的一个显著特征：虽然年与年之间的数据存在波动，但从 10 年为单位的尺度上来看，总体变暖的趋势很明显，只是叠加了上下起伏而已。也就是说，这段气候历史数据并不只是随机值组成的混乱序列。

大多数与气候相关的时间序列都会显示这样一种模式：虽然年与年

之间的数据存在变化、波动，但长期趋势清晰可见。率先发现这一现象的是英国水文学家 H. E. 赫斯特（H. E. Hurst）。他当时正在研究尼罗河水位，这一数据对非洲大陆大约 10% 区域的降水很敏感。图 1.2 展示的就是公元 622—1284 年这 650 多年间开罗附近罗达岛水位标尺每年测得的尼罗河最小水深。正如你看到的，虽然年与年之间的数值存在波动——有时波动还比较剧烈——但实线代表的 30 年平均值显示出几十年尺度下的清晰趋势，就像图 1.1 显示的全球温度数据一样。

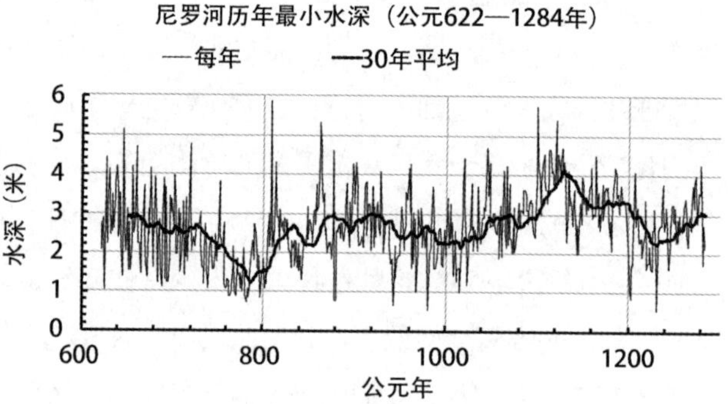

图 1.2

一份同时体现波动和趋势的气候记录。这张表展示的是650 多年（公元 622—1284 年）内开罗附近尼罗河历年的最小水深。这些以米为单位的数据既体现了一种长期趋势，又体现了长期趋势附近年与年之间的波动。①

考察长期趋势背后的信号，排除短期变化的噪声干扰，有助于我们从整体角度认识地球气候，而这点至关重要。而大众媒体的报道恰恰相反，他们总是把重点放在短期变化上，要知道即便是几个相关记录不寻常的年份也并不必然意味着气候变化。于是，研究人员常常用数十年时间尺度下的简单趋势描述气候变化。举个例子，图 1.1 中，全球温度异

① Data from Koutsoyiannis, D. "Hydrology and Change." Hydrological Sciences Journal 58, no. 6 (2013): 1177-1197. http://www.itia.ntua.gr/en/docinfo/1351/.

常的统计起点是1900年的−0.3℃左右，终点是2020年的+0.8℃左右，因此说明120年（12个10年）内全球温度上升了1.1℃，平均下来大概是每10年0.09℃。

然而，虽然这么做的确描述了整个记录周期内的平均温度变化，但并没有很好地将全部数据描述清楚，因为在整个记录周期内有些跨度几十年的小周期平均温度变化与长期趋势迥然不同。例如，从1980年到2020年这40年里，温度上升平均速率（每10年0.20℃）是长期平均值（每10年0.09℃）的2倍多。另一方面，在1940年到1980年这40年里，温度不升反降（每10年−0.05℃）。再往前的30年（从1910年到1940年）里，温度上升平均速率（大约每10年0.17℃）又接近长期平均值的2倍。

因此，所谓“趋势”往往高度依赖于讨论的时间周期。就图1.1这个例子来说，我们几乎可以总结出任何想要的趋势（无论是升是降），只需要挑选不同的时间区间就行了。不幸的是，这种“挑拣数据”的做法在大众媒体中很常见（偶尔也会出现在评估报告中），毕竟他们的目的是说服大家相信全球气候正在剧烈变化。然而，如果目标是把信息准确地告知大众，那就必须呈现完整数据集并且在这一基础上作讨论，无论考察的是何种时间跨度，都必须把所有波动纳入考量。

时间跨度——也就是我们刚才一直在提的“整体”——同样非常重要，因为它能帮助我们厘清全球和局部地区的气候变化。在北半球媒体的高温天气报道中，8月是最常出现的月份。2019年8月13日，《华盛顿邮报》头版新闻标题就是《极端气候变化已经降临美国》。为了支撑观点，这篇文章把图1.3放到了显眼位置。这张图（用火焰般的红色和橙色）描述了1895年至2018年间全美各县的温度变化。

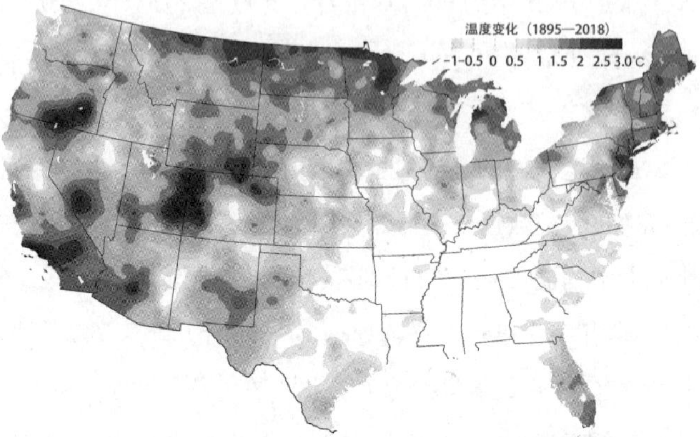

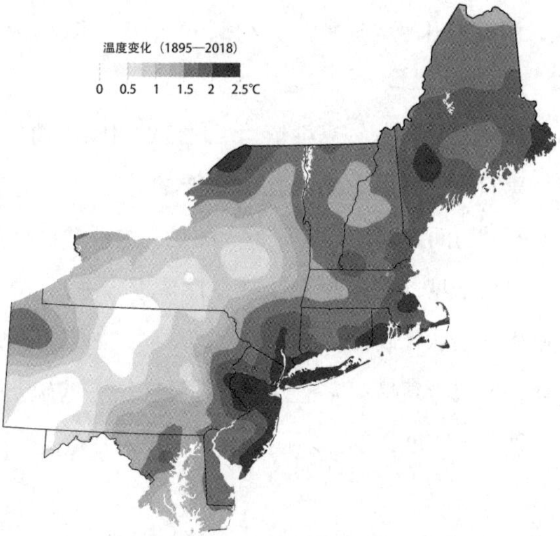

图 1.3

1895—2018 年间全美各县表面温度变化。这张图根据美国国家海洋和大气局（NOAA）的数据绘制，发表在 2019 年 8 月 13 日的《华盛顿邮报》头版，那篇新闻的标题是《极端气候变化已经降临美国》。①

① Mufson, Steven, Chris Mooney, Juliet Eilperin, and John Muyskens. "Extreme Climate Change in America." Washington Post, August 13, 2019. https://www. washingtonpost. com/graphics/2019/national/climate-environment/climate-change-america/.

这篇文章把讨论框架放在了全球变暖的大背景下。不过，细心的读者会注意到，一些人口集中的城市（比如纽约、洛杉矶和菲尼克斯）升温比其他地区快得多。落基山脉各州的部分深色地区恰好是生产石油和天然气的新兴地区。更有经验的读者会知道，全球气候变化导致的温度变化趋势在大得多的地域跨度内表现得相当平滑，绝不会像这两张地图上的离散斑块表现得那么夸张——其实你也知道：还记得汉森和莱比戴夫的“相距 1 200 千米”吗？所以，为什么纽约市的升温会比 250 千米之外、位于纽约州中部的地区快那么多？

细读这篇文章，你就会发现原因：

> 专家表示，城市热岛效应、空气污染水平的变化、洋流、尘暴等事件，以及像厄尔尼诺现象这样的自然气候波动，全都有可能导致温度上升。

实际上，《华盛顿邮报》的这两张地图并不能证明“极端气候变化”已经到来，哪怕文章内容让你这么觉得。这两张地图上的局部深色斑块并非全球气候变化造成的，相反，这很可能是城市化或开始生产石油和天然气的乡村地区人类活动增加的结果。换句话说，这些局部地区的气候变化其实可能从工业革命起就开始了。虽然这篇文章屡次提及温室气体，但这类局部变化与温室气体这样的全球影响因素几乎没有任何关系。举个例子，二氧化碳——人类影响中最重要的温室气体——在全球各个地区大气中的浓度基本都是一样的。

图 1.4 是一张我常常在讲课时用到的表，它展示的是在西点和纽约市中央公园——二者相距 70 千米（42 英里）——测得的年均温度。①

① Raw station data for West Point/NYC downloaded from berkeleyearth. lbl. gov.

两地的温度变化存在明显的相关关系（但并不完全一致）。同样明显的还有，1920 年后的 40 年里，城市化进程的升温效应在纽约市温度记录中充分体现（西点过去是、现在也仍然是相对的乡村区域）。如你所见，这两个地点的温度确实不同，但温度变化无论是在方向还是幅度上都相当吻合，就像汉森和莱比戴夫所预测的那样。当然，如果我们选择两个相距甚远的观测点（比如纽约和北京），那温度变化可能就会完全不同。

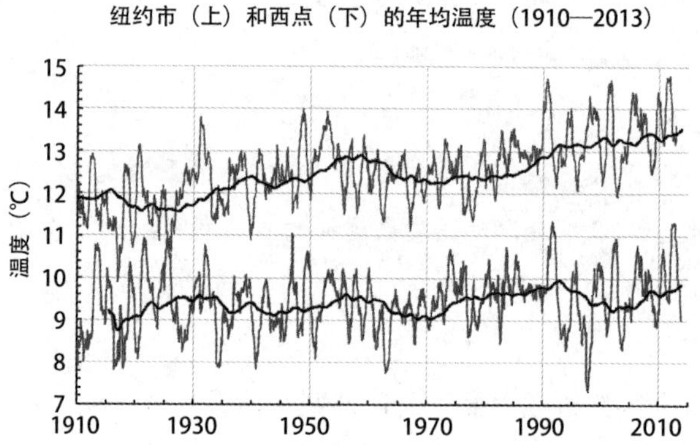

图 1.4

1910—2013 年间，纽约市（上）和北面 42 英里处纽约州西点（下）的年均温度。灰线代表的是年平均温度值，黑线是 10 年追踪平均值。清晰起见，西点的数据整体下移了 1.5℃。

专业人士之所以会定期对相距 1 200 千米区域内的温度变化地图作平滑处理，就是因为要避免混淆局部效应与全球效应。①如果我的学生做了一张地图，类似《华盛顿邮报》用的那种，且没有解释哪些升温效应是全球气候变化引起的，哪些不是，那我恐怕很难给他高分。

① NASA. "Data. GISS: GISS Surface Temperature Analysis (v4): Global Maps." NASA, January 1, 2000. https://data.giss.nasa.gov/gistemp/maps/index_v4.html.

一般认为，图1.1展示的全球温度异常变化趋势有多种不同起因。首先是气候系统的内部变化——几十年尺度下的涨落主要与缓慢的洋流有关。其次是太阳亮度变化等自然现象会“强迫”(影响)气候系统改变。最后，也是与我们关系最密切的：气候系统回应人类活动的强迫时发生的变化和趋势。(虽然“强迫”这样的词看上去有些奇怪，但在气候科学的语言中，它大体上就是“影响”这个词听起来更严谨的同义词。)

“气候变化”VS“变化的气候”

“气候变化”这个词汇会导致（有时可能是故意为之，以便加以利用）含义上的混淆。联合国《气候变化框架公约》把“气候变化”定义为：

……气候的变化，直接或间接肇始于人类活动，改变了全球大气构成，是在可比较时间阶段内观测到的自然气候变化之外的变化……①

这个定义明确**排除**了自然因素引起的变化，而这与这个词表面上的含义不同。因此，当普通人听到“气候变化”(就像在人们常喊的那句话“气候变化真实存在”中一样）时，他们很可能默认指的是我们要为之负责的那种变化。媒体对这个词的使用不是特别准确，也没有统一标准。他们有时用联合国的定义，有时又用另一种，而且往往不加说明。反正，讨论多种或未知成因的气候改变的

① The UN Framework Convention on Climate Change, Article 1 (2). https://unfccc. int/files/essential_ background/background_ publications_ htmlpdf/application/pdf/conveng. pdf.

文章都会使用“气候变化”这个词，毕竟这样才配得上头版新闻；而呼吁公众“与气候变化作斗争！”听起来就像是：如果减少对气候的人类影响，就能阻止气候改变。

为了避免混淆，本书对这个词的使用会尽可能做到具体且精确，避免模棱两可的表达。如果我们讨论的是气候为回应人类影响而产生的变化，那我们会使用类似“人为因素导致的气候变化”这样的表达。按照这个思路，“气候变化”这类表述在本文中的含义就是它的表面意思，指的是任何因素导致的气候改变。精准的术语是科学家作清晰推演和交流的最有力工具之一，而不精准的术语则是媒体等方灌输观点的同样有力的工具。

我们将在下一章中看到，1900 年以前，人类对气候的影响基本可以忽略不计。1900 年前后，全球人口还不多（只有如今的 1/5 左右），而且大部分人都从事农作，在全球大多数地区，工业化都才刚刚起步。迟至 1950 年，人类影响都一直很小，还不到如今的 1/4。因此，1950 年之前的气候变化表明，一定还有其他现象在影响气候（即便并非主导因素），毕竟，在 1940 年到 1980 年间，即便导致升温的人类影响加剧，全球温度其实还下降了一点。既然这些自然变化（包括气候系统内部变化和自然强迫）很可能仍然存在，那么如果我们想要把近年来全球变暖的部分责任归咎于人类影响——更不用说预测地球气候未来的变化——就十分有必要认识、研究它们。

在思考近年全球变暖问题时，另一个值得注意的点是：虽然图 1.3 存在误导性，但在过去 40 年里，从全球角度看，大跨度区域内的升温幅度的确并不平均。根据美国政府 2017 年 CSSR 绘制的图 1.5 就很好地说明了这一点。如你所见，土地变暖的速度要快于海洋表面，靠近两极的高纬度区域变暖的速度要高于靠近赤道的低纬度区域。从更一般的角度上说，最低温度（深夜、冬季、两极等情况）上升的速度要高于最高温度——在地球变暖的同时，气候也变得更加温和。

全球表面温度变化（1901—2015）

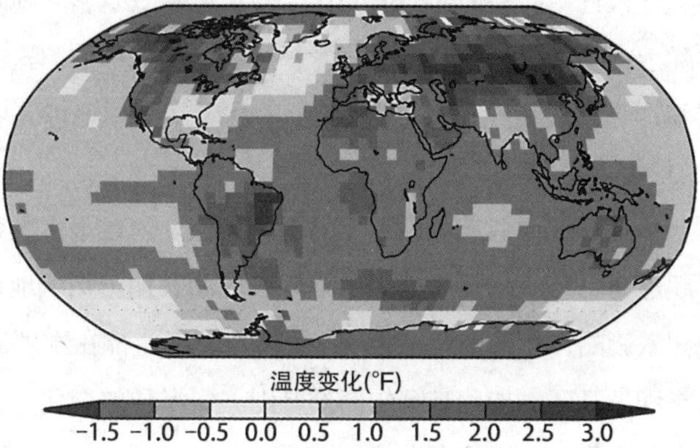

图 1.5

1986—2015 年间相对 1901—1960 年间的全球表面温度相对变化（℉）。总的来说，在大部分陆地和海洋区域，温度变化都相当显著。北大西洋、南太平洋和美国东南部的部分地区温度变化没有那么显著。北冰洋和南极洲的数据不足，尚不能计算出当地的长期温度变化。(改编自 CSSR 图 1.3) ①

看到这，你可能会想：**那又怎么样？地球就是在变暖，全球范围内变暖速度不稳定、不平均又怎么样？低温上升得比高温快又怎么样？**然而，像这样的细节其实很重要。它们能帮助我们区分并量化人为因素和自然因素在气候变化中的相对作用——无论是在过去，还是在未来数十年中。另外，它们还有助于我们认识气候变化的冲击。在全球变暖之后，生态系统已经发生了怎样的变化？针对我们已经发现的气候变化，人类社会做了哪些调整？对于未来的气候变化，这些调整措施是否仍旧像现在这样有效？和所有科学分支一样，这些细节能够加深我们对正在

① USGCRP. Climate Science Special Report：Fourth National Climate Assessment，Volume I. Figure 1. 3.

发生的事情，为什么会发生这些事情，以及未来还会发生什么事情的认识。

当然，气候远不只是表面温度变化，甚至也不只是整个地球大气的变化。实际上，大气只是一个更大、更复杂系统的一部分。这个系统包括水体（海洋、湖泊等）、陆地和海洋上的冰雪、固体地球和各种生物（微生物、植物、动物和人类）。

海洋既是地球气候系统中最重要的部分，也是困难最多的部分。海洋储存了超过90%的气候热量，堪称地球气候的长期记忆。地球大气会受到各种因素影响，作为回应，大气状况每天、每年都在剧烈波动——这就是天气和大气问题如此难解的部分原因。而海洋的变化及其作出回应的单位是几十年，甚至几个世纪。

然而，就像之前提过的那样，要想以足够的精度和广度采集海洋数据进而查明气候变化，比采集陆地数据更加困难。海洋广袤无垠而且大部分区域无人居住。另外，虽然海洋表面或者近表面区域不难接近，但深海部分探测起来就困难得多了（海洋平均深度为 3 700 米，或者说 12 000 英尺）。卫星只能测量海洋表面和表面上方的温度，而且卫星测量海面温度的历史还不到 50 年。在实现卫星测温之前，只有途经的船只（不能覆盖所有海洋区域）和浮标（只能设在少数几个固定位置）才能测量海面及其附近的温度。

2000 年，一个名叫“阿尔戈”的国际项目开始在海洋上设置大量自动化浮标，以记录海洋数据。①2005 年，阿尔戈浮标系统首次实现全球覆盖。时至今日，这个项目已经在全球海洋中布置了 3 900 多个浮标。这些浮标通常会在海面下方 1 000 米（3 300 英尺）处漂浮，但每隔

① “Current Status of Argo.” Argo, January 1, 2000. https://argo. ucsd. edu/about/.

10 天就会下潜到海面下方 2 000 多米，然后花 6 小时左右上浮至海洋表面。在上浮过程中，浮标会通过水柱测量温度和盐分分布情况。上升到海洋表面之后，这些自动化浮标会通过卫星传送测量结果，之后再回到海面下 1 000 米处。

阿尔戈系统大大深化了我们对海洋状况的认识。2000 年前，全球海洋最多只有 40% 取得过 400 米（1 300 英尺）及以下深度的样本，取得过深度 900 米（3 000 英尺）及以下样本的海洋还不到 10%。(要知道，海洋的平均深度是 3 700 米。）在过去 20 年里，阿尔戈系统极大提升了人类探测海洋的深度和广度：目前，我们几乎每年都能在大约 60% 的海洋区域取得 2 000 米深度的样本。①

在未来的几十年里，阿尔戈系统获取的这些数据将是我们认识地球海洋变化的关键。然而，地球海洋的历史数据无论是在覆盖面还是质量上都相当有限。即便如此，我们仍旧信心满满地认为海洋在最近几十年里（甚至是最近几个世纪里）一直在变暖。图 1.6 也是一张异常图——这一次展现的是过去 60 年间各层海洋的热含量上升情况。其中，热能的单位是泽焦耳（1 泽焦耳 = 10^{21} 焦耳），异常的参考基准则是 1958—1962 年的相应情况。虚线给出了海洋总热量的 95% 置信区间——换句话说，这张表告诉我们，海洋总热量的真实值有 95% 的概率落在两条虚线范围内。(时间越早，这两条虚线之间的间隔越大，这是因为时间越早我们掌握的可靠数据就越少，相应结果的不确定性就越大。）从图中可以看到，海洋热能上升趋势明显，且最上面 300 米（1 000 英尺）的海洋区域升温速度快于更深的海洋区域。这也符合我们的预期：海洋热量是从变暖的表面被吸收的。相较之下，温度变化缓慢的深层区域能更好

① Rhein, Monika, and Stephen R. Rintoul, et al. “Observations: Ocean.” IPCC, 2013. https://www.ipcc.ch/site/assets/uploads/2018/02/WG1AR5_Chapter03_FINAL.pdf.

地反映海洋过去的状况。

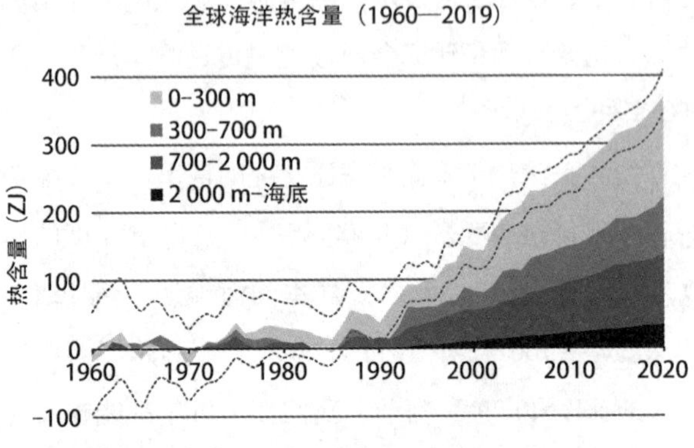

图 1.6

1960—2019 年间全球海洋热含量变化。异常的参考基准是 1958—1962 年间的相应状况，且数据以 24 个月为间隔作了平滑处理。两条灰色虚线代表的是全球海洋总热量的 95% 置信区间。①

成百上千泽焦耳听上去像是很多能量（实际也确实不少，至少从人类尺度来说是这样——全世界每年从化石燃料、核燃料以及可再生能源中提取出的能量总数也不过 0.6 泽焦耳左右）。然而，这些热量扩散到全球海洋的所有水域，引发的升温效应非常温和：每 10 年百分之几摄氏度。饶是如此，海洋的热含量不断上升确实表明地球在过去的几十年里越来越暖。

不过，以免你觉得海洋气候问题已是定论，我得给出另一项同行评审的发现：1990—2015 年间，全球海洋热含量的上升速率只有图 1.6 展示的一半，与 1921—1946 年间的上升速率相当——要知道，当时人类

① Cheng, L., John Abraham, Jiang Zhu, Kevin E. Trenberth, John Fasullo, Tim Boyer, Ricardo Locarnini, et al. "Record-Setting Ocean Warmth Continued in 2019." Advances in Atmospheric Sciences 37 (2020): 137 - 142. https://link.springer.com/article/10.1007/s00376-020-9283-7.

活动对气候的影响要小得多。[1]此外，还有一篇论文的结论是：1750—1950年间，海洋最上面2 000米的区域升温速度大概只有图1.6展示的1/3。[2]因此，和地球表面温度记录一样，糟糕的历史数据和庞大的自然变化让我们难以分析人类影响在海洋气候变化中扮演的角色。

地球表面和海洋温度的上升并不是近年来全球变暖的唯一表征。北冰洋和高山冰川中的冰正在减少，另外，作物生长季一直在缓慢变长。卫星观测记录则表明，下层大气也在变暖。在后续章节中，我们会详细讨论这里提到的部分全球变暖指征。

不过，人类活动究竟在这股全球变暖浪潮中扮演了多大角色？一条线索是参考之前数个世纪（甚至更久之前）的地球气候，毕竟，那个时候人类活动对气候的影响真的可以忽略不计。于是，我们就会发现，早在人类在气候变化舞台上登场之前许久，海洋热含量就已经出现了显著的上升趋势。在图1.1的数据之外，1850年前的全球温度异常图是怎么样的？早在人类活动开始影响地球气候之前，是不是就出现了长期范围内的上升趋势？另外，在过去几十年里，自然强迫和气候系统内部变化让温度异常“摆动”了多少？要想知道地球气候为了回应人类影响做出了多少改变，以及未来又会如何回应，这类问题的答案至关重要。

虽然早在17世纪中叶原始温度计就到处都是了，但直到1714年，丹尼尔·华伦海特（Daniel Fahrenheit）才发明了第一件可靠的测温设备，而且这种设备迟至19世纪中叶才普及。因此，过去的地球气候状

① Zanna, Laure, Samar Khatiwala, Jonathan M. Gregory, Jonathan Ison, and Patrick Heimbach. “Global reconstruction of historical ocean heat storage and transport.” Proceedings of the National Academy of Sciences, January 2019. https://www.pnas.org/content/116/4/1126.

② Gebbie, G., and P. Huybers. “The Little Ice Age and 20th-Century Deep Pacific Cooling.” Science, January 4, 2019. https://science.sciencemag.org/content/363/6422/70.

况只能通过其他方式推测。相关历史记录倒的确有不少，比如几千年前的天气日志和农作物产量，只不过这些记录描述的对象范围和准确程度显然因时间和地点的不同而差异巨大。不过，古气候学家可以借助代用指标来推断地球古代气候——也就是找到某种能从古代保存至今的东西，测量其对温度敏感的属性。[①]一个常见的例子就是分析树木年轮（年轮每年都会随着树木的生长而生长）厚度和组成。另一个例子则是测量全球不同地点的钻孔中的水温——这些钻孔深入地下。同海洋中的情况类似，越深处的地下水携带着越久远的地球表面温度信息。

图 1.7 展示了通过几种不同代用指标重建的过去 1 500 年间全球温度异常，同时附上了现代仪器的测量记录（从 19 世纪末开始）。这一次，我们的基准是 1881—1980 年间的平均温度，用虚线表示。

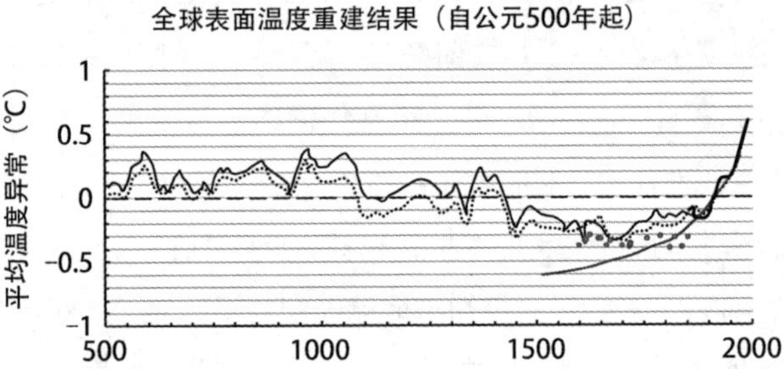

图 1.7

通过多种代用指标和现代仪器测量记录（黑线）重建的过去 1 500 年间全球平均表面温度异常。异常的参考基准是 1881—1980 年间的相应状况，另外，为了规避时间跨度短于 50 年的温度变化，异常曲线已做平滑处理。[②]

如你所见，连续几个世纪的升温趋势在公元 1000 年左右逐渐消失，

① NOAA. "What Are 'Proxy' Data?" National Climatic Data Center (NOAA), January 1, 2000. https://www. ncdc. noaa. gov/news/what-are-proxy-data.

② IPCC AR5 WGI, Figure 5. 7. https://www. ipcc. ch /site /assets /uploads /2018 /02 / WG1AR5_Chapter05_FINAL. pdf.

地球进入了一段异常寒冷的时期，也就是大致在1450—1850年之间的小冰期。小冰期结束之后，地球就迎来了一段更加快速的升温时期，并且一直持续至今。

由于证据有限，最近的评估报告（AR5，图1.7就是根据AR5的数据绘制的）对“过去30年间的全球变暖超过了重建温度范围”这一结论给出了**置信度低**。不过，因为北半球代用指标的数据更好且更充足（北半球陆地更多），所以AR5对“在北半球，过去30年很可能（2/3概率）是最近400年里温度最高的”这一结论给出了置信度中等。

如果我们把目光放得更远一些，考察更大时间跨度上的地球表面温度，结果又会如何？树木年轮可以让我们追溯到大约15 000年前，但在南极或者格陵兰冰盖上钻取冰芯可以让我们知晓更久远的情况。那些冰盖年复一年地增长、堆积、分层，每一层的特性（包括冰盖内的气体、同位素构成和沾上的尘埃）都携带着当初形成时的气候信息。通过对深层冰盖核心的分析，我们就能知晓地球气候遥远的过去——最远可以追溯到接近300万年前。①另外，通过研究海底沉积物的核心部分，我们还能知晓1亿年前的情况：远古微海洋生物的外壳在脱落后，会不断从海洋表面沉积到底部，连续不间断地记录下它们诞生及生长的环境条件。

所有这些温度记录的代用指标都比不上用温度计直接测量。代用指标只能直接反映一处地点的环境状况，而且解释起来也颇为复杂——例如，树木的生长不仅对环境温度敏感，对降水也很敏感。而且，年代越是久远，不确定性就越高。不过，无论怎么说，代用指标都确实让我们

① Voosen, Paul. “Record-shattering 2.7-million-year-old ice core reveals start of the ice ages.” Science, August 15, 2017. https://www.sciencemag.org/news/2017/08/record-shattering-27-million-year-old-ice-core-reveals-start-ice-ages.

了解到人类系统观测并记录天气之前，地球气候是如何变化的。

图 1.8 总结了我们获取到的过去 5 亿年间的地球表面温度信息，同时也展示了相对作为参考基准的 1960—1990 年，全球平均表面温度异常变化（以摄氏度为单位）。图 1.8 分为五个不同板块，每个板块的时间跨度都涵盖了重大地质事件间的时间间隔。另外，每个板块的时间尺度都是前一个的 1/10 左右。

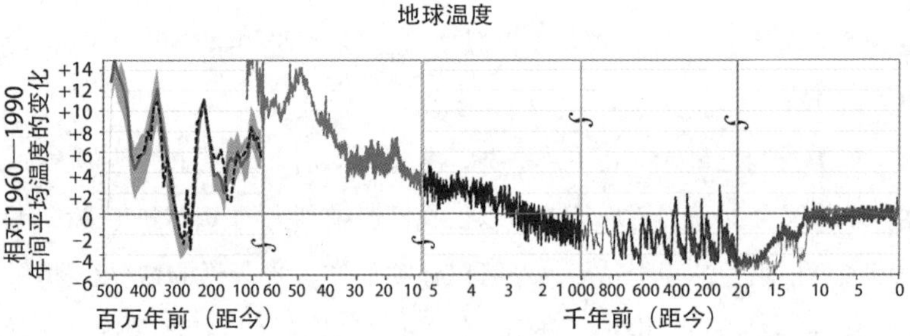

图 1.8

由各种地质代用指标得出的五阶段全球表面平均温度异常（最早追溯到 5 亿年前）。

从最右边那个板块（时间最接近现在）看起，我们会发现，从大约 20 000 年前（冰盖最近一次覆盖地球大部分区域）开始，全球温度大概升高了 5℃（9℉）。而在过去的 10 000 年间，相对温暖且稳定的温度支持了人类文明的快速发展。

从右数第二个板块看，在过去几十万年间，快速变暖时期与缓慢变冷时期交替出现。最早是每 4 万年左右交替一次，从大约 50 万年前起每 10 万年交替一次。这种变化的成因是地球绕日公转轨道和地轴倾角的轻微变化。进入现代之前的最后一段全球升温时期开始于大约 12.7 万年前，持续了 2 万年左右。在此期间，全球表面温度异常总共上升（变暖）了 2℃（3.6℉），而顶层海洋的温度则比如今高 2℃～3℃（3.6℉～5.4℉）。

再往前追溯，也就是左边那三个板块，温度的波动就更大了，其中部分剧烈波动甚至对现代世界都产生了冲击。例如，距今约 3.6 亿年前至约 3 亿年前的石炭纪，这段时期里已经有了树木，但是树木还没有充分具备腐烂的条件。由于当时树木死亡后，没有东西可以消耗木材，当今世界上规模最大的煤矿中有一部分就在那个时期形成。另外，我们必须清醒地意识到，图 1.8 整张图展示的都只是地球历史中时间上距现在最近的 10%，而且，解剖学意义上的现代人类直到右数第二个板块中期才出现（几十万年前）。

气候科学这门学科，包括它得出结论的过程，还有诸多悬而未决的内容，我希望这一章能让你重新认识其中的一部分。我们研究了全球变暖语境中的一些基本概念和基本问题。过去地球表面温度和海洋热含量的变化完全没有否定自 1880 年以来的全球平均表面温度异常——上升大约 1℃（1.8℉）——可能由人类造成，但这些过去的数据确实表明，驱动气候变化的还有强大的自然力量。同时，这也阐明了气候科学面临的挑战：要想信心满满地确定地球气候对人类影响的回应，就必须先相当充分地认识那些自然影响。换句话说（其实这一整章都在阐述这个观点），真正的问题并不是地球近期有没有变暖，而是这种变暖结果在多大程度上是由人类造成的。

为了回答这个问题，我们就必须了解更多关于人类如何影响气候（以及影响程度）的信息。这就是下一章的主题。

第二章

微弱的人类影响

和许多人一样，我也总是关注自己的体重。吃得多、锻炼得少，我就会变重；吃得少、运动得多，体重秤上的数字就会变小。当然，吃多少与运动量并不是全部影响体重的变量——还有像健康状况、激素水平、影响燃烧或影响热量储存速度的遗传物质等因素——但简单来说，体重的增减由热量摄入与消耗的天平来决定，一旦摄入与消耗不平衡，结果就会迅速反映在体重秤上。同样的道理，地球温度也由一座关键天平决定：天平的一端是太阳光带来的升温效应，另一端是地球热量辐射回宇宙空间带来的降温效应。

在这座天平的升温效应一侧是地球吸收的太阳能。地球通过“晒太阳”吸收太阳能后，温度会上升，同时向宇宙空间发射红外辐射。而这正是天平的降温效应一侧。1880 年前后，两名在奥地利工作的物理学家发现了一条基本的物理学定律，亦即斯特藩-玻尔兹曼定律。这个定律告诉我们，物体释放的红外辐射量以一种非常可预测的方式随温度的上升而迅速增加。因此，地球在因接收太阳能而升温的过程中，也会因通过释放更多红外辐射而降温，直到二者完全持平。此时，从整体上看，地球既不会获取能量，也不会失去能量，温度保持稳定。这种恰到好处的状况可以用一个专业术语表示，即“辐射平衡”。达到平衡时的温度就叫作“平衡温度”，具体是多少取决于多种因素，其中最容易想到的就是地球与太阳之间的距离。

接下去，让我们更加细致地考察天平的升温效应一侧——也就是地球通过接收太阳光而获取的太阳能。由于地球并不是完美黑体，它只能吸收抵达这里的太阳光中的70%，剩下的30%则反射回宇宙，不会使得地球温度升高。这个30%就相当于地球的反射率，用术语来说就是“反照率”（“albedo”，来自拉丁词汇“albus”，意为“白”）。如果反照率变高，地球就会反射更多太阳光，因而变得稍冷一些。相反，如果反照率变低，地球就会吸收更多太阳光，因而变得稍热一些。0.3（30%）其实只是地球的平均反照率，特定时刻的数值则取决于地球的哪一面朝向太阳（海洋更暗、反照率低，陆地更亮、反照率高，云也比较亮，雪和冰就更亮了）。反照率的月平均值会随着季节有±0.01的波动（3月反照率更大，6月、7月更小）。

地照与反照率

精确测量地球反照率对认识气候系统很重要。如果平均反照率从0.30增加到0.31——就假设是因为云量增加了5%吧——那么这额外的一点反照率会在很大程度上补偿大气二氧化碳含量翻倍导致的升温效应。

1991年夏天，我参与了JASON（一个独立的科学家组织，主要功能是就敏感且紧迫的科学技术问题向美国政府提供建议）的一项研究，一道工作的还有物理学家弗里曼·戴森（Freeman Dyson）和宇航员萨利·莱德（Sally Ride）。正是在那时，我个人对反照率测量产生了兴趣。JASON这项研究的重点是利用小卫星观测地球气候的可能性。①这类卫星可以测量的一个对象是地球上的一小块

① Banks, P., J. M. Cornwall, F. Dyson, S. Koonin, C. Max, G. Macdonald, S. Ride, et al. “Small Satellites and RPAS in Global-Change Research Summary and Conclusions.” JASON, The Mitre Corporation, January 1992. https://fas.org/irp/agency/dod/jason/smallsats.pdf.

表面反射回宇宙空间的那一部分太阳光究竟有多少。只要这样的卫星足够多，多到测量范围能够覆盖整个地球表面，我们就能对它们的测量结果作平均，从而得到地球反照率。实际上，在之前的40多年里，我们一直是用类似的方式测量地球反照率的，只是之前用的是数量较少、成本较高的大型卫星，而不是诸多小型卫星。①

30年前的这项JASON研究也促使我重新使用一种更古老、更简单的方法考察地球反照率。早在20世纪30年代初，法国天文学家安德烈·丹容（André Danjon）就率先测量了地球反照率。他用的方法很聪明，简单来说就是利用“地照”：如图2.1所示，这层微光在月亮还不到半圆时，最容易从月盘的“黑暗”部分见到。之所以我们能看到月亮的“黑暗”部分，是因为地球反射了太阳光，

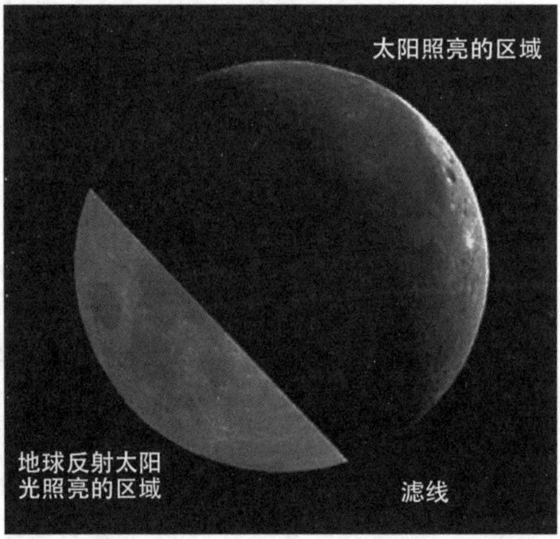

图2.1

① National Aeronautics and Space Administration. “Measuring Earth’s Albedo.” NASA Earth Observatory, 2014. https://earthobservatory.nasa.gov/images/84499/measuring-earths-albedo.

接着这部分光又被月球表面反射。因此，此时月球“黑暗”部分的亮度就由地球反照率决定，从而为测量地球反照率提供了一种方法。

图 2.1 在新月上看到的地照和日照。图片的右上部分是日照照亮的浅浅的一轮新月，肉眼就能轻松看到。在图片的这个区域上放置一块强滤光片（图像的下部因此有了一条分界线），就能在月盘其余部分看到地照。①

丹容当时计算得到的地球反照率高得出奇，达到了 0.39，显然不正确。大约 1950 年之后，有关地照的研究更多只是部分科学家的个人兴趣。然而，到了 1991 年夏天，我们这些 JASON 研究员在重新分析丹容的数据时意识到，月球表面的多孔性加强了地照反射，如果把这个因素考虑在内，最后得到的地球反照率就基本正确了。②接着，我便召集了一些天文学领域的同事，并且在 1995 年启动了一个现代地照观测项目。借助地照法测量地球反照率有很多优点，其中之一是只需要一架小型望远镜和标准照相机。另外，这个测量方法其实也包含了自校准，因为我们是在同一幅图像上比较地照亮度和日照亮度。因此，即便是几十年甚至几个世纪后，未来的研究人员也可以借助彼时可用的设备以同样的方式再次测量。

无论是通过卫星还是别的什么方式，精准气候观测通常都要经历不断修正的过程，直到研究人员最后得到准确的结果。我们的地照测量工作也是如此。不过，我们最终还是得到了 1999—2014 年之间误差为±0. 003 的地球年平均反照率，且没有体现出任何明显

① Image courtesy of P. Goode et al., Big Bear Solar Observatory.

② Flatte, S., S. Koonin, and G. MacDonald. "Global Change and the Dark of the Moon." JASON, The Mitre Corporation, 1992. https://fas. org/irp/agency/dod/jason/dark. pdf.

的变化趋势，与卫星测量结果相符。[1]±0.003的使用地照法的误差范围（不确定性）大约是卫星测量的2倍，但测量成本只有卫星测量的千分之一。另外，事实证明，认识月球上所见的地球反射光变化，也能很好地检验我们研究围绕其他恒星运动的系外行星的能力，毕竟，它们也是靠反射恒星光才能为我们所见。[2]这正是不同科学对象间的意外联系。

知道了地球的反照率（通过全球范围内每日、每季周期的平均值计算得到），我们就能通过地球吸收的太阳能（升温效应）与释放的红外辐射能（降温效应）求得平衡温度。正如我们刚才讨论的，随着地球温度升高，相应的降温效应会更加显著——如果地球变得更热，那么它就会释放更多热量——这就使得地球成了某种恒温器。通过计算这种平衡状况求得地球平衡温度，是所有严肃气候科学课程开始时必须要解决的基本问题。总之，我们计算得到的平均表面温度为……−18℃（0℉）。

然而−18℃（0℉）显然不正确，远低于真实的地球表面平均温度15℃（59℉）。这是由于我们的计算没有考虑到大气中温室气体的隔热效应，正是这些气体把地球表面温度提高到了我们真实观测到的数值。这种保温效果用一个故事就能很好说明。

2010年1月，我在能源部担任负责科学事务的副部长，其间有幸前往南极考察。[3]在此之前，位于南极大陆外围的美国麦克默多科考站和

① Palle, E., P. R. Goode, P. Montañés-Rodríguez, A. Shumko, B. Gonzalez-Merino, C. Martinez Lombilla, F. Jimenez-Ibarra, et al. "Earth's Albedo Variations 1998—2014 as Measured from Ground-Based Earthshine Observations." Geophysical Research Letters, May 5, 2016. https://agupubs.onlinelibrary.wiley.com/doi/full/10.1002/2016GL068025.

② Turnbull, Margaret C., et al. Astrophysical Journal 644 (2006): 551. https://iopscience.iop.org/article/10.1086/503322/meta.

③ Clough, G. Wayne. "Antarctica!" Smithsonian Magazine, May 1, 2010. https://www.smithsonianmag.com/arts-culture/antarctica-13629809/.

新西兰斯科特基地之间的一座山脊上，能源部已经帮着安装了三台风力涡轮。南极科考站的主要能源来自邮轮远涉重洋运输过来的柴油燃料，而这些风力涡轮产生的电力可以降低科考站对柴油燃料的需求量。我的那次南极之旅正是作为代表团的一员，参加风力涡轮的落成典礼。

我先从华盛顿特区飞到了洛杉矶，接着再到奥克兰中转，最后飞往新西兰克赖斯特彻奇。在那里，整个代表团都领取了极端寒冷天气（ECW）装备——保暖工作服、皮制大衣、羊毛衫、厚靴子、羊毛帽子、手套，以及护目镜。第二天早上，我们登上了一架由纽约国民警卫队驾驶的军用运输机。接下去的 5 小时飞行之旅很不舒服：我们必须全程穿上极端寒冷天气装备，以防万一飞机出现意外，我们需要紧急疏散。向南飞了许久之后，我们到达了飞马跑道，位于距麦克默多科考站大约 20 英里的一个冰架上。

那天晚上，我们正式把风力涡轮投入使用。第二天早上，大家乘坐一架货运螺旋桨飞机往更南边飞，目的地就是南极。抵达后，我们在那里待了 8 个小时，当时的温度是-33℃（-27℉）。多亏了极端寒冷天气装备的保温功能，我才能享受这难得的奇妙南极之旅。这些装备拦截了我身体的热量，阻碍它们流向周围空气。

和极端寒冷天气装备一样，大气中的温室气体也会拦截地表反射的红外辐射热能，阻碍它们流向宇宙空间。如图 2.2 所示，其中部分热量回到地表，产生了额外的升温效应（温室效应）。人们常常说，温室气体“困”住了热量，这让我们产生了热量永远不会逃离的印象。然而，正如之前我们讨论的那样，所有热量最终一定会辐射到宇宙空间中并达到能量平衡。通过辐射离开地球的能量必须非常精准地匹配地球吸收的太阳能——精准到热量出入小于 0.5%。如果无法达成热平衡，那我们就会看到地球快速变暖或冷却，速度远比现实情况快得多。因此，在讨论温室气体对从地球表面流出的热量的影响时，更好的比喻应该是“捕

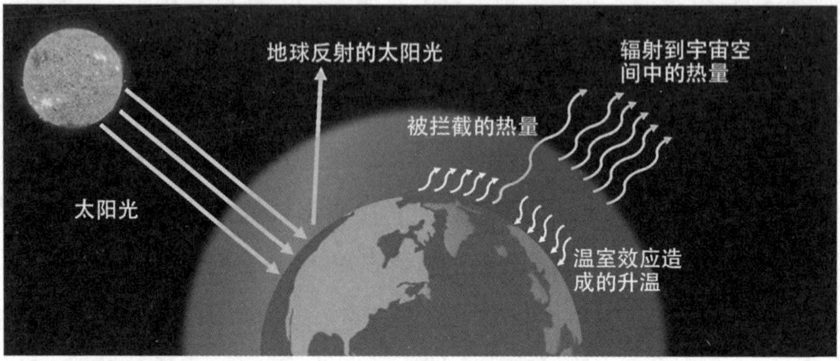

图 2.2

整个地球气候系统中太阳光和热量的流动。大约 30% 来到地球的太阳光会被地球直接反射，而大气则会拦截至少 80% 地球表面释放的红外辐射。

获并释放”。正是出于这个原因，我不会称温室气体“困”住了热量，而是称它们“拦截”并“阻碍”了热量向宇宙空间流动。

构成地球大气的最主要气体是氮气（78%）和氧气（21%）。也就是说，这两种气体加起来就占到了干燥大气的 99%。另外，由于分子结构的特殊性，热量可以轻松穿过这两种气体。在剩下的 1% 中，占比最高的是稀有气体氩气。然而，虽然含量不高，其余气体中的一部分——最主要是水汽、二氧化碳、甲烷、一氧化二氮和臭氧——平均而言能拦截地球表面散发热量的 83%。①因此，地球释放的热量确实等于从太阳那儿吸收的热量，但释放的热量并不是直接流入太空（同时将我们星球的平均温度冷却到凛冽的-18℃或 0℉），相反，像毯子一样包裹着我们的大气拦截了其中大部分热量。

水汽是最重要的温室气体。当然，不同地点、不同时间的大气水汽

① Harde, Hermann. “Radiation Transfer Calculations and Assessment of Global Warming by CO_2.” International Journal of Atmospheric Sciences, March 20, 2017. https://www.hindawi.com/journals/ijas/aip/9251034/.

含量差异非常大（天气对空气湿度的影响很大）。不过，平均来说，水汽分子只占到所有大气分子的 0. 4% 左右。即便如此，地球大气拦截热量能力的至少 90% 都来自水汽。率先研究气体红外性质的爱尔兰物理学家约翰·丁达尔（John Tyndall）在 1863 年的一次公开讲座中生动地阐明了水汽在拦截热量方面的重要性：

> 水汽就是地球的毯子，对英国植物的重要性超过衣物对人类的重要性。把弥漫在这个国家上空的水汽从空气中除去，只需要一个夏夜，就能摧毁每一种能被冰点温度摧毁的植物。一旦没有了水汽，田野和花园中的热量就会毫无保留地流失到太空中，第二天，太阳将在被冰霜禁锢的英伦三岛上升起。①

作为第二重要的温室气体，二氧化碳与水汽有一个重要区别：二氧化碳在大气中的浓度整个地球都差不多。就目前而言，地球大气拦截热量能力的大约 7% 由二氧化碳提供。二氧化碳与水汽的另一个重要区别是：人类活动已经影响了二氧化碳的浓度（也就是二氧化碳分子在所有空气分子中所占的比例）。自 1750 年以来，大气中二氧化碳的浓度已经从 0. 000 280（280 ppm，ppm 指百万分之一）一路升到了 2019 年时的 0. 000 410（410 ppm），而且还在以每年 2. 3 ppm 的速度继续上升。虽然目前大气中的大部分二氧化碳仍然都是自然过程产生的，但这种浓度的上升趋势无疑是（而且已经是）人类活动造成的，尤其是燃烧化石燃料。

人类在过去 250 年间向大气排放的二氧化碳增强了大气阻碍热量流

---

① Baum, Rudy M. "Future Calculations." Science History Institute, April 19, 2019. https://www. sciencehistory. org/distillations/future-calculations.

失（就像是增厚了保温层）的能力，并且让地球气候变得越来越暖。具体某个时间、具体某个地点保温效果具体上升了多少，则取决于温度、湿度、云量等因素。以常见的晴朗天气（无云）为例，从1750年到今天，二氧化碳含量的增加使得大气拦截地表散发热量的比例从82.1%上升到了82.7%。另外，随着二氧化碳含量的持续上升，地球大气拦截热量（及其升温效应）的能力同样也会增长。等到二氧化碳浓度从1750年的280 ppm翻倍至560 ppm时，在常见的晴朗天气下，大气可以拦截83.2%地表释放的热量。而所谓的浓度翻倍，其实也就是平均每10 000个大气分子中，二氧化碳分子的数量上升2.8个——换句话说，每10 000个大气分子中，二氧化碳分子数量增加不到3个，大气拦截的热量比例就能从82.1%上升到83.2%，或者说1%左右。

看到这里，有两件事可能会让你感到困惑。其一，为什么10 000个大气分子中不到3个分子的变化（变化幅度小于0.03%），就能让大气拦截热量的能力提升1%（大约是0.03%的30倍）？其二，大气拦截热量能力提升仅仅1%，怎么会对气候产生那么大影响？

第一个问题的答案与地球为保持较低温而释放红外（热）辐射的细节有关。虽然我们之前已经讨论过地球释放的红外辐射总量必须与太阳光带来的升温效应相平衡，但其实，地球释放的辐射涵盖整个光谱的不同波长。所谓“不同波长”，你就想象是各种“颜色”即可，只不过其中很多颜色肉眼看不见。最重要的温室气体水汽只能拦截某些颜色的辐射，但对于那些可以拦截的颜色，水汽可以做到拦截率接近100%。因此，向大气中排放更多水汽并不会使保温层变厚——这么做就像是在已经变黑的窗户上再涂一层黑漆一样。然而，换成二氧化碳就不是这样。二氧化碳分子可以拦截某些水汽无法拦截的颜色，这意味着哪怕只是增加一小点二氧化碳分子都能产生大得多的效应（就像在洁净的窗户上第一次涂上黑漆一样）。因此，一个二氧化碳分子能带来更强的效果，这是来自它与水汽在拦截热辐射时相对鲜为人知的方式——再一次证明了为什么在认识人类对地球气候影响的过程中细节如此重要。

图 2. 3 表现了其中部分细节。它展示了不同颜色的辐射离开大气顶部时释放的热量变化（也就是红外光谱）。假设地球完全没有大气，那么光谱就应该对应图中的平滑灰线——一条由斯特藩-玻尔兹曼定律这个基本物理学法则描述的曲线。曲线下方的区域对应的是辐射离开地球时的降温能力。颜色较浅的锯齿状灰线表示的是**除二氧化碳之外**（也就是二氧化碳浓度为 0 ppm 时）所有主要温室气体存在于大气中时的光谱。这些温室气体加在一起，可以让辐射的降温能力下降大约 12. 1%。

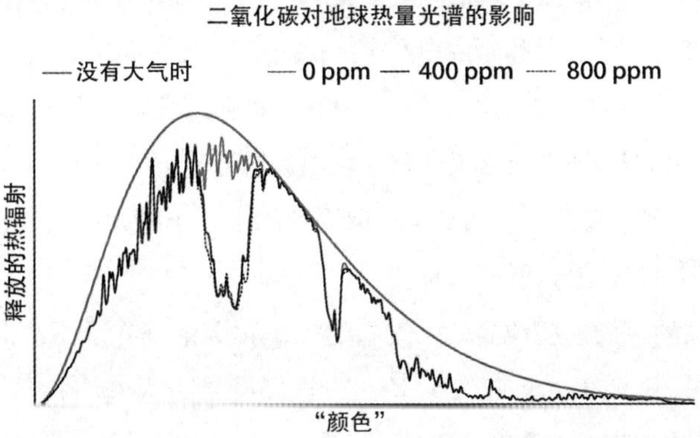

图 2. 3

离开地球大气顶部的热量光谱。平滑的灰色曲线对应的是完全没有大气时的情况；尖尖的灰色曲线（0 ppm）对应的是除了二氧化碳之外的所有温室气体（水汽、甲烷、臭氧和一氧化二氮）都存在时的情况；黑色实线和黑色虚线则分别展示大气中二氧化碳浓度为 400 ppm 和 800 ppm 时的热量光谱变化情况。之所以看上去好像只有一条曲线，是因为这两条几乎完全重合。①

① Simulations courtesy of W. A. van Wijngaarden and W. Happer, corresponding to a clear atmosphere with a typical mid-latitude temperature profile and a surface temperature of 288. 7 K. The methodology is described in https://arxiv. org/pdf/2006. 03098. pdf.

曲线的上下起伏源于各种温室气体（最重要的是水汽，但也有甲烷和臭氧）自身的具体特性。黑色实线表示的是大气中二氧化碳浓度为400 ppm（大概就是现在大气中的二氧化碳浓度）时，辐射的降温能力进一步下降7.6%（也就是大气保温性能进一步上升7.6%）。最后，黑色虚线表示的是当大气二氧化碳浓度上升至800 ppm（大概就是现在浓度的2倍）时，辐射的降温能力还要再下降0.8%。相比曲线上斜率较大的凹陷两端，这种变化几乎看不出来。

根据这张图，我们可以总结出两点结论。其一，是光谱的复杂性——为了绘制这些模拟光谱，我们测量了数以10万计的分子特性，其中有许多是在实验室中完成的，最后得到的结果与卫星观测结果相当吻合。其二，虽然现在这个二氧化碳浓度产生的保温效应比较显著（7.6%），但由于我们之前讨论的“给黑窗涂黑漆”效应，即便二氧化碳浓度在现在的基础上翻倍，情况也不会有多大变化（保温效果再上升0.8%）。

不过，现在先让我们回到稍早前提到的第二个问题：大气拦截的热量仅仅提高1%，怎么就那么重要？

IPCC的气候模型预测，大气中的二氧化碳浓度在前工业时代的水平上翻倍——我们之前已经讨论过，这样会导致大气多拦截1%的热量——平均地表温度会上升大约3℃（5.5℉）。而地球现在的平均表面温度为15℃（59℉），上升3℃意味着上升了20%（3℃除以15℃）。不过，从华氏温标上看，温度在59℉的基础上上升5.5℉，差不多就是上升了10%。为什么温度上升的幅度与我们使用的温标有关？另外，无论使用哪种温标，这个百分比（10%和20%）看上去都太大了。大气拦截热量变化1%怎么会产生如此巨大的效应？

物理学家通常都希望相互关联的变化之间幅度相称——例如，我们肯定希望大气拦截的热量变化1%，地球表面温度也变化1%——如果实际上并非如此，那往往就意味着我们忽略了某种关键因素。

在这个例子中，我们忽略的正是温标。回忆一下我们在本章开头见到的斯特藩-玻尔兹曼定律，它可以描述地球辐射的热量与温度之间的关系，而这种关系的应用框架使用的单位是绝对温度，也就是用开尔文温标衡量。摄氏温标与华氏温标都锚定了水的特性——水在0℃（32℉）时结冰，在100℃（212℉）时沸腾。开尔文温标锚定的则是绝对零度——物质冷到完全不会释放热量时的温度（0 K = -273.15℃或-459.67℉）。开尔文温标中的1°等于摄氏温标中的1°（都等于华氏温标中的1.8°），因此，地球的平均表面温度15℃（59℉）对应的开尔文温标则是大约288 K。平均地表温度上升3℃（3 K或者5.5℉），就是在288 K的基础上上升3 K，也就是上升大约1%，与二氧化碳浓度翻倍时大气拦截热量的能力上升1%一致。

因此，在与我们生活息息相关的温标上，地球气候系统相当敏感——我们看到，在过去的几个世纪里，非常微小的物理层面变化（大约1%）就能让平均地表温度上升几摄氏度。而我们的任务是究明地球如何回应日益上升的温室气体浓度。毫无疑问，气候系统的敏感性极大地提升了我们这项任务的复杂程度，尤其是温室气体还不是唯一影响平均地表温度、影响地球气候的因素。

认识地球气候系统如何回应人类影响，很像是认识人类摄入营养与减肥之间的关系。遗憾的是，这两个课题都是仍然悬而未决的著名案例。想象一下我们做这个实验：每天都给某人多吃半根黄瓜。半根黄瓜热量大概就是20卡路里，相对成年人每日需要摄入的热量（平均大约是2 000卡路里），也就是摄入热量增加1%。我们在1年内每天都这么做，然后再看看被试最后体重增加了多少。当然，要想从这个实验结果中得到有意义的结论，我们还必须了解其他许多因素：除了黄瓜，他们还吃了什么？他们的锻炼情况如何？实验过程中，有没有什么健康或者激素方面的变化影响他们燃烧卡路里的速度？虽然我们都认为，在其他一切都不变的情况下，每天多吃的这半根黄瓜带来的额外热量应该会让被试体重增加，但要想真正掌握这额外半根黄瓜会产生什么效果，就一定要精确测量实验涉及的方方面面。

同上述黄瓜实验一样，在人类导致的二氧化碳和气候问题中，其他各种因素并不必然会保持不变，毕竟，还有很多能够强迫气候做出改变的影响因素会干扰我们对相关问题的研究，无论是人为因素引起的，还是自然因素导致的。在人为因素对地球气候的其他影响中，还有向大气排放甲烷（也来自化石燃料，但更多是在农业生产过程中产生的），以及其他微量气体。所有这些气体加在一起产生的升温效应总和，几乎能和人类排放的二氧化碳相持平。

然而并非所有人类影响（或称“强迫”）都会导致地球变暖。气溶胶是地球大气中的微小颗粒，燃烧低质量煤就会产生气溶胶。虽然气溶胶会导致严重健康问题，全球每年数以百万计的死亡案例都与气溶胶有关，但它们也可以增大地球的反射率，既能直接反射太阳光，也能诱导产生反射性云层。人类向地球大气排放的气溶胶，再加上滥伐森林（牧场比森林更能反射太阳光）等土地用途变化，增加了地球反照率，由此产生的净降温效应可以抵消人类排放的温室气体的升温效应的大约一半。

接着，我们也要考虑一些自然强迫：火山喷发时会把大量气溶胶抛入大气平流层，这些气溶胶会在那里待上几年，反射比通常情况下更多的太阳光，因而产生降温效应。我们无法预测这类火山喷发，但它们有时产生的效果的确显著到可以在数个月内完全抵消人类影响，因而必须纳入考量。（举个例子，1991 年 6 月，皮纳图博火山喷发，在随后的 15 个月内，全球温度下降了 0.6℃。①）此外，哪怕太阳辐射强度在几十

① NASA. “Global Effects of Mount Pinatubo.” NASA，2020. https://earthobservatory.nasa.gov/images/1510/global-effects-of-mount-pinatubo.

年跨度内只变化了1%的零头（由于太阳自身的内部变化），也会改变抵达地球的太阳光量，从而让我们的任务，也就是研究所有影响地球微妙能量平衡中的人为和自然强迫，变得更加复杂。然而，只要我们还想知道地球气候如何回应日益升高的大气二氧化碳浓度，就必须了解上面提到的其他种种影响因素，清楚它们产生的效应有多大，知道它们何时、如何产生作用。

我们用瓦特每平方米（W/m^2）衡量流入、流出气候系统的能量。地球吸收的太阳能（其实也是地球辐射的热能）平均为239 W/m^2。这就是说，地球辐射热量的功率略多于每平方米（11平方英尺）内都亮着2只功率100瓦的白炽灯泡（白炽灯泡释放的能量几乎都是热量）。目前，人类活动产生的热量也就是略多于2 W/m^2，或者说略少于地球自然释放热量的1%（大致相当于正常成年人在日常饮食上再加半根黄瓜）。

另有两类并非来自太阳光但同样会进入气候系统的热量常常会勾起人们的好奇心。其一是从地球表面流出的地热。虽然在某些地点（比如火山、温泉和海底喷口）地热效应很强，但从全球角度看，地热释放热量的功率平均只有0.09 W/m^2，小到完全无法对地球气候的能量平衡产生有意义的直接影响。不过，地热还会产生一些间接效应，比如南极冰川下火山的喷发会导致冰层融化。①

另一种会进入气候系统的热量则来自人类从化石燃料及核原料中获取的能量。热力学第二定律告诉我们，无论我们用这些能量做什么（比如加热、移动、发电），它们最终基本上全都会以热量的形式进入气候系统，并且随地球自然释放的热量一起进入宇宙空间。(很小一部分能量

① Iverson, Nels A., et al. "The first physical evidence of subglacial volcanism under the West Antarctic Ice Sheet." Nature, September 13, 2017. https://www.nature.com/articles/s41598-017-11515-3.

最后会以可见光的形式穿过透明大气直接逃逸到宇宙空间，即便如此，它们最后也是以热量的形式离开地球，去到了“外面”的某个地方。）在那些此类能量使用较为集中的地方（比如城市中或核电站附近），人类产生的这种热量确实可以影响当地气候。不过，从全球范围内看，目前人类产生的这类热量总计不过 0.03 W/m²，连气候系统中自然流动热量的万分之一都不到，大约也只相当于其他人类活动释放热量的百分之一。

图 2.4 展示了人为因素和自然因素对地球气候的影响效应总和，具体说明了我们已经讨论过的许多内容。我们可以在图中看到温室气体导致的全球变暖效应正在上升（主要是因为大气中二氧化碳和甲烷浓度的上升，但人类排放的其他温室气体也有影响），同时，人类排放的气溶

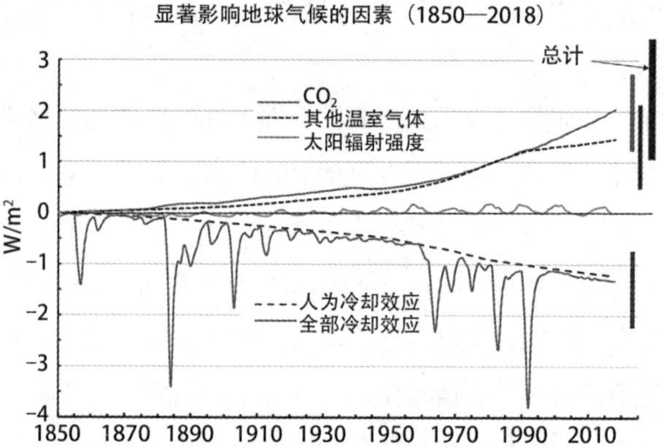

图 2.4

1850—2018 年间，显著影响地球气候的人为因素和自然因素。人类排放的二氧化碳及其他温室气体（包括甲烷、卤化烷烃、臭氧和氮氧化物）会导致地球变暖；人类排放的气溶胶和土地反照率的变化会导致地球变冷。另外，大型火山喷发导致的间歇性自然冷却和太阳辐射强度的微小变化也是不可忽略的因素。右侧的长条代表的是目前各种强迫因素，以及所有强迫因素总效应 2σ 的不确定度范围。①

① CMIP5 forcings downloaded from https://data. giss. nasa. gov/modelforce/.

胶带来的冷却效应部分抵消了全球变暖。大型火山喷发带来的间歇性降温效应也相当显著。另外，我们还能从图中看到，在1950年之前，人为因素的影响总和（“二氧化碳”、“其他温室气体”以及“人为因素导致降温”的影响总和）不到如今水平的1/5。

另外，图2.4还表明，我们对那些强迫因素的具体作用有多么不确定。虽然我们已经知道二氧化碳和其他温室气体的升温效果在20%以内，但人类排放的气溶胶产生的降温效应不确定度就要大得多了，这就使得人为强迫总额的不确定度达到了50%——也就是说，我们最多可以称，目前人类对地球释放热量的净影响很可能在1.1~3.3 W/m^2 之间。

各种人类影响总计只占到流经地球气候系统总能量的1%，这个事实的意义重大，同时也意味着我们还有很多不了解的气候知识。要想有效测量各种影响因素和它们的具体效应，我们必须以好于1%的精度观测并认识气候系统的更大部分（也就是人为因素之外的那99%）。另外，我们也必须以相同的精度认识相对较小的自然因素，并且保证把所有这类因素都纳入了考量。现实情况是：我们在有限的观测历史中得到的观测数据有限，而且已有数据的不确定性仍相当大。对于这样一个系统，实现上述目标显然是个巨大的挑战。

比较气候模型在有无各种强迫因素影响下的不同结果，就能知道人为因素在最近这些年的气候变化中起到的作用——以及随着这些影响进一步扩大，气候会如何变化。截至目前，人为因素中对气候系统影响最大的（也是几乎所有气候政策针对的）就是温室气体的排放。然而，人类的温室气体排放与其气候效应之间的关系远没有我们想象的那么简单。因此，在我们研究气候模型之前，先仔细考察一下这些气体，以及它们的去向。

第三章

排放解释及外推

2008 年，我在英国石油公司担任首席科学家，专注于推动可再生能源技术。有一次，我有幸受邀参加菲利普亲王在白金汉宫举办的小型晚宴。那天，我系着黑领带，乘伦敦出租车去到那座皇宫庭院，经过快速安全检查后，就同其他客人一道被领进了会客室。餐前小酌、简单交流之后，我们一行 14 人——包括菲利普亲王、安妮公主、英国石油公司首席执行官约翰·布朗（John Browne），以及其他来自英国学术界、企业界、政界的知名人士——转去了一间更宽敞的房间，围坐在一张大餐桌旁。

晚宴正式开始之前，我们一直在饭桌上闲聊，直到菲利普亲王对我们的到来表示欢迎并提醒那晚的主题是气候和能源。接着，他向参加宴会的所有宾客提了一个关于二氧化碳排放与日益上升的全球温度之间关系的问题，以此开启了话头。显然，亲王的提问很有技术含量，晚宴陷入了一阵尴尬的沉默——直到我这个厚脸皮的美国科学家开腔，带着布鲁克林口音发表了一通小型演说，主题是在红外波段活跃的分子、"黑窗"效应，以及大气浓度与人类排放之间的关系。爱丁堡公爵对我的发言点了点头，表示赞许——我发现他学识渊博。

我怀疑爱丁堡公爵在提出这个开启话题的问题时就已经知道了答案。无论如何，随后丰盛晚宴上的热烈讨论与我之前参与的其他许多交流活动并没有多大不同——非专业人士热切渴望了解气候和能源这个复杂而微妙的主题，时而流露出对我们目前所面临问题的性质和规模的困惑。

在人类排放的所有温室气体中，影响气候最显著的是二氧化碳和甲烷。因为我们正在排放这两种气体，所以它们在大气中的浓度正不断上升。这就是为什么为降低人类对地球气候影响而做的诸多努力都集中在削减排放上。然而，真正关键的是：浓度与排放之间的关系绝不简单，尤其是二氧化碳。二氧化碳排放与其在大气中浓度的复杂关系大幅增加了我们降低其浓度的难度。

这一章的主题是迁移——主要是碳的迁移。自然界存在一个庞大的碳循环：碳在地壳、海洋、植物和大气之间不断迁移。与这个庞大的碳循环相比，人类排放的二氧化碳只能算是零头。就像你在后文中会看到的那样，无论如何，在未来几十年内，我们还会继续往这个大循环内增添更多碳。然而，虽然各类气候模型都宣称自己的精确度很高，但这种“增碳”行为对地球气候造成的冲击其实是高度不确定的。

20 世纪 50 年代，如今已是加利福尼亚拉霍亚斯克里斯普斯海洋研究所地球化学家的查尔斯·戴维·基林（Charles David Keeling）在加州理工学院做博士后研究期间开启了对二氧化碳浓度的精准测量。他的研究产生了诸多令人意外的结果，其中较早的一项就是发现 1957—1959 年间大气二氧化碳浓度上升了 1%。这个意外结果催生了更深入、更长期监测二氧化碳浓度的项目，后来甚至还把监测范围扩大到了其他大气气体。大约 40 年后，我以 JASON 研究员的身份在拉霍亚作夏季研究，因而有幸与基林博士（大家都叫他“戴夫”）交流。我发现他是个性格安静、思虑周详、一丝不苟的人，专注于做好自己擅长的事，并且知道这对世界很重要。

图 3.1 展示的是我们现在所说的“基林曲线”——每月在夏威夷莫

纳罗亚测量的大气中二氧化碳浓度。来自这座偏远岛屿的数据，远离可能影响观测结果的显著局部因素，因此，在那里获取的数据可以很好地体现全球大气二氧化碳的“背景”浓度。测量结果表明，二氧化碳浓度从1960年时的310 ppm稳步上升到了2019年时的410 ppm；在过去10年间，二氧化碳浓度每年大约上涨2.3 ppm。另外，在这个跨度几十年的大趋势上还叠加了一个年循环——如图3.1中的小图所示，二氧化碳浓度还会随季节变化，上下波动可达2.4 ppm。在全球大量地点测量得到的这个大趋势和年循环，有助于我们讲好这个关于二氧化碳浓度的故事。

二氧化碳浓度月度变化（1958—2020）

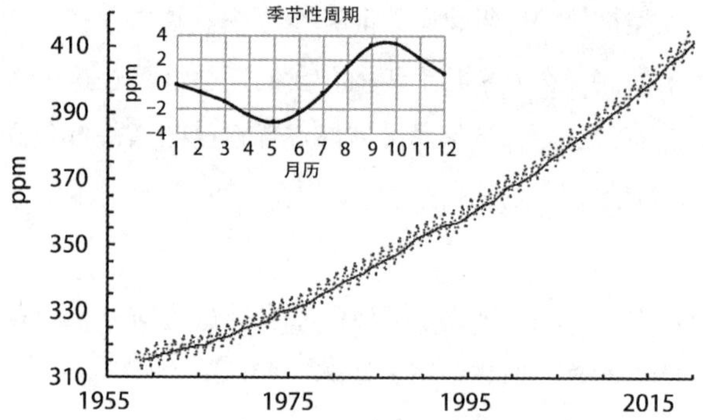

图3.1

1958—2020年间每月在夏威夷莫纳罗亚测量得到的平均二氧化碳浓度。小图表示的是平均季节变化。①

让我们从故事的起点开始吧。地球形成于45亿年前，地球的总含碳量基本就在那时固定下来。如今，我们在地球的某几种地质结构中发现了较为集中的碳——我们称这些结构为“碳库”。截至目前，地球最

① Scripps Institution of Oceanography, UCSD. “Home: Scripps CO_2 Program.” Scripps CO_2 Program, 2020. https://scrippsco2.ucsd.edu/.

大的碳库就是地壳，几乎囊括了所有地球碳，大约是 19 亿吉吨（1 吉吨，或者说 1 Gt，就是 10 亿吨）。①第二大碳库则是海洋，碳储量大约是 4 万吉吨，且几乎全部位于海平面以下。另外，陆地土壤和生物体内还存储了大约 2 100 吉吨碳，地下化石燃料蕴藏了 5 000 ~ 10 000 吉吨碳。大气中的碳在 850 吉吨左右，基本全都以二氧化碳的形式存在，相当于地表或近地表（土壤、植物和浅层海洋）碳储量的 25% 左右，但只相当于全部海洋碳储量的 2%。②

强大的自然过程会使得碳在各种地球碳库之间迁移，通常是通过改变碳的化学形式。其中最重要的过程就是碳在大气与植物之间的季节性流动。随着植物生长，大气中 1/4 左右的碳会来到地表——植物通过光合作用把大气中的二氧化碳变成有机物——接着，植物又会通过呼吸作用和自身有机物质的腐败，把这些碳送回大气。实际上，我们可以在图 3. 1 小图中看到于莫纳罗亚测到的二氧化碳背景浓度在每年 2—7 月会下降，而这就是植物生长引起的。我们可以把这个现象看作“地球的呼吸”。除此之外，还有一些缓慢得多的过程会将海洋表面的碳迁移到海洋深处，最终进入海底岩石，比如由海洋生物壳形成的石灰岩和大理石。

化石燃料燃烧释放的二氧化碳打破了这个庞大的年循环的平衡，因为这些碳原本深埋在地下，与其他自然过程隔绝，而现在却被迫释放出来。目前，使用化石燃料向这个年循环内增加的碳量约占每年碳流量的 4. 5%。这些年增量的大约一半由地表吸收（这些额外的二氧化碳会增加地球大部分区域内的植被），剩下的则留在大气中，从而提升二氧化碳浓度。这种情况与我们之前已经看过的地球能量流动并没有什么不

① Amos, Jonathan. “Scientists estimate Earth’s total carbon store.” BBC. com, October 1, 2019. https://www. bbc. com/news/science-environment-49899039.

② Estimates from IPCC AR5, Chapter 6, Figure 6. 1. https://www. ipcc. ch/site/assets/uploads/2018/02/WG1AR5_Chapter06_FINAL. pdf.

同——微小但稳定的人类活动影响逐渐汇入到大得多得多的自然过程中。

如图 3.2 所示，所有温室气体的全球排放都在迅速增长。在过去 50 年中，它们的浓度每年上升 1.3%，只是在 2018 年之前的 10 年中增长稍缓（每年 1.1%）。如果这种长期趋势仍继续，那么到了 2075 年，温室气体的排放量就会是今天的 2 倍。几乎所有温室气体排放量的上升都源于使用化石燃料时产生的二氧化碳（滥伐森林等土地用途变化从植物和土壤内释放的碳量要少得多）。在二氧化碳之后，排放第二多的温室气体则是甲烷。再之后，一氧化二氮和含氟气体（比如氢氟烃）加在一起也不过占总排放量的极小一部分。

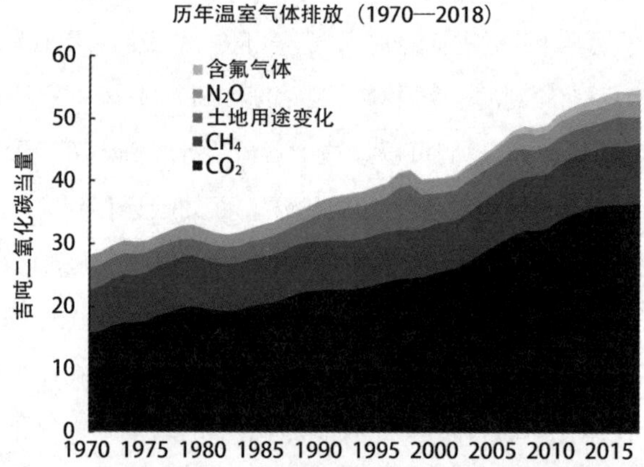

图 3.2

1970—2018 年间历年温室气体排放量。非二氧化碳气体的排放以二氧化碳当量来表示。①

① Olivier, J. G. J., and J. A. H. W. Peters. "Trends In Global Co_2 And Total Greenhouse Gas Emissions." PBL Netherlands Environmental Assessment Agency, The Hague, May 26, 2020. https://www.pbl.nl/sites/default/files/downloads/pbl-2020-trends-in-global-co2-and-total-greenhouse-gas-emissions-2019-report_4068.pdf.

据我所知，没有专家会反对过去150年间二氧化碳浓度的上升基本完全由人类活动导致，毕竟，有5条互相独立的证据链都支持这个结论。第一条是二氧化碳浓度上升的时间——过去1万年中，二氧化碳浓度始终在260~280 ppm间波动，直到19世纪中叶突然急剧上升。第二条是二氧化碳浓度上升的幅度：与我们对燃烧化石燃料释放的二氧化碳量的预期大致相符。第三条是北半球二氧化碳浓度的上升比南半球领先了大约半年——大部分化石燃料都是在北半球使用的，毕竟北半球土地、人口都更多——而且，随着总排放量的上升，北半球的领先正在不断扩大。

第四条证据更为微妙，来自碳同位素——那些相对稀少的碳原子，比正常碳原子重大约8%。在地球上，1.1%左右的碳原子是同位素^{13}C，其余的则是较轻的同位素^{12}C。然而，在各种形式的碳中，^{12}C和^{13}C的比例并不相同。由于与生命过程相关的化学反应略微偏好^{12}C，因此生物体内的碳（相对于地壳矿物中的碳来说）更“轻”，亦即生物体内的^{13}C占比稍小。由于在过去几十年内，大气二氧化碳中的碳正慢慢变“轻”，我们可以合理地推测来自化石燃料燃烧的碳数量正在上升，毕竟，所有化石燃料曾经也是生物。最后一条证据是：过去30年间的测量结果显示，大气氧浓度正在稳定下降——虽然程度微小，但足以监测到。当然，大气氧气含量下降的幅度极其有限，完全不足以影响我们的呼吸，但大致符合将化石燃料中的碳转变成二氧化碳所需的量。

同气候科学中常见的情况一样，把目光放远，地质时间可以给我们提供一个完全不同的视角。在地质学意义上的遥远过去，地球上碳的自然迁移过程与现在迥然不同——按照地质标准看，如今地球大气中的二氧化碳可以说是相当匮乏。图3.3展示了我们估算的二氧化碳历史浓度。横轴上的刻度代表地质时间，一直向前追溯到大约5.5亿年前的寒武纪。纵轴代表的是大气中的二氧化碳历史浓度与过去几百万年间平均浓度（大约是 300 ppm）的比值。在估算二氧化碳历史浓度的过程中，我们使用了一种特殊的代用指标记录：分析碳酸盐沉积物和古土壤（土壤化石）中^{13}C相对^{12}C的比值。当然，我们还可以使用其他代用指标，但最后得到的分析结果在定性层面上并没有多少不同。

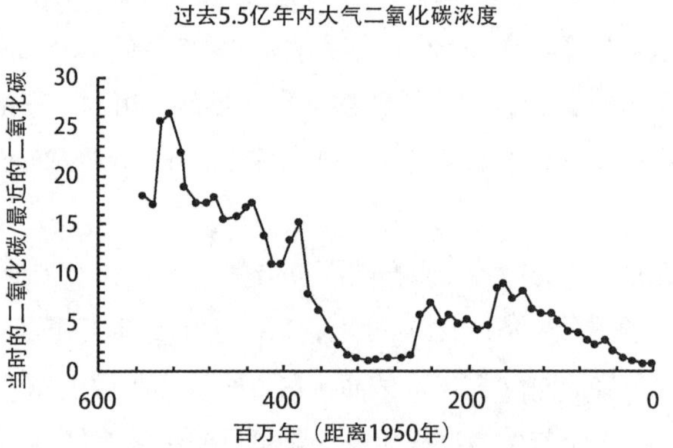

图 3.3

过去 5.5 亿年内大气二氧化碳浓度变化。我们通过碳酸盐沉积物和土壤化石中碳同位素的比值确定大气二氧化碳历史浓度。纵轴代表的则是大气二氧化碳历史浓度与最近几百万年间平均浓度的比值。按这个刻度，现在大气二氧化碳的浓度大约是 1.3，位于图片的右下角。①

从地质历史上看，只有一个时期——3 亿年前的三叠纪——大气二氧化碳含量低到了如今的程度。在大气二氧化碳浓度为现今水平 5 倍或 10 倍的时期，地球动植物生长速度极快。不过，彼时的动植物与现在不同。因此，对地球来说，二氧化碳本身不能算是一个特别值得担心的问题。真正需要担心的是，因为如今的生物已经演化得相当适应低二氧化碳浓度水平的生活（解剖学意义上的现代人类迟至大约 20 万年前才出

① Berner, Robert A., and Zavareth Kothavala. "Geocarb III: A Revised Model of Atmospheric CO_2 over Phanerozoic Time." American Journal of Science 301 (2001): 182-204. http://www.ajsonline.org/content/301/2/182.abstract.

现，在图 3. 3 的最右侧），所以二氧化碳浓度在过去这个世纪中的快速上升可能会招致破坏性后果。实际上，教室、大讲堂里的二氧化碳浓度经常达到 1 000 ppm（如今户外浓度的 2. 5 倍）。在这种二氧化碳浓度（及以上）的环境中，人们会开始感到昏昏沉沉。因此，当我课堂上的学生打起瞌睡时，我倾向于认为问题出在 1 000 ppm 的二氧化碳浓度，而非我的课程质量。然而，如果过去这 10 年里的大气二氧化碳浓度继续上升，那么再过 250 年左右，二氧化碳浓度就会达到 1 000 ppm，也就是在图 3. 3 中纵轴数值 3. 3 的位置。①

二氧化碳是人类排放的温室气体中对气候影响最大的一种。不过，我们之所以最为担心二氧化碳，还不只是出于这一个原因，更是因为这种气体能够在大气或地表循环中存在很长时间。如今释放的二氧化碳中有大约 60% 会留存到 20 年后，有 30% ~ 55% 会留存百年，15% ~ 30% 则能留存到千年以后。②

二氧化碳可以在大气中长期留存这一简单事实正是削减人类对地球气候影响的根本障碍。因为这意味着，只要我们还在排放，无论多少，二氧化碳浓度就肯定会上升。换句话说，二氧化碳和停止排放几天后就会消失的雾霾不同，超量二氧化碳需要几个世纪甚至更久才能从大气中消失。因此，即便是少量排放二氧化碳也只是减缓浓度上升的速度而已，并不能完全阻止浓度上升。要想稳住大气二氧化碳浓度及其产生的升温效应，**全球排放都必须消失**。

在过去这个世纪里，人类排放的第二大温室气体甲烷，浓度也在上

---

① NOAA. "Atmospheric CO_2 Growth Rates: Decadal Average Annual Growth Rates, Mauna Loa Observatory (MLO), 1960—2019." CO_2 Earth, November 2020. https://www.co2.earth/co2-acceleration.

② IPCC Fifth Assessment Report (AR5), WGI (The Physical Science Basis), WGI Box 6. 1 Figure 1.

升，对气候产生的升温效应也在加剧。同二氧化碳类似，甲烷浓度（见图 3.4）也表现出长期上升趋势叠加一个年循环。1998—2008 年间上升速度放缓（基本保持不变）的原因则是气候科学中的另一争议。和二氧化碳一样，如今大气中的甲烷浓度比过去几百万年间高得多。这波急剧上升的起点大约是 4 000 年前。①

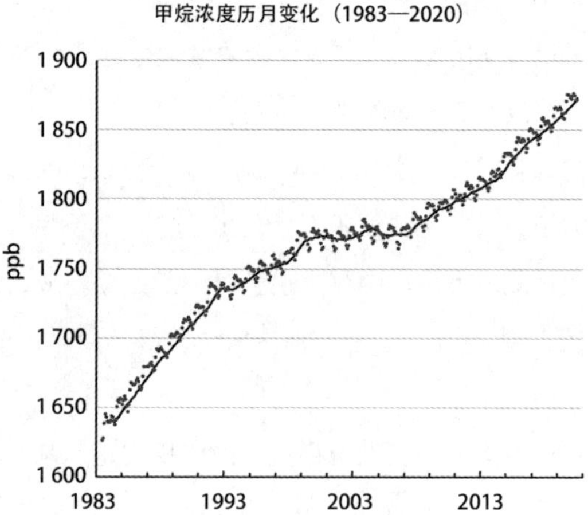

图 3.4

1983—2020 年间大气甲烷浓度历月变化。纵轴表示的每月平均值以 ppb（十亿分之一）为单位。图中的实线表示的是 12 个月的追踪平均值。②

不过，甲烷和二氧化碳还是有几点重要不同。其一，大气中的甲烷浓度要低得多（2 000 ppb，相较二氧化碳的 400 ppm，大气甲烷浓度仅

① National Research Council. Radiative Forcing of Climate Change: Expanding the Concept and Addressing Uncertainties. Washington, DC: The National Academies Press, 2005: Figure 3-4. https://www.nap.edu/read/11175/chapter/5#73.

② US Department of Commerce, NOAA. "Global Monitoring Laboratory—Data Visualization." NOAA Earth System Research Laboratories, October 1, 2005. https://www.esrl.noaa.gov/gmd/dv/iadv/graph.php? code=MLO&program=ccgg&type=ts.

相当于二氧化碳的1/200左右）。其二，甲烷分子大概只能在大气中停留12年左右——尽管在那之后，化学反应会把甲烷变成二氧化碳。其三，由于气体分子与不同“颜色”红外辐射发生相互作用的方式存在特异性，大气中每增加一个额外的甲烷分子，潜在的升温效应要比增加一个二氧化碳分子高30倍。我们在对比甲烷和二氧化碳的排放时一定要把这几点不同——甲烷的较低浓度、较短寿命但更强的升温潜力——考虑在内。举个例子，人类每年排放3亿吨甲烷，相比燃烧化石燃料产生的36吉吨二氧化碳，只是后者的0.8%。然而，正如图3.2所示，甲烷的升温效应与排放量相比高得不成比例，相当于10吉吨二氧化碳。

关于甲烷，还有一点也会令许多人大感意外：如图3.5所示，全世界人类排放的甲烷中大约只有1/4是由化石燃料产生的。相反，大部分

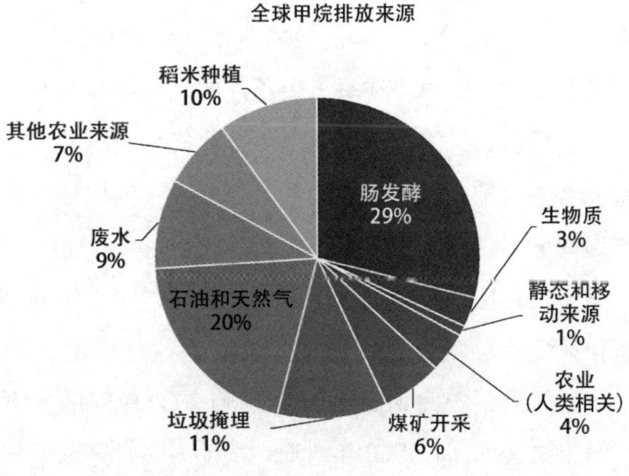

图3.5

2010年与人类活动相关的全球甲烷排放来源。①

① Motavalli, Jim. “Climate Change Mitigation’s Best-Kept Secret.” Climate Central, February 1, 2015. https://www.climatecentral.org/news/climate-change-mitigations-best-kept-secret-18613.

甲烷排放来自肠发酵（牛类的消化过程——排放主要是通过牛的前端，不在后端）和其他农业活动，尤其是稻米种植。此外，垃圾掩埋场中的物质腐败也会产生大量甲烷。因此，任何期望大幅降低甲烷排放的努力都必须解决上述这些来源问题。

气候系统对人为和自然影响的回应决定了未来的地球气候。当然，气候系统自身的内部变化也是重要因素——就像我们之前已经见到的那样，即便没有我们的“帮助”，地球系统也很可能会自行变化。我们对气候系统的内部变化和影响气候的自然因素（同气候系统一样，火山、太阳和深海洋流都有自己的变化模式）知之甚少，更谈不上加以控制。尽管如此，我们仍可以合理地假设人类所能采取的行动，尤其是在温室气体和气溶胶排放方面。

未来究竟还要排放多少温室气体，以及人类未来还会对气候造成多少影响，取决于未来的全球人口、经济发展、法规调控，以及能源技术、农业技术的使用。把对上述每一个条件的假设结合起来，就能预测未来的温室气体排放、气溶胶浓度，以及土地使用情况的变化。以这些假设为基础的气候模型，可以让我们对未来几十年内地球气候会怎样对人类影响作出回应多少有所了解。

不过，警示灯正应该在此处开始闪烁。虽然预测被作为事实报道的时候听起来很确定，但实际上，估计人类影响这件事本身就高度不确定。想象一下：如果我们回到 1900 年，预测 2000 年时的人类文明会是什么样子，结果又会如何？1900 年，第一次动力飞行还未实现，第一辆大规模生产的汽车尚未面世，人类刚刚发明了无线电、刚刚发现了 X 射线，而抗生素甚至都还不存在于想象中。即便是当时最有先见之明的预言家也无法预见随后 1 个世纪内发生的大部分事件——要知道，仅仅 20 世纪这 100 年，全球人口就翻了两番，全球经济增长了 40 倍！他们会惊讶于如今人类、货物和信息在全球流动的规模和速度，惊讶于我们的生产方式，惊讶于我们在农业和医学领域取得的进步。

正是因为未来几十年的巨大不确定性，IPCC 没有对未来温室气体的浓度作精准预测，而是描绘了一系列情境，并给这些情境起了一个听上去相当复杂的名字，“代表性浓度路径”（RCPs）。描绘 RCPs 的目的在于涵盖未来人口、经济、技术等诸多方面的各种可能性。①每一个 RCP 都配有一个数字，代表在这种情境下，人类在 2100 年时对全球变暖的影响。举个例子，RCP6 代表到本世纪末，人类诱发的额外辐射强迫（变暖）为 6 W/m^2。（还记得吗？如图 2.4 所示，目前人类排放温室气体对地球向宇宙空间辐射热能的净影响大约是 2.2 W/m^2。）这些情境并非预测，而是对未来世界完全可能出现的各种状况的概要式描述。自那之后，RCPs 又进一步细化成了“共享社会经济路径”，进一步描述了社会在降低排放、适应气候变化方面的能力。不过，我们只需讨论相对简单一些的 RCPs 就能认识到其中的重点所在。②

从历史上看，人类排放温室气体最主要的两个驱动力是不断增长的人口和经济活动。图 3.6 展示了在 4 种 RCP 情境中对上述两大因素作的不同假设。在温室气体排放较少的 RCP2.6 情境（人类排放温室气体导致地球辐射强迫增加 2.6 W/m^2）中，全球人口先是从如今的 78 亿上升到峰值——2070 年时的 90 亿——然后到 2100 年又减少了几亿。在温室气体排放较多的 RCP8.5 情境中，全球人口则稳定增长到 2100 年时的 120 亿。全部 4 种情境都假设全球真实 GDP 在整个 21 世纪都迅猛增长——高排放情境中增长 6 倍，而低排放情境中甚至增长 10 倍，大概

① van Vuuren, D. P., J. Edmonds, M. Kainuma, et al. “The Representative Concentration Pathways: An Overview.” Climatic Change 109, 5 (2011). https://doi.org/10.1007/s10584-011-0148-z.

② O'Neill, B. C., E. Kriegler, K. Riahi, et al. “A New Scenario Framework for Climate Change Research: The Concept of Shared Socioeconomic Pathways.” Climatic Change 122, 387-400 (2014). https://doi.org/10.1007/s10584-013-0905-2.

是因为经济更加繁荣的世界才有能力更加重视环境问题。在全部 4 种情境中，GDP 的增长倍数都高于人口增长倍数，因此，从人均角度考虑，无论以哪一种未来为基准，预测中 2100 年的世界都会更加繁荣（我们在讨论模型结果时常常会忽略这个细节）。

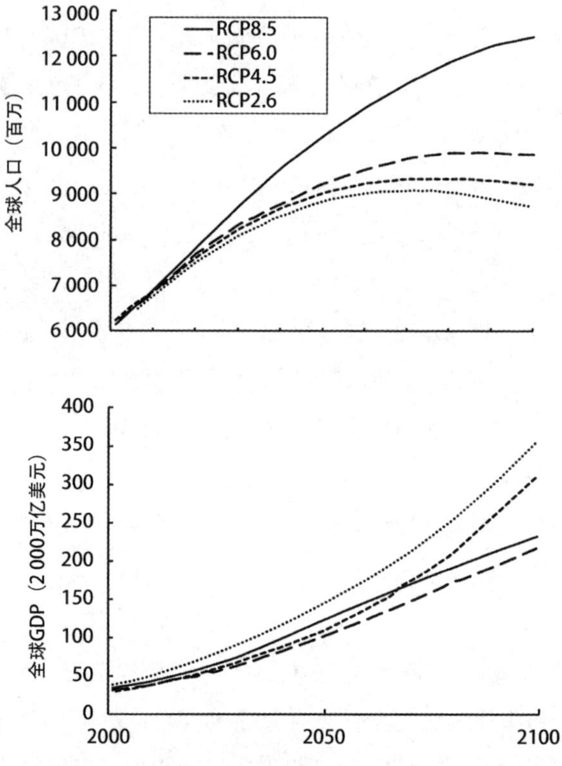

图 3.6

在描述未来排放的 4 种不同“代表性浓度路径”中，全球人口和真实 GDP 变化曲线。

图 3.7 展示了与上述 4 种情境对应的二氧化碳排放、二氧化碳浓度和人类排放使地球辐射强迫增加的总量。(最后一项同时考虑了人类排放温室气体和气溶胶的净效应。) 上述 4 种情境对排放的假设各不相同，

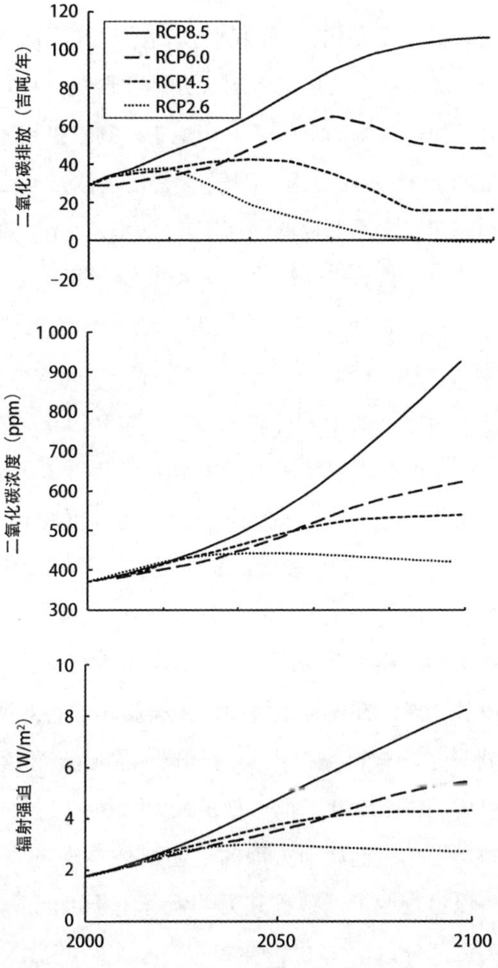

图 3.7

4 种 RCP 情境预测的全球人类二氧化碳排放（上图）、大气二氧化碳浓度（中图）和人类导致的辐射强迫总额（下图）。最后一项囊括了人类排放的所有温室气体和气溶胶。①

① van Vuuren, D. P., et al. "The Representative Concentration Pathways: An Overview," Figure 11. https://doi. org/10. 1007/s10584-011-0148-z.

于是，最后得到的结果也相应地出现差异（人类活动到本世纪末对气候的影响随排放量的变化而变化）。和我们预期的一样，低排放的结果就是低浓度，因而人类活动对气候的影响（亦即“强迫”）较弱；而在全球人口众多且大量使用煤炭的 RCP8.5 情境中，到本世纪末，每年的二氧化碳排放会是如今的 3 倍不止，大气二氧化碳浓度也会飙升到 900 ppm 以上，辐射强迫也会是如今的 3 倍不止。相较之下，在人口相对较少的 RCP2.6 情境中，二氧化碳排放会在 2080 年彻底消失，于是，大气二氧化碳浓度上涨速度和强迫情况也会稳定在今天的数值上，并且在 2080 年后会非常缓慢地下降。

在介于上述二者之间的中等排放 RCP4.5 和 RCP6.0 情境中，大气二氧化碳浓度上升速度和强迫情况也相应地处于 RCP2.6 和 RCP8.5 情境之间。近期针对 2005—2017 年间人类排放量的分析显示，高排放情境越发不可能成为现实，因为普遍预测全球经济增长到 2040 年会放缓，且到本世纪末煤炭使用量会减少。①

我们可以从上述讨论中总结出一条至关重要的结论：**只要没有停止所有温室气体排放，无论在何种情境中，人类影响都将继续扩大。**如果未来的人类排放只是小幅削减，人类对气候的影响会继续增长。15 年前，我在私人机构工作时学会了把“稳定人为因素对气候的影响”这一目标描述为“挑战”——而政府方面的描述则是“机遇”。现在，我回到了学术界，可以更直截了当地称其为“实际上不可能的事”，具体原因我会在本书第二部分讨论。

毫无疑问，我们排放的温室气体，尤其是二氧化碳，正在让地球不

① Burgess, Matthew G., et al. “IPCC baseline scenarios have over-projected CO_2 emissions and economic growth.” Environmental Research Letters, November 25, 2020. https://doi.org/10.1088/1748-9326/abcdd2.

断变暖。过去几十年里，人类活动对地球气候的影响越来越大，并且除了极少数最为极端的未来温室气体排放情境，未来还会进一步扩大。我们不但很难把人类影响从气候系统的其他方面剥离出来单独考量，而且如果要想缓和我们所带来的影响，温室气体的排放与大气浓度间的复杂关系也将使得这一任务更具挑战性。

当我们把人类影响输入预测地球未来气候的模型时，输出结果在某种层面上可以说是“平平无奇”——和大家预想的一样，更高的温室气体排放量会更快导致全球变暖。不过，要想准确知道变暖在何时、何地发生，具体程度又是多少，以及这些变化会给人类社会造成哪些现实层面的冲击，还需要细致得多的分析。这样的分析是如何开展的？又能告诉我们什么？——这正是下一章的主题。

第四章

许多混乱模型

在看本书之前，你就很有可能听说过各种预测这、预测那的“气候模型”——毫无疑问，这些模型也同时证明了这、证明了那。不过，气候模型究竟是什么？简单说来，它们就是通过数学手段模拟地球气候系统的计算机程序。威斯康星大学统计学家乔治·博克斯（George Box）在 1978 年说了一句名言：“所有模型都是错的，但其中有一些有用。”

我的整个职业生涯都在从事科学计算工作。多亏了哥伦比亚大学的科学拓展项目，我在 50 多年前还是个高二学生时就在 IBM 1620 计算机上学会了编程。1974 年，我最早发表的论文之一就涉及探究宇宙中产氧恒星核反应的计算机模型。[①]1981 年，IBM 的一位代表出人意料地出现在了我的办公室里。他给我带了一件礼物——全世界最早一批个人电脑中的一台——且只提了一个要求：用它“做点有意思的事”。最后，我在加州理工学院开设了一门计算机物理学的课程——其实就是用计算机构建物理模型——并且撰写了这个领域最早的教科书之一。[②]即便是接近 40 年后的今天，当有研究人员告诉我，他们从我撰写的书中获益良多，从我的书中知晓了如何把传统的纸笔物理计算翻译成有用的计算机模拟，我都会无比高兴。

在我被广泛引用的研究中，有一些涉及开发、使用模拟量子力学系统（比如原子中的电子，或原子核中的质子和中子）的新算法。另外，在过去 30 年里，我推动、指导了一些有关核武器的模拟计算，使得美国政府在没有真正试爆测试（国际条约已经禁止了这种做法）的情况下，保持了对核武器储备的信心。

这段漫长且丰富的经历让我深刻认识到了计算机模型的力量——以及它们的限制。博克斯教授的名言可以说是入木三分。

计算机建模是气候科学的核心。各种模型帮助我们理解气候系统的运作方式、过去发生变化的原因，以及——最为重要的——未来的变化方式。联合国最近发布的气候科学评估报告——AR5 的 WGI（还记得吗？WGI 的意思是“第一工作组”）——共计 14 章，其中有 4 章阐述的完全是气候模型及其结果。联合国其他工作组在评估气候变化对生态系统和人类社会的冲击进而汇总成报告时，正是以上述模型结果为基础。

差不多 30 年前，我在 JASON 的一项研究中第一次了解气候模型的细节。那项研究的主题是当时刚出现的大规模并行计算机会如何提升气候模型的预测能力，而这种计算机可以同时协调使用成千上万个处理器解决一个问题。③在那项研究结束之后的 30 年里，当时的很多设想都变成了现实，但还是有一项重大限制——到目前为止，如何有效描述地球气候仍旧是最有挑战性的科学模拟问题之一。

那么……我们现在的气候模型到底有多优秀？对于这些模型给出的

---

① Koonin, S. E., T. A. Tombrello, and G. Fox. “A ‘Hybrid’ R-Matrix-Optical Model Parametrization of the 12C（α, γ）16O Cross Section.” Nuclear Physics A, available online October 26, 2002. https://www.sciencedirect.com/science/article/abs/pii/0375947474907155.

② Koonin, Steven E. 1985. Computational Physics. Benjamin-Cummings. Koonin, Steven E., and Dawn C. Meredith. 2018. Computational Physics: Fortran Version. Boca Raton: CRC Press. https://www.amazon.com/Computational-Physics-Fortran-Steven-Koonin-ebook/dp/B07B9YXMZ8.

③ Abarbanel, H., P. Collela, A. Despain, S. Koonin, C. Leith, H. Levine, G. MacDonald, et al. “CHAMMP Review.” fas.org. JASON, The Mitre Corporation, 1992. https://fas.org/irp/agency/dod/jason/chammp.pdf.

未来气候预言，我们应该抱以多大程度的信任？要想回答这些问题，我们就必须先深挖一下细节。

计算机模拟气候

科学计算机就是做算术运算的机器——它们可以存储很多很多数字（如今最大的计算机可以存储的数字数量达到了 10^{17}，或者说 10 亿亿）并且运算速度快得吓人（有些计算机每秒可以执行 10^{18} 次，或者说 100 亿亿次运算）。对于那些约束物质和能量的物理学定律，我们已经有了非常深厚的理解。因此，我们很容易就会产生这样一种想法：只要把大气和海洋目前的状态输入计算机，再对未来的人类影响和自然影响作一些假设，就能精准预测未来几十年的地球气候。

很遗憾，这只是幻想——从天气预报的准确程度（最多只能准确预报大概 2 周后的天气）就可见一斑。当然，现在的预测比 30 年前肯定强多了，这很大程度上要感谢计算机算力的提高，以及人类观测大气数据质量的提升，后者为模型提供了更为准确的起始状态。①然而，2 周以上天气预报的不准确则充分反映了麻省理工学院爱德华·洛伦茨（Edward Lorenz）在 1961 年提出的一个基本问题：天气是混沌的——模型起点的细微变化都会让对几周后天气情况的预测变得极为不同。因此，无论我们如何精确地描述当下的状况，预测的不确定性都会随着时间跨度的增长而呈指数级上升。更强大的计算机算力也无法克服这种基础层面上的不确定性。

不过，请记住：**气候不是天气**。相反，气候是数十年内天气状况的

① Buizza, R., and M. Leutbecher. "The Forecast Skill Horizon: ECMWF Technical Memoranda." European Centre for Medium-Range Weather Forecasts, June 2015. https://www.ecmwf.int/en/elibrary/8450-forecast-skill-horizon.

平均，而这也是气候模型试图描述的对象。而且，我们也有理由相信能够做到这一点。毕竟，我们虽然无法预测一壶正在沸腾的水中每个气泡都从哪里冒出来，但我们的确**有可能**信心满满地预测，沸腾结束后水位平均会下降到哪里。当然，气候系统要比一壶沸水复杂多了，而且，与气候系统相关的一系列恼人现实问题意味着，对气候模型给出的结果至少需要保持一点点的怀疑。

所以，接下去让我们谈谈气候模型和建模人员具体到底是怎么做的。

除了最简单的计算机气候模型之外，所有气候模型的起点都是先用三维网格覆盖整个地球的大气层，如图 4.1 所示，一般是在 100 千米×

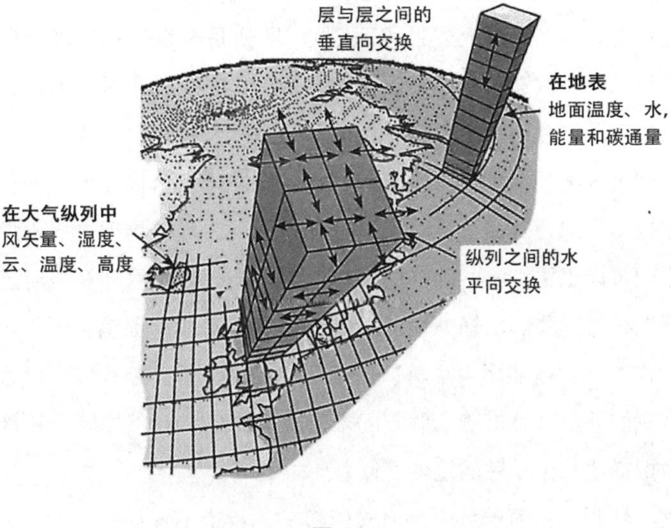

图 4.1

大气计算机模型中使用的网格示意图。①

① Adapted from Figure 5.2 of Kendal McGuffie and Ann Henderson-Sellars. The Climate Modelling Primer, 4th Edition. Hoboken, New Jersey: Wiley-Blackwell, 2014. https://www.wiley.com/en-us/The+ClimateModelling+Primer%2C4thEdition-p-9781119943372.

100 千米（60 英里×60 英里）的地表网格上方叠加 10~20 层网格盒。不过，因为需要建模的大气层高度仅仅与地表网格尺寸相当，所以地表网格上方的各层盒子其实并不像图中显示的那种立方体，反而更像煎饼（稍后我们就会详细介绍这个问题）。覆盖海洋的网格也是类似的，只不过尺寸要小一点，一般是 10 千米×10 千米（6 英里 * 6 英里），垂直方向上的网格盒则更多（数量可以高达 30）。用这个方式覆盖整个地球后，大约有 100 万个网格盒表示大气，1 亿个网格盒表示海洋。

网格就位后，计算机模型使用基本物理学定律计算每个网格盒中的水、空气和能量在接下来的一定时间内将如何移动到附近的网格盒中——时间步长可以短至 10 分钟。重复数百万次上述过程，就可以模拟 1 个世纪内的气候（如果每一次的时间步长都是 10 分钟，那么其实也就是重复 500 多万次上述过程而已）。即便是全世界功能最强大的超级计算机执行一次涉及那么多运算的模拟，也需要几个月的时间，具体多少取决于网格盒的数量、每一次运算的时间步长，以及模型描述网格盒内物理过程的精细程度。研究人员可以根据模型目标在上述各种因素之间作权衡、取舍。在计算时间固定的前提下，描述物理过程不那么精细的模型可以以更细密的网格模拟更长周期的气候。将计算机对过去气候的模拟结果同我们已知的情况（既包括多年平均，也包含历年之间的变化）作对比，就能多少了解这个模型有多优秀了。一旦确认模型符合要求，我们就给计算机输入假定的未来人类影响和自然影响，让计算机通过模拟描述几十年后的地球气候。

这一切听上去简单直白，但操作起来一点也不容易。实际上，通过计算机模拟预测气候极其困难，任何声称气候模型“只是物理学”的人要么是没有理解这些模型，要么是在故意误导他人。一大主要难点在于，气候模型只使用寥寥数个变量（温度、湿度等）的值描述网格盒内的状况。然而，很多重要现象发生的尺度小于 100 千米（60 英里）的网格大小（比如山脉、云和雷暴）。因此，为了构建更完备的气候模型，研究人员就一定要做一些“子网格”假设。举个例子，穿透大气层的日光流和热量流会受到云层的影响。云层的作用很关键——具体能反射多少太阳光或拦截多少热量，取决于云层的类型和形态。物理学告诉我们，一般来说，网格阵（一列堆叠起来的网格盒）上方每层大气中的云的类型和数量，取决于那里的环境条件（湿度、温度等）。不过，如图 4.2 所示，云的变化与差异出现的尺度远小于一个网格盒的大小，所以，我们有必要作一些假设。

图 4.2

云比网格盒小得多，所以建模人员必须作子网格假设。需要特别注意的是，这张图可能会误导读者，因为真实的网格盒其实要比图中展示的薄得多。

虽然建模人员会结合基本物理学定律和对天气现象的观测结果这两方面来作子网格假设，但仍旧免不了许多个人主观臆断。另外，因为建模人员作的假设各不相同，所以各个模型结果之间的差异可能会相当大。而且，这可完全不是什么无关紧要的细节问题，毕竟，云层高度和覆盖范围的常规波动对日光流和热量流的冲击可以和人类影响相当。实际上，气候模型中最大的不确定性恰恰肇始于对云的处理。①

① Schneider, T., J. Teixeira, C. Bretherton, et al. “Climate goals and computing the future of clouds.” Nature Clim Change 7 (2017): 3-5. https://doi.org/10.1038/nclimate3190.

那么，为什么不使用更精细的网格来减少子网格假设的模糊性？遗憾的是，更精细的网格会极大地提升计算量，最显而易见的原因就是使用更精细的网格意味着要处理更多网格盒。不过，除了网格盒的数量之外，更精细的网格还会引入另一个复杂问题：只有当一个时间步长内的变化不太大时（亦即气候要素的移动不超过一个网格盒），相应的计算才准确。因此，如果使用更精细的网格，那么计算时使用的时间步长也要相应变小，这就意味着需要更多计算时间。举个例子，假如用 100 千米网格阵作计算机模拟需要 2 个月，那么改用 10 千米网格阵，同样的模拟需要 1 个世纪以上。当然，如果我们使用的超级计算机运算速度能达到如今最快速度的 1 000 倍——大概二三十年后，我们就可能拥有这样的计算机——那么计算时间仍是 2 个月。

更精细的网格会带来的另一个重要问题是：虽然最终目的都是把地球划分为有研究意义的区块，但水平方向和垂直方向上的划分方式不同。大气和海洋都是覆盖地球表面的球壳，且厚度很薄——相较地球半径（6 400 千米或 4 000 英里）来说，平均海洋深度（4 千米或 2.5 英里）实在是很小，与气候相关的大气高度也是如此（大约 100 千米或 60 英里）。所以，为了准确描述垂直方向上的变化，堆积在每个地表网格上方大气（以及下方海洋）的几十个网格盒在外形上都必须更像非常薄的煎饼，而不是立方体。一般来说，每个网格盒的宽度大约是厚度的几百倍。对比一下，10 美分硬币的宽度不过是厚度的 13 倍。因此，对这些网格盒更准确的称呼应该是“煎饼盒”。

在大气呈现为层流的区域（比如大气上层部分，这也是为什么高海拔大气被称作“平流层”），煎饼盒通常可以模拟得更加准确。然而，当遇到高度小于 10 千米（6 英里）的大气中的剧烈天气现象时，这些极扁的盒子就成了问题。向上运动的能量流和水汽流（想想那些雷雨云）通常发生在比我们的 100 千米（60 英里）网格小得多的区域内。

这种情况在热带地区尤其麻烦，因为在那里，向上的流动对将海洋表面的能量和水汽输送到大气中至关重要。实际上，通过海水蒸发流入大气的能量要比图 2.4 展示的人类影响高 30 多倍。因此，关于这种“湿对流”的子网格假设——空气和水汽如何垂直向上穿过扁平的网格盒——对构建准确气候模型至关重要。

另外，所有模拟都需要“初始化”——亦即我们需要通过某种方式确定时间步长开始时海洋和大气的状态：覆盖整个地球大气的每一个网格盒中的温度、湿度、风等因素，以及覆盖整个地球海洋的每一个网格盒中的温度、盐度、洋流等因素。遗憾的是，即便是借助我们如今拥有的最精密的观测系统，还是无法获取如今地球大气和海洋的这些细节，更不用说几十年前的情况了。另外，即便我们获取了如此详细的细节，模拟过程中无法避免的混沌现象（还记得我们之前对天气预报的讨论吗?）也会让大多数细节在大约 2 周后变得无关紧要。因此，初始化只需要做到正确体现气候系统的总体特征（比如大气急流和主要洋流）就可以了。

即便有了网格、基本的物理学定律、子网格假设和适当的初始化条件，我们也仍旧无法得到有用的气候模拟。剩下的最后一步就是“调试”模型。每一种子网格假设都必须——通过某种方式——设定大量参数。云层覆盖范围和对流情况只是数十项需要输入的参数中的两个。**根据土壤特性、当地植被，以及大气条件判断，陆地表面会蒸发多少水汽？陆地表面又有多少雪或冰？海洋中的水如何混合？**

从本质上说，子网格假设就不可能准确，因为——建模人员无法从现实情况中提炼出准确的子网格参数“数值”。于是，建模人员只能根据他们掌握的物理学设定子网格参数，接着就运行模型。一般来说，这时模型产生的结果不会与我们现实观测到的气候系统很像，所以，建模人员之后还要调整（“调试”）这些参数，使模型结果能更好地匹配真实气候系统的某些特征。在所有特征中，最重要的是我们在第二章中讨论的日光对地球的升温效应和地球向外释放红外辐射产生的冷却效应，气候模型应当尽可能做到这二者之间接近准确平衡，并根据流入、流出大气的日光及热量判断地表温度。

虽然“调试”听上去像是一种次要细节，就像“微调”这个词反映的那样，但实际上，气候模型的调试既不“微小”，也不次要。这个过程是通过调整模型参数以解决之前出现的模拟结果矛盾问题或是弥补惹人生厌的不确定性问题。另外，有些时候，建模人员调试子网格参数的方式并不是基于他们掌握的参数“知识”，而是旨在产生自己想要的结果。举个例子，英国研究人员的模型调试有一部分就是通过调整部分积雪改变北部森林反照率的程度（雪的反射率比树梢高）来完成的。另外，他们还选择调整海洋表面微生物产生的二甲基硫化物数量——这种化学物质会产生气溶胶，从而提升海洋的反照率。①谁能想到这些细节竟然对地球气候如此重要？

无论如何，我们都不可能——既有现实层面原因，也有理论基础层面原因——通过调整几十个参数让模型与多得多的真实（现实观测到的）气候系统特征相匹配。这个问题不仅让我们怀疑模型结论是否可信，更是清楚地表明，我们对气候特征的理解远未达到确定人类影响（从整体看，对气候影响相对较小）所需的精细程度。

气候模型在许多重要事项上都必须做到正确，其中之一就是“反馈”。不断上升的大气二氧化碳浓度不仅可以使全球变暖，还可能导致气候系统出现其他变化，放大或削弱这种直接升温影响。举个例子，随着地球越来越暖，地表的雪和冰就会越来越少，进而降低地球反照率。反照率越低，地球就会吸收更多太阳光，导致进一步升温。另一个关于反馈的例子是：大气温度上升后，就能容纳更多水汽，从而进一步提升

---

① Sellar, A. A., C. G. Jones, J. P. Mulcahy, et al. (2019). “UKESM1: Description and eEvaluation of the U.K. Earth System Model.” Journal of Advances in Modeling Earth Systems 11 (2019): 4513–4558. https://doi.org/10.1029/2019MS001739.

阻截热量的能力。然而，水汽变多也会改变云层覆盖面积，这既会提升拦截热量的能力（高层云），又会提升反射率（低层云）。总的来看，反射率提升的效应更强，所以云层的净反馈是一定程度上缓解了直接升温效应。我们无法从基本原理层面精确认识这些反馈效应的大小，有些情况下甚至正负符号——亦即反馈效应究竟是增强还是削弱直接影响——都无法完全精确理解，只能在调试模型的过程中看到结论，并且各个模型给出的答案或多或少都有些不同。平均多种不同模型得到的结果表明，随着大气二氧化碳浓度上升，所有反馈的净效应能使二氧化碳的直接升温效应提升 1 倍或 2 倍。

因此，和所有复杂系统的建模过程一样，调试也是构建气候模型的必要且危险的一部分。调试不佳的模型无法准确描述现实世界，而调试过度的模型则有“做假账”的风险——亦即预设了答案。一篇由 15 位全球顶尖气候建模人员撰写的论文这样写道：

> 调试过程中作出的选择和妥协可能会显著影响模型结果……理论上说，在对模型结果的任何评估、比对或解释中都应该将调试过程纳入考量范围……那么，为什么现实情况是调试过程如此不透明？这可能是因为我们常常把调试看成一种脏活，虽然是气候建模中不可缺少的一部分，但与其说是科学，不如说是工程学，是一种不值得用科学文献记录的修补行为。另外，可能还会有些人担心，向公众解释模型经过调试或许会强化那些质疑气候变化预测有效性的人的观点。实际上，我们或许是把调试看作一种不可言说的补偿模型错误的方法。①

① Hourdin, Frédéric, Thorsten Mauritsen, Andrew Gettelman, Jean-Christophe Golaz, Venkatramani Balaji, Qingyun Duan, Doris Folini, et al. “The Art and Science of Climate Model Tuning.” Bulletin of the American Meteorological Society 98 (2017): 589–602. https://journals.ametsoc.org/bams/article/98/3/589/70022/The-Art-and-Science-of-Climate-Model-Tuning.

确实如此。德国马克斯·普朗克研究所的气候模型是目前最受推崇的模型之一，一篇罗列这个模型细节的论文指出，因为最初选择的子网格参数值（与大气中的对流现象有关）导致模型结果是现实观测到的全球变暖程度的 2 倍，所以建模人员后来把这个值扩大了 10 倍。①把一个子网格参数值变为你原来认为的 10 倍——这听上去真的就和转动旋钮一样随意。

一系列结果

现在，你应该已经相当清楚这些气候模型是怎么来的了。同时，你也应该相当清楚为什么它们对未来的预测比我们原来想象的还要不清楚。不过，我们还是看看气候模型给出的结果吧。因为没有哪个气候模型可以做到面面俱到，所以评估报告给出的数据是对一个“集成”的结果作平均得到的——这个集成由全世界诸多研究小组建立的几十个不同模型构成。耦合模型比对项目（CMIP）负责编写这些集成。②正是这个项目编写的 CMIP3 集成为 IPCC 的 AR4 报告提供了数据基础。相应地，2013 年发布的 AR5 报告依据的是 CMIP5，而 CMIP6 则会是即将发布的 AR6 报告的基础。

不过，说到这里，我们得先暂停一下。用这种集成方法作平均得到最后的结果，看起来似乎意味着所有模型大体上结果一致，但事实并非

---

① Mauritsen, Thorsten, Jürgen Bader, Tobias Becker, Jörg Behrens, Matthias Bittner, Renate Brokopf, Victor Brovkin, et al. “Developments in the MPI-M Earth System Model Version 1. 2 (MPI-ESM1. 2) and Its Response to Increasing CO_2.” Journal of Advances in Modeling Earth Systems 11 (2019): 998–1038. https://agupubs. onlinelibrary. wiley. com/doi/full/10. 1029/2018MS001400.

② Coupled Model Intercomparison Project (CMIP). “A Short Introduction to Climate Models — CMIP & CMIP6.” World Climate Research Programme, 2020. https://www. wcrp-climate. org/wgcm-cmip.

如此。比较任一集成中的各个模型就会发现，在测量气候对人类影响回应所需的尺度上，模型与模型、模型与观测结果之间的差异都非常大。然而，如果你不细读 IPCC 的报告，是不可能知道这些的。只有细读之后，你才会发现，报告中给出的结果是对诸多结论迥然不同的模型作“平均”后得到的。(顺便一提，集成中的成员间差异进一步证明了气候模型并不“仅仅是物理学”。否则，根本没有必要建立那么多模型，因为所有模型得到的结论基本都会是一样的。)

一个特别令人震惊的反面例子就是各个模型模拟得到的全球平均表面温度（不是温度异常）差异可以达到大约 3℃（5.6℉），比这些模型声称要描述并解释的 20 世纪变暖幅度（观测值）高了 3 倍。平均表面温度差异如此之大的两个模型在细节上区别也必然很大。举个例子，因为我们无法调试水的冰点（这是水本身的性质），所以各个模型的冰雪覆盖范围会因此迥然不同，进而影响反照率。

为了缓解这种不切实际的平均温度模拟结果造成的尴尬，评估报告重点关注平均温度的上升，大力展示各个模型计算得到的温度变化，而非温度本身。这么做的确让集成的成员间差异变得不那么明显，最后的结果体现在图 4.3 中（改编自 AR5 报告）。这张图将 AR4 和 AR5 报告中使用的集成的平均值和差值同实际观测值（早在图 1.1 中，我们就知晓了这些信息）作对比，借此考察全球平均表面温度异常。集成的平均值与观测值相当吻合，令人印象深刻，但这些结果需要加入一些我在本章开头提到的“怀疑”之后再来回看。全球最有成就的气候建模者之一曾说：“对于那些非常吻合（历史温度记录）的模型，我们完全可以合理地假设它们一定经过了一些调试。即便没有明说，也是早已暗含了的。”① 另

① Voosen, Paul. “Climate scientists open up their black boxes to scrutiny.” Science, October 2016. https://science.sciencemag.org/content/354/6311/401; Held, Isaac. “73. Tuning to the global mean temperature record.” Isaac Held's Blog, GFDL, Princeton University, November 28, 2016. https://www.gfdl.noaa.gov/blog_ held/73-tuning-to-the-global-mean-temperature-record/.

外，图 4.3 的细节也暴露了其他一些问题。

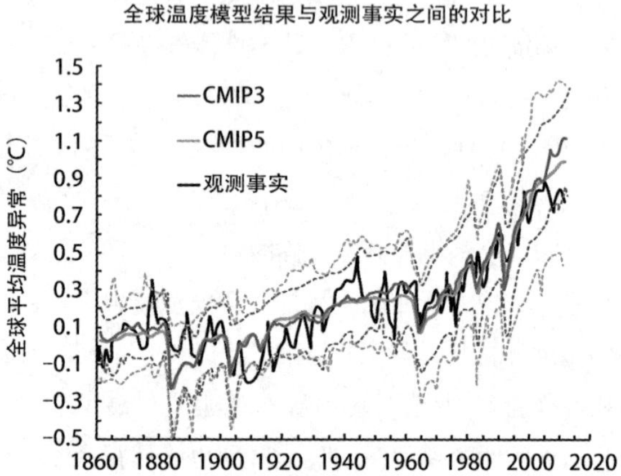

图 4.3

CMIP3 和 CMIP5 模型集成模拟得到的全球平均表面温度异常。灰色实线代表的是集成平均结果，而相应的灰色虚线代表的则是集成之间的差异。黑色线代表的则是观测得到的实际异常。①

其中一大令人震惊的问题是：就 1960 年后的模拟结果来说，CMIP5 集成的成员间差异比 CMIP3 还大——换句话说，最新一代模型的不确定性实际上比前一代还大。这就是“彩蛋”所在了：即便模型越来越复杂——包括更精细的网格、更高级的子网格参数，等等——不确定性仍会上升，而非下降。掌握更好的工具、更全面的信息本应该让模型变得更加精确，互相之间的差异变得越来越小。然而，这并没有发生。无论何时你读到“模型预测……”这样的话，都要把这个事实牢记心中。另外，模型结果之间的差异如此之大也充分证明了气候科学还远远没有到下定论的时候。

① Adapted from IPCC Fifth Assessment Report（AR5），WGI（The Physical Science Basis），Figure 10. 1.

还有另一个同样严重的问题这里也有体现：图 4.3 表明，模型集成没能复现 1910 年到 1940 年间实际发生的大幅升温。平均而言，模型对那段时期给出的升温速率只有实际观测值的一半左右。正如 IPCC 用审慎且多少有点心虚的语言特别指出的那样：

> 由于强迫因素与气候回应的不确定性和不完备的观测覆盖面，我们现在仍旧很难量化内部变化、自然强迫因素和人为强迫因素分别在全球变暖中扮演了多大角色。①

说得更直白一点，他们其实是在表示，我们根本不知道是什么导致模型失效。这就令人极其不安，因为我们观察到的 20 世纪初的变暖程度与 20 世纪末的程度相当，但评估报告以“置信度高”把后者归因于人类影响。

IPCC 称气候系统的内部变化是一个“难以量化”的贡献因素，仿佛是个小问题，实际上是一个大问题。观测结果清楚明白地表明，气候在数十年甚至数百年间存在着重复的行为。至少有部分重复行为的成因是洋流的缓慢变化和海洋与大气间的相互作用。最知名的例子就是厄尔尼诺事件（用专业术语说，应该是厄尔尼诺-南方振荡现象），亦即横跨整个赤道太平洋地区的热量迁移。厄尔尼诺事件每 2~7 年发生一次，可以影响全球天气模式。另一种作用相对缓慢且不那么知名的气候重复行为则是大西洋多年代际振荡（AMO），涉及北大西洋的周期性温度变化。②图

① IPCC. AR5 WGI, 887.

② Trenberth, Kevin, Rong Zhang, and National Center for Atmospheric Research Staff (eds.). “The Climate Data Guide: Atlantic Multi-decadal Oscillation (AMO).” NCAR—Climate Data Guide, January 10, 2019. https://climatedataguide.ucar.edu/climate-data/atlantic-multi-decadal-oscillation-amo.

4.4 展示的是根据海洋表面温度在 60~80 年周期内的重复性变化推断得到的 AMO 强度。

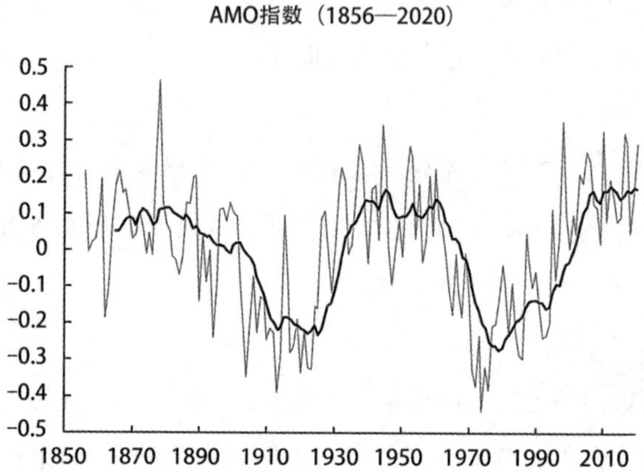

图 4.4

根据北大西洋海面温度构建的大西洋多年代际振荡（AMO）指数。黑线代表根据历年数值得到的 10 年追踪平均值。①

太平洋也有一种类似的周期性循环行为——但与 AMO 并不相关——叫作太平洋年代际振荡（PDO），周期长度大约是 60 年。因为我们现在掌握的可靠观测记录跨度只有 150 年左右，所以对更长时间尺度上的系统周期行为就没那么了解了——但是，的确可能（而且几乎肯定）存在更长周期的周期性自然变化。

这类周期性变化会影响全球气候和区域气候，并且会叠加在人为或自然强迫因素（比如温室气体排放或火山气溶胶）催生的任何趋势上。周期性变化会让我们难以判断气候变化究竟是源自人类影响还是自然原因。举个例子，1998 年至 2016 年间全球温度异常出现峰值（见图 1.1）就是因为特大型厄尔尼诺事件。

① Data from https://www.psl.noaa.gov/data/correlation/amon.us.long.data.

虽然现在的模型可以复现厄尔尼诺事件的某些方面，但它们并不擅长复现全球范围内的厄尔尼诺事件强度、持续时间和相应模式，也不擅长复现更长周期系统变化的重要时间节点。AR5 报告称，虽然有许多模型确实能复现类似 AMO 这样的事件，但从很多方面来看，各个模型对这一现象的诠释差异极大，且模型模拟结果也与实际观测数据有出入。在模型差异方面，最值得注意的是，模型产生的类 AMO 事件时间尺度少的只有 40 年，多的达到了 1 个世纪以上。①在复现太平洋的变化方面，这些模型的表现也没好到哪去。②

另外，为 IPCC 即将出炉的 AR6 提供数据基础的 CMIP6 模型也并不比 CMIP5 优秀多少，至少在上面提及的这些内容上是这样。图 4.3 比较了 CMIP3 和 CMIP5 集成模拟结果和实际观测值，类似地，图 4.5 对比了 CMIP6 模型模拟得到的温度异常结果与实际观测值。全球 19 个建模小组创造的 29 个不同 CMIP6 模型做了共计 267 次模拟。对模拟结果的分析显示，这些模型在描述 1950 年后的全球变暖现象方面表现极为糟糕。另外，同 CMIP3 和 CMIP5 一样，CMIP6 也没能复现 20 世纪初的快速变暖现象。③

最新模型全都没能模拟出 20 世纪初的快速变暖现象，这个事实意味着内部变化——气候系统的自然涨落——很可能对最近几十年的全球变暖起到了相当显著的作用。④模型没能复现过去发生过的情况，这

① IPCC. AR5 WGI, 801.

② IPCC. AR5 WGI, 9.5.3.6.

③ Papalexiou, S. M., C. R. Rajulapati, M. P. Clark, and F. Lehner "Robustness of CMIP6 Historical Global Mean Temperature Simulations: Trends, Long-Term Persistence, Autocorrelation, and Distributional Shape." Earth's Future, September 2020. https://agupubs.onlinelibrary.wiley.com/doi/epdf/10.1029/2020EF001667.

④ Nijsse, Femke J. M., Peter M. Cox, and Mark S. Williamson. "Emergent constraints on transient climate response (TCR) and equilibrium climate sensitivity (ECS) from historical warming in CMIP5 and CMIP6 models." Earth System Dynamics 11 (2020): 737-750. https://esd.copernicus.org/articles/11/737/2020/.

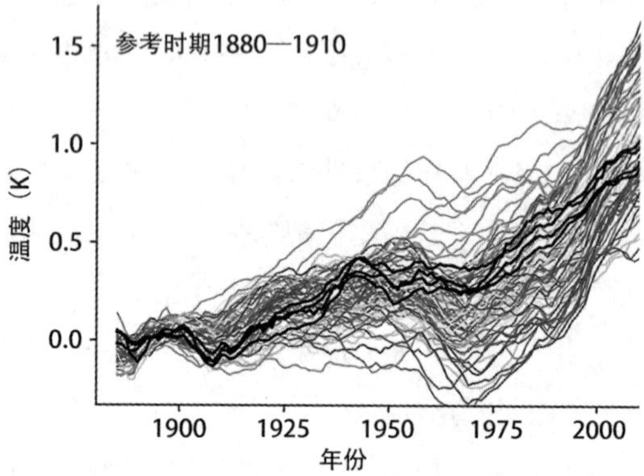

图 4.5

26 个 CMIP6 模型得到的全球平均表面温度异常。每个模型的模拟结果用浅灰色线表示，深灰色线带边的则是三组不同的观测数据。异常的参考基准是 1880—1910 年间的相应状况。另外，所有曲线以 11 年为间隔作平滑处理。①

是一个应当引起警惕的危险信号，也削弱了这些模型预测未来气候的可信度。尤其值得一提的是，我们的目标是梳理 1980 年后的全球变暖现象，分辨自然变化和人类影响在这个过程中哪个起到了更大作用。这些模型的失败让这个任务变得更加复杂。

我们通常用平衡气候敏感性（ECS）衡量气候系统对人类影响的回应。另外，ECS 也是我们希望利用模型知晓的一个重要信息。具体来说，ECS 就是：假设大气二氧化碳浓度从前工业时代的 280 ppm 翻倍到 560 ppm，全球平均表面温度异常（还记得吗？所谓“异常”就是与预期平均值之间的偏差）会增加多少。如果保持现在的二氧化碳排放速度且碳循环没有发生大变化，那么在现实世界中，到本世纪末，大气二氧

① Maher, Nicola, Flavio Lehner, and Jochem Marotzke. “Quantifying the role of internal variability in the temperature we expect to observe in the coming decades.” Environmental Research Letters, May 12, 2020. https://iopscience.iop.org/article/10.1088/1748-9326/ab7d02.

化碳浓度就会翻倍。ECS 越高（亦即预测的温度上升幅度越大），气候就对人类影响（至少是对大气二氧化碳浓度上升）越敏感。

1979 年，美国国家科学院的“查尼报告”给出了对气候敏感性的基准性估算。[①]儒勒·查尼（Jule Charney）主持的顶尖气候研究小组估算，ECS 的值应该在 1.5℃~4.5℃（2.7℉~8.1℉）范围内，且“最有可能”的值只是 3℃（5.5℉）。[②]2007 年，IPCC 的 AR4 报告缩小了 ECS 值的很可能范围（2.5℃~4.5℃，3.6℉~8.1℉），但给出的“最有可能”的值也是 3℃（5.5℉）。7 年后，AR5 报告又把很可能范围恢复到了 1.5℃~4.5℃，但没有给出“最可能值”估计。因此，即便是到了 2014 年，我们也并不比 1979 年时更确定气候敏感性的值。

IPCC 的 AR6 报告会以 CMIP6 模型集成为基础。图 4.6 展示了其中截至 2020 年 5 月可获取数据的 40 个模型得到的 ECS 值。其中，大约有 1/3 的模型（黑色表示）的模拟结果比 IPCC 之前给出的 ECS 很可能范围上限 4.5℃（8.1℉）还要高。相比最近几十年的实际观测数据，这些得到更高 ECS 值的模型变暖速度也更快[③④]，且不符合古气候数据。[⑤]

---

① National Research Council. Carbon Dioxide and Climate: A Scientific Assessment. Washington, DC: The National Academies Press, 1979. https://www.nap.edu/catalog/12181/carbon-dioxide-and-climate-a-scientific-assessment.

② Climate Research Board. “Carbon Dioxide and Climate: A Scientific Assessment.” National Academy of Sciences, 1979. https://www.bnl.gov/envsci/schwartz/charney_report1979.pdf, page 16.

③ Hausfather, Zeke. “CMIP6: The Next Generation of Climate Models Explained.” Carbon Brief, December 2, 2019. https://www.carbonbrief.org/cmip6-the-next-generation-of-climate-models-explained.

④ Tokarska, Katarzyna B., Martin B. Stolpe, Sebastian Sippel, Erich M. Fischer, Christopher J. Smith, Flavio Lehner, and Reto Knutti. “Past Warming Trend Constrains Future Warming in CMIP6 Models.” Science Advances, March 18, 2020. https://advances.sciencemag.org/content/6/12/eaaz9549.

⑤ Femke, J. M., et al. “Emergent constraints on transient climate response (TCR).”

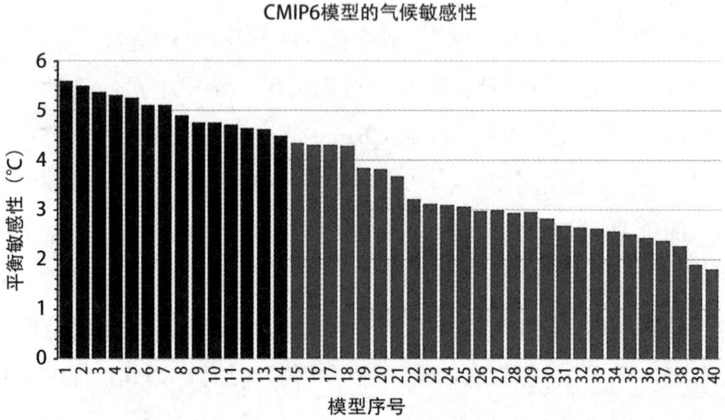

图 4.6

CMIP6 集成内 40 个模型得到的平衡气候敏感性。这 40 个模型按敏感性高低降序排列。黑色表示的模型比 AR5 报告给出的很可能范围上限还要高。①

更高的 ECS 值似乎②肇始于这些模型对云层及其与气溶胶间相互作用的子网格假设。③正如这些模型的研究组长之一所说：

> 在我们认识气候系统工作方式的努力中，云层-气溶胶相互作用是最前沿的问题，而为那些我们并不理解的事物建模是一项挑

① Zhu, Jiang, Christopher J. Poulsen, and Bette L. Otto-Bliesner. "High Climate Sensitivity in CMIP6 Model Not Supported by Paleoclimate." Nature News, April 30, 2020. https://www.nature.com/articles/s41558-020-0764-6.

② Zelinka, Mark D., Timothy A. Myers, Daniel T. McCoy, Stephen Po-Chedley, Peter M. Caldwell, Paulo Ceppi, Stephen A. Klein, and Karl E. Taylor. "Causes of Higher Climate Sensitivity in CMIP6 Models." Geophysical Research Letters, January 16, 2020. https://agupubs.onlinelibrary.wiley.com/doi/full/10.1029/2019GL085782.

③ Meehl, Gerald A., Catherine A. Senior, Veronika Eyring, Gregory Flato, Jean-Francois Lamarque, Ronald J. Stouffer, Karl E. Taylor, and Manuel Schlund. "Context for Interpreting Equilibrium Climate Sensitivity and Transient Climate Response from the CMIP6 Earth System Models." Science Advances, June 1, 2020. https://advances.sciencemag.org/content/6/26/eaba1981.

战。这些建模人员正在推动人类认识自然的边界，我希望这种不确定性能催生新科学内容。①

换句话说，我们并不真正理解这种影响气候系统的因素，但其影响甚至与导致变暖的人类活动相当。看看即将发布的AR6如何解决（或者是否解决）这个问题吧，那会很有意思。

哪怕一部分CMIP6模型得到的ECS值与老模型接近，但我们也不该因此而感到过分宽慰。考虑马克斯·普朗克研究所建模人员说的这段话：

为了匹配仪器观测到的实际变暖结果，我们调试了MPI-ESM1.2气候模型，并且记录了整个过程。显而易见，这个工作相当成功。从事件的时间顺序出发，我们选择通过调节云层反馈使ECS大约为3 K（3℃），而没有调试气溶胶的强迫。②

换句话说，这些研究人员调试模型时的目标就是让最后得到的气候敏感性符合他们认为应该达到的数值。这就是在做假账。

气候敏感性如此不确定的一大原因是：气溶胶目前发挥的冷却作用部分抵消（或者说掩盖）了温室气体的变暖效应。这点在图4.7中得到了充分体现，这张图展示了当模型在不同强迫因素下运行时CMIP6集成得到的全球温度异常如何变化。1900年时，仅考虑温室气体的影响，

① National Center for Atmospheric Research. "Increased Warming in Latest Generation of Climate Models Likely Caused by Clouds." Phys. org, June 24, 2020. https://phys.org/news/2020-06-latest-climate-clouds.html.

② Mauritsen, Thorsten, and Erich Roeckner. "Tuning the MPI-ESM1.2 Global Climate Model to Improve the Match with Instrumental Record Warming by Lowering Its Climate Sensitivity." Journal of Advances in Modeling Earth Systems 12 (2020): e2019MS002037. https://agupubs.onlinelibrary.wiley.com/doi/full/10.1029/2019MS002037.

结果是导致全球升温 1.5℃（2.7℉），而人类产生的气溶胶（太阳变化和火山产生的气溶胶不会产生太多长期效应）导致全球降温 0.6℃（1.1℉），部分抵消了温室气体的变暖效应。带有“历史”标签的模拟曲线代表考虑所有强迫因素（自然和人为）的集成结果。你会发现极大规模火山喷发带来的巨大冷却效应——尤其是 1963 年的阿贡火山喷发和 1991 年的皮纳图博火山喷发。另外，历史模拟曲线中显然也缺失了 1910—1940 年间实际发生的全球变暖。

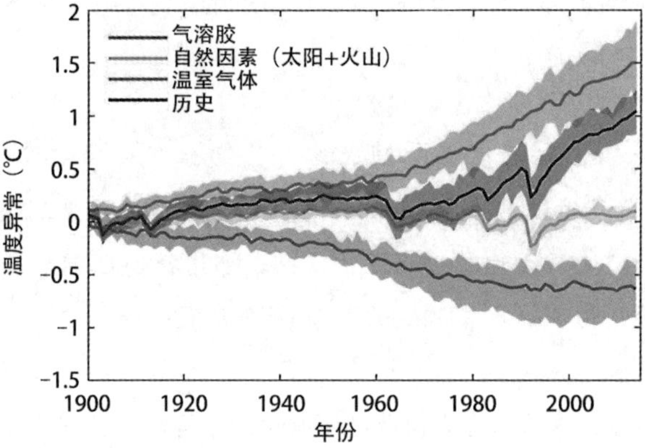

图 4.7

CMIP6 模型在各种自然和人为强迫因素下的全球平均温度异常。实线代表的是集成平均，阴影区域代表的则是 17%～83%的不确定性范围。①

由于气溶胶这种强大而不确定的冷却效应，对气溶胶和温室气体高

① Reprinted with permission of AAAS from Tokarska, Katarzyna B., Martin B. Stolpe, Sebastian Sippel, Erich M. Fischer, Christopher J. Smith, Flavio Lehner, and Reto Knutti. "Past Warming Trend Constrains Future Warming in CMIP6 Models." Science Advances 6 (2020): eaaz9549. https://advances.sciencemag.org/content/6/12/eaaz9549 The Authors, some rights reserved; exclusive licensee American Association for the Advancement of Science. Distributed under a Creative Commons Attribution NonCommercial License 4.0 (CC BY-NC) http://creativecommons.org/licenses/by-nc/4.0/.

敏感性的模型描述气候历史记录的效果和敏感性低得多的模型并没有什么区别。在未来几十年里，随着温室气体的影响不断扩大进而占据主导地位（气溶胶是局部空气污染的重要源头，无论在哪里，减少气溶胶排放都是当务之急），对 ECS 的估算会变得更加准确。

还有一种完全不同的估算气候敏感性的方式：将过去 140 年内上升的温度同已经发生的人为及自然强迫因素作比较。举个例子，将图 1.1 中 1900 年后大致 1℃的升温同图 2.4 中相同时段内大约 2 W/m^2 的强迫因素总增量作对比，就能大体估算气候对外部影响因素有多敏感。这种自上而下的方法（不需要超级计算机！）比基于子网格的细致模型简单、透明得多。不过，这种方法也有缺点：除了温度、人为及自然因素的不确定性之外，还需要考虑气候系统的内部变化，以及温度对强迫因素的滞后反应（海洋整体变暖速度较慢）。不过，将这些因素考虑在内后，根据这种能量收支分析方法得到的气候敏感性显著地比用 CMIP 集成模拟得到的值更低（大约 1.5℃）。①

为了确定气候敏感性，一篇 2020 年 7 月发表、由 20 个作者署名的论文结合了自上而下式方法和基于子网格的方法（以及一些观测信息和古代气候信息）。②这些作者发现，ECS 的很可能范围是 2.6℃～4.1℃——范围只有 AR5 估算结果（1.5℃～4.5℃）的一半，意味着此前估算结果中的极低值和极高值都不太可能符合事实。

要想真正理解气候系统对各种影响因素的敏感性，还有很多工作要

① Lewis, Nicholas, and Judith Curry. "The Impact of Recent Forcing and Ocean Heat Uptake Data on Estimates of Climate Sensitivity." Journal of Climate 31 (2018): 6051－6071. https://journals.ametsoc.org/jcli/article/31/15/6051/92230/The-Impact-of-Recent-Forcing-and-Ocean-Heat-Uptake.

② Sherwood, S. C., M. J. Webb, J. D. Annan, K. C. Armour, P. M. Forster, J. C. Hargreaves, et al. "An assessment of Earth's climate sensitivity using multiple lines of evidence." Reviews of Geophysics 58 (2020): e2019RG000678. https://agupubs.onlinelibrary.wiley.com/doi/full/10.1029/2019RG000678.

做。如果气候系统的敏感性比我们目前猜想的低得多（或高得多），那会是一件大事。

所以，现在你应该知道了，气候建模领域面对着很多令人无比烦恼的问题。首先，即使是用全世界最快的计算机，气候模拟的计算时间也长达数月。其次是模型调试过程中参数调整标准模糊。再次是气候系统的内部变化。最后是像权衡温室气体变暖效应与气溶胶冷却效应之类的、需要解决的复杂问题。这么多挑战横亘在面前，也难怪我们没法理解气候如何回应不断上升的大气二氧化碳浓度。我们了解地球气候系统越多，就越意识到它有多复杂。

大众媒体很少讨论我们的气候模型存在多么严重的问题。不过，如果你留意的话，有时还是能发现这个问题的蛛丝马迹。举个例子，在评估各种气候应对策略的效果时就会用到气候模型，比如刻意加强地球反射（亦即反照率）以抵消温室气体导致的变暖效应——我们在第十四章中会讨论这类“地球工程”策略。美国国家科学院最近的一份报告特别提到：

> 模型在模拟气候变化和地球反照率改变后果时存在巨大的不确定性，所以，现在的这些模型不可能可靠、定量地给出地球系统整体反照率改变的相对风险、后果和好处，更不用说对地球特定区域的好处和风险了。①

如果“模拟存在巨大不确定性”的意思是这些模型不能给我们提供

① National Research Council of the National Academies. Climate Intervention: Reflecting Sunlight to Cool Earth: “Comparison of Some Basic Risks Associated with Albedo Modification.” The National Academies Press, 2015. https://www.nap.edu/read/18988/chapter/4#39.

有关反照率改变后果的有用信息，那就很难认为这些模型在预测气候对其他人类影响的回应方面会表现得更好。毕竟，这一章里讨论的模型都是一样的，只是为了模拟反照率变化做了一些微小的修改（比如，把太阳辐射强度下调 1%，或是在高层大气中增加一点气溶胶）。①然而如果把上述声明中的反照率变化改为温室气体排放，那结果一定是难以想象的。这个声明可能是这样的：

> 模型在模拟气候变化和未来温室气体排放后果时存在巨大的不确定性，所以，现在的这些模型不可能可靠、定量地给出地球系统整体大气二氧化碳浓度上升的相对风险、后果和好处，更不用说对地球特定区域的好处和风险了。

我认为，你不会在任何评估报告中看到类似这样的声明。

正如评估报告自身总是在强调的那样，现在使用的模型就是我们拥有的最佳模型，而且它们也确实一直在变得更精细。不过，至少就目前的情况来说，它们仍旧为无数问题所困扰。而我也当然和其他所有人一样，希望它们能表现得更好。

---

① Kravitz, B. , A. Robock, S. Tilmes, O. Boucher, J. M. English, P. J. Irvine, A. Jones, et al. "The Geoengineering Model Intercomparison Project Phase 6 (GeoMIP6): simulation design and preliminary results." Geosci. Model Dev. 8 (2015): 3379–3392. https://gmd.copernicus.org/articles/8/3379/2015/.

第五章
炒作“热度”

如今，电视天气播报员已经演变成了**气候**和天气播报员。在他们的报道中，总是把许多恶劣天气事件归咎于“气候受到破坏”。实际上，对媒体、政客，乃至部分科学家来说，把热浪、干旱、洪涝、风暴，以及其他一切公众担忧的天气事件归咎于人类影响，已经成了一种**惯例**。这是一个相当容易抓住且效果相当不错的卖点：恶劣天气事件的现场报道十分有效，而且常常能触动公众神经，而我们对过去恶劣天气事件的健忘更是能让带着“史无前例”标签的报道相当有说服力。

然而，科学告诉我们，事实并非如此。回溯最近一个多世纪的观测记录，我们会发现，即便人类对气候的影响的确在上升，但大多数类型的极端天气事件并没有表现出**任何**显著变化——事实上，其中有些事件甚至还发生得不那么频繁或不那么猛烈了。总的来说，甄别极端天气事件的变化趋势还存在高度不确定性。以下是 IPCC 的 AR5 中第一工作组的一些总结性陈述（或许会令你有些惊讶），表明了我们对部分极端天气事件变化趋势的了解（或者说，不了解）。

“……全球尺度上，洪水规模和/或频率趋势的符号**置信度低**。”①

“……20 世纪中叶以来，全球范围内观测到的干旱或干燥（缺少降水）变化趋势**置信度低**……”②

“……小范围严重天气现象（比如冰雹和雷暴）变化趋势**置信度低**……”③

“……1900年以来，大范围内极端温带气旋（风暴）强度的大规模变化**置信度低**……”④

总的来说，科学在甄别极端天气事件变化趋势，进而将其归咎于人类影响方面信心很弱。原因有很多，而且我们之前都已经讨论过：历史记录跨度短且质量低，自然系统内部变化大，自然影响因素众多，以及目前使用的诸多模型间存在矛盾。然而，虽然我们基本没有证据能证明天气产生了多大变化，但媒体仍在持续输出把天气事件同气候状况联系起来的“新闻”——部分依赖所谓的“事件归因研究”，这个领域已经成为一个不断发展的气候科学分支。⑤

归因研究的工作流程是这样的：一些极端天气事件（比如风暴、洪涝、干旱或热浪）发生后，研究人员会结合气候模型和历史观测记录，来试图确定人类影响（通常是导致全球变暖的那些）在这类事件发生频率或发生强度中扮演的角色。每当你在飓风或类似事件后看到文章声称气候变化（一般来说，作者用这个词指的是人为因素导致的气候变化）让这类事件的发生概率提高了百分之XX，或是让这类事件严重程度提

① IPCC. AR5 WGI Section 2.6.2.2.
② IPCC. AR5 WGI Section 2.6.2.3.
③ IPCC. AR5 WGI Section 2.6.2.4.
④ IPCC. AR5 WGI Section 2.6.4.
⑤ National Academies of Sciences, Engineering, and Medicine. 2016. Attribution of Extreme Weather Events in the Context of Climate Change. The National Academies Press. https://www.nap.edu/catalog/21852/attribution-of-extreme-weather-events-in-the-context-of-climate-change.

高了百分之 YY，这其实就是归因研究的结论。①②你可能已经想到了，归因研究几乎总是关注灾害性天气，忽略任何良性天气事件。

说到这里，我想大概不用我亲口告诉你，你就知道这类研究充斥着各类问题。影响极端天气事件的因素有许多，从任何天气事件中剥离出人类影响结果都必然是一项巨大挑战。IPCC 在 2012 年发布的极端事件特别报告（SREX）第 3 章的概要很好地说明了这个问题：

> 许多天气和气候极端事件都是自然气候变化（包括像厄尔尼诺这样的现象）导致的结果。另外，人为（人类导致的）气候变化的背景正是气候的年代际或多年代际自然变化。即便人类活动完全没有对地球气候造成任何影响，仍然会发生各种自然极端天气事件和气候事件。③

而世界气象组织的表述就更加直接了：

> ……按照目前的科学认识，任何单一事件——比如严重的热带气旋（飓风或台风）——都不能归因于人类诱发的气候变化。④

---

① Fountain, Henry. "Scientists Link Hurricane Harvey's Record Rainfall to Climate Change." New York Times, December 13, 2017. https://www.nytimes.com/2017/12/13/climate/hurricane-harvey-climate-change.html.

② Risser, M. D., and M. F. Wehner. "Attributable human-induced changes in the likelihood and magnitude of the observed extreme precipitation during Hurricane Harvey." Geophysical Research Letters 44 (2017): 12, 457-12, 464. https://agupubs.onlinelibrary.wiley.com/doi/full/10.1002/2017GL075888.

③ Intergovernmental Panel on Climate Change (IPCC). 2012. Managing the Risks of Extreme Events and Disasters to Advance Climate Change Adaptation. Cambridge and New York: Cambridge University Press. https://www.ipcc.ch/site/assets/uploads/2018/03/SREX_Full_Report-1.pdf.

④ World Meteorological Society. Frequently Asked Questions (FAQ). Accessed November 20, 2020. https://www.wmo.int/pages/prog/wcp/ccl/faq/faq_doc_en.html.

归因研究实践者辩称，在联系天气同气候变化方面，气候科学能做的最好的事就是归因研究。然而，作为一名物理学家，我感到震惊的是这样的研究竟然得到了广泛信任，甚至还得到了媒体报道。科学的一大支柱就是：任何结论都需要接受观测结果的检验。然而，对于天气归因研究来说，用观测结果检验结论几乎是完全不可能做到的。这就像是所谓的精神导师在你中了彩票之后声称是她的影响帮助你中了彩票一样。要想检验这个说法，唯一的方式就是在她的所谓帮助下多次购买彩票（毫无疑问，成本巨大！），然后看看你的中奖金额是不是比期望更多。数据是科学的试金石，检验天气事件归因结论的唯一可靠方法就是查验极端天气事件的统计学特征是否发生了改变——如果我们能做到这点，本来就不需要归因研究了。

最重要的是，科学告诉我们，大部分极端天气事件并没有表现出可以归咎于人类影响的长期趋势。（模型对未来极端事件的预测完全是另一码事——虽然我们常常把它同观测记录结果混淆。）然而，“极端天气事件越来越频繁、越来越严重”的流行观点仍然没有丝毫动摇。这不仅是因为事件归因研究越发普及，也不只是因为媒体在不断混淆是非，更是因为官方评估报告没有通透、彻底地讲述真实科学结论——有时甚至没有做到正确地讲述。

在接下去的几章中，我们会讨论几种现象（其中有部分是极端天气事件）常被归因到人为气候变化的具体证据。在这一章中，我们先从一个具有启示意义的话题开始，看看对极端天气事件的流行观点是如何偏离相应真实科学内容的。虽然这个话题只是气候科学的一小部分，但它的确说明了我们在对非专业人士阐述科学内容时存在的诸多问题，其中包括结论先行的分析，对科学结果的歪曲、误读，审查过程的失效，以及媒体的夸大。另外，这也是一个大家广泛关注的话题，那就是：创纪录温度。

我们所有人都认同，全球温度在过去几十年里不断上升。下面是IPCC 的 AR5 报告中的另一段总结性陈述：

> 从大约 1950 年开始，低温天的数量**很可能**下降了，而高温天的数量则**很可能**相应上升了……自 20 世纪中叶起，全球范围内的暖期（包括热浪）无论是出现频率还是持续时间都增加了，这个结论的**置信度中等**。①

科学在评估出现频率更高或持续时间更长的暖期（比如热浪）时用了温吞的“置信度中等”，但温度的普遍上升趋势却得到了 IPCC 的“很可能”判断——“很可能”意味着结论错误的概率最多只有 10%。

受到“地球正被炙烤，单日高温屡创纪录”这样的头版新闻推动，公众普遍认为极端高温天数量正在上升，然而这是完全错误的。在美国——拥有全球最广泛、最高质量天气数据的国家——创纪录的低温天确实出现得越来越少了，但创纪录的单日高温天出现频率并不比 1 个世纪前更高。

不过，关于创纪录高温的头版新闻（常常还附有红色温度计和贫瘠沙漠的视觉画面）倒不是无风起浪。在这一点上，美国政府最近发布的评估报告（2017 年 CSSR）可不只是误导那么简单——这份报告根本就是错的。我会这么说，是因为我在 2019 年春天做了一些调查，用评估报告的行话来说，我的结论**置信度很高**。这份报告恰恰令人不安地说明了非专业人士是怎么被误导的，以及科学是怎么被用来说服、而非提供信息的。实际上，CSSR 在执行摘要的第 19 页（放在了显要位置且被给

① IPCC. AR5 WGI Section 2. 6. 1.

予了置信度很高）是这么说的：

美国各地的极端温度都发生了显著变化。在过去 20 年里，创纪录高温日数量远多于创纪录低温日。

为了支撑这个结论，这份报告还给出了图 5.1（在报告中是图 ES.5）：

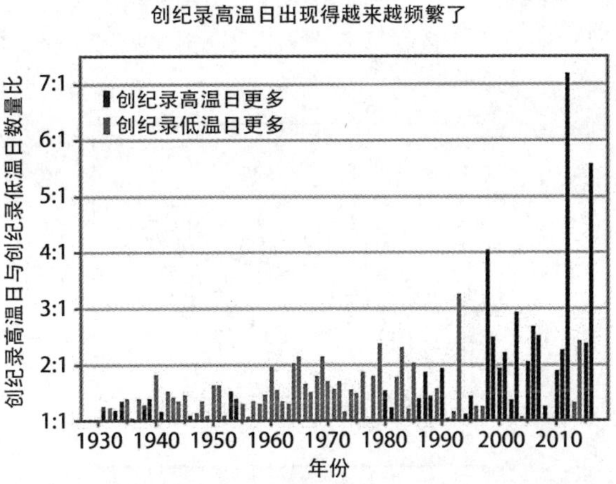

图 5.1

1930—2017 年间美国本土 48 州气象站记录到的创纪录高温日与创纪录低温日数量比。[①]（CSSR 中的图 ES.5）

图中，深色柱表示当年内创纪录高温日多于创纪录低温日，而浅色柱则表示当年内创纪录低温日多于创纪录高温日。柱状图的高度表示当年创纪录高温日与创纪录低温日数量比。举个例子，一个比值为 2∶1 的浅色柱表示当年全美本土各个气象站记录到的创纪录低温日数量是创

① USGCRP. Climate Science Special Report: Fourth National Climate Assessment, Volume I: Executive Summary, Figure 5.

纪录高温日的 2 倍。

我怀疑大部分读者看到这张图时都会大吃一惊，因为我第一次见时就是这样。谁能不吃惊呢？引人注目的标题（《创纪录高温日出现得越来越频繁了》），还有近些年里急剧上升（上升曲线看上去都像曲棍球球棍了）的数据支持（而且，在 CSSR 的原图中，还用令人警醒的猩红色标示创纪录高温日更多的年份）。单从这张表上看，全球温度似乎确实在飙升。

然而，在这份报告中，这张图与其他一些更深层内容（尤其是我们改编的图 5.2）明显不一致，这令我相当不安。图 5.2 表明，自 1900 年

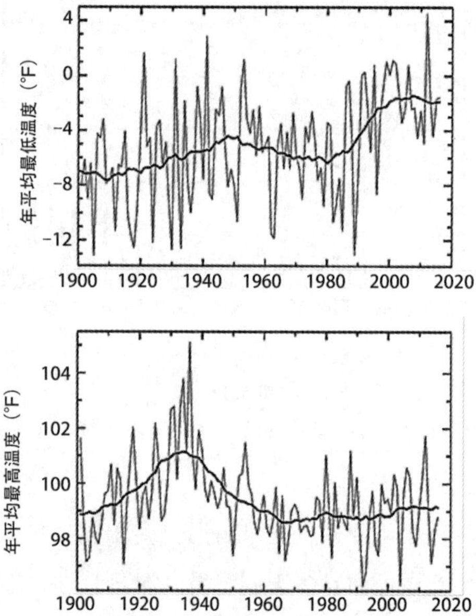

图 5.2

自 1900 年起，美国本土 48 州历年平均最低温度（上）和最高温度（下）。尖锐的浅色线代表历年真实值，而深色线代表经平滑处理的变化曲线。(改编自 CSSR 图 6.3) ①

① USGCRP. Climate Science Special Report：Fourth National Climate Assessment, Volume I：Chapter 6：Temperature Changes in the United States, Figure 6.3.

以来，年平均最低温度确实明显升高了，但年平均最高温度在过去60年里几乎没有任何变化，且如今的年平均最高温度与1900年时基本一致。(看看前面的这张年平均最高温度图，你还能发现“黑色风暴事件”导致的“温暖”的1930年代。当时，在北美大平原地区，过度耕作等农业实践极大扩展了耕地面积，从而增加了气候系统的自然变化。)

当然，构建图5.1的数据基础是各个气象站观测到的单日创纪录温度，这和图5.2平均48个州的观测站得到的年平均创纪录温度肯定不是一回事。然而，一定存在这样一种可能：图5.1展示的创纪录高温日数量与创纪录低温日数量之比之所以会变得这么高，不是因为创纪录高温越来越常见了，而是因为最低温度上升了，也就是分母（创纪录低温日数量）变得越来越小，而分子（创纪录高温日数量）在最近几十年里基本没变。

不一致是科学家的宝藏。解决不一致问题就可能得到重大见解——而我，下定决心要查清CSSR中的这个不一致问题。为此，我首先查阅了描述CSSR如何确定日极端温度发生频率的研究论文。[①②]这些论文阐述了一种统计“流动纪录”的方法：如果某一天某气象站记录到的日最高温度超过了它往年当天的最高温度，那就认为这个气象站记录了一次创纪录高温，且这一天为创纪录高温日。(类似地，如果记录到的日最低温度低于往年当天的最低温度，那就记录创下一次最低温度纪录。)流动纪录就是你在每日天气报告中听到的那种创纪录温度。

然而，如图5.3展示的创高温纪录方式一样，还有另一种计算创纪录日数的方法。对于给定气象站在一年中的任何一天来说，它的高温“流动

---

① Meehl, G. A., C. Tebaldi, G. Walton, D. Easterling, and L. McDeaniel. “Relative increase of record high maximum temperatures compared to record low minimum temperatures in the U. S.” Geophysical Research Letters 36, (2009): L23701.

② Meehl, G. A., C. Tebaldi, and D. Adams-Smith. “US daily temperature records past, present, and future.” Proceedings of the National Academy of Sciences, 2016.

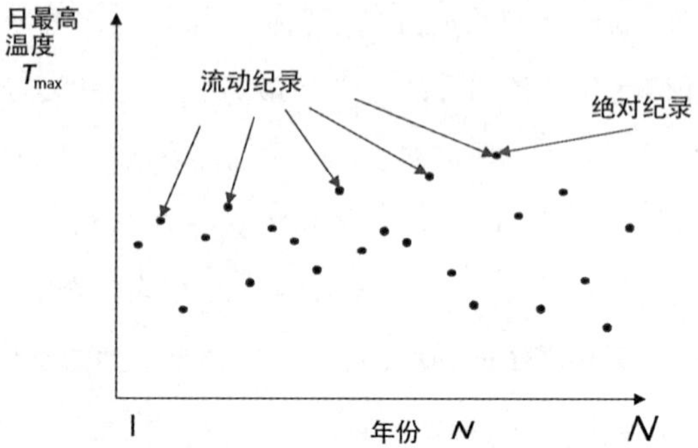

图 5.3

以单个气象站历年日最高温度为例展示的流动纪录与绝对纪录之间的区别。流动纪录只需高于往年最高温纪录即可，所以可以有很多个，而绝对纪录只有一个，就是在考察范围内的那个最高温度纪录。

纪录”可以发生在此前的任何年份，只要当年这天的最高温超过此前的最高温纪录，这一年就创下了“流动纪录”统计方法下的最高温纪录。因此，在给定的观测时间范围（比如，在图 5.1 中的 1930 年至今）内可以有许多个“流动纪录”。相较之下，最高温的“绝对纪录”在给定观测时间范围内只会出现一次，也就是日最高温度最高的那一年。

我很快就明白了流动纪录统计方法存在的一个大问题——随着时间的推移，流动纪录出现的频率会越来越低，因为每一个新的流动纪录都会“提高标准”，使得后续纪录越来越难出现。想想看：在图 5.3 中，起始阶段——比如 1932 年——只需要某一天的日最高温度超过 1930 年和 1931 年这两年里这一天最高温度纪录，就创下了“历史新高”；而在 1980 年，要想创下“历史新高”，日最高温度得超过此前 50 年的纪录才行。图 5.4 就充分说明了流动纪录数量的下降情况，实际上，这个结果就出现在 CSSR 引用的一篇参考文献中。[①]图中的黑线代表：即使数据

① Meehl, et al. “US daily temperature records past, present, and future.”

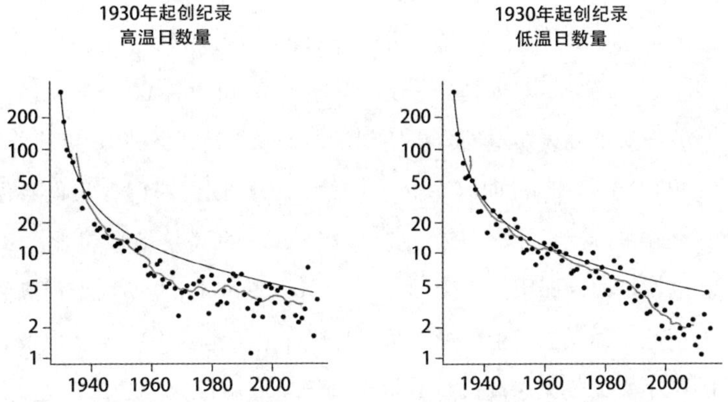

图 5.4

CSSR 使用“流动纪录”统计方法得到的美国本土 48 州创纪录高温日数量和创纪录低温日数量。图中的点代表创纪录温度发生的实际次数（左图是创纪录高温日数量，右图是创纪录低温日数量），灰色线代表 11 年内流动纪录发生次数的年平均值。黑色线则代表，如果地球温度本身没有任何变化趋势，流动纪录次数的年分布曲线。

本身没有任何变化趋势——比如，最低温没有在升高——流动纪录数量的减少也应该接近图中的下降曲线（另一方面，如果最低温在大幅下降，那么流动纪录的分布应该更多在曲线上方）。如你所见，从 1930 年至今，创纪录高温日和低温日数量都在飞快下降，其中创纪录低温日数量下降得更快——这就解释了为什么即使这两类纪录的出现频率都大幅下降了，近些年的创纪录高温日数量与创纪录低温日数量之比仍在扩大。

然而，CSSR 的这张比值图（也就是本书中的图 5.1）还有一个问题：应用流动纪录统计方法，就一定会出现早期变化趋势平缓随后剧烈起伏的结果。

我们以这项分析中第二年（1931 年）的情况为例，证明我这个结论。在这一年 365 天中的任何一天，任何一个气象站记录到比上一年

（1930 年，分析起点）最高温更高的温度（哪怕只是 1℃），就创下了“历史新高”。如果气象站没有记录到这样的温度，那就没有创纪录。我们假设 CSSR 的分析对象是分布于美国本土 48 州的 1 400 个气象站（报告本身并没有准确说明这项分析用到了多少气象站，但 2016 年的分析①用了 1 408 个）。因为此时（分析中的第二年）创纪录门槛很低且温度变化存在随机波动，所以破纪录和没破纪录的气象站数量比大约是 1∶1。也就是说，那年大约会创下 255 500（365×1 400/2）个最高温纪录。类似地，最低温纪录数量也基本是这样。于是，1931 年（以及紧随其后的几年）的创纪录高温日数量与创纪录低温日数量之比接近 1。另外，因为这一年（以及随后几年）创纪录次数很多，所以在这项分析的早期，创纪录高温日数量与创纪录低温日数量之比不会偏离 1∶1 太多。然而，在后续年份中，随着创纪录门槛的提高，创纪录数量越来越少，这个比值就会越来越偏离 1∶1，最后甚至偏离到夸张的程度。结论就是：只要使用流动纪录的统计方法，这张比值图一定会在分析时段的早期长期处于 1 上下，到分析时段的结尾时发生剧烈变化，从而给读者留下一种最近几十年里变化巨大的印象，即使事实并非如此。虽然视觉效果很有冲击力，但这个比值与温度的实际变化情况几乎毫无关系。

在了解 CSSR 对美国创纪录温度日数量的表述误导性如此之强后，我自然就想知道正确的分析——使用绝对纪录统计方法的——会得出什么结果。另外，我还想知道 1930 年前的创纪录温度是什么情况，毕竟，即便是 1900 年前的美国温度观测记录，我们现在也肯定能获取。

为了亲自找到这些问题的答案，我本该从头做起——下载海量美国气象站的数据，整理妥当，然后再写代码分析。不过，在科学界熟人众多有一个好处：我几乎总是能找到做分析比我更快（且更好）的人。这

① Meehl, et al. “US daily temperature records past, present, and future.”

一次，我联系了亚拉巴马大学亨茨维尔分校教授约翰·克里斯蒂（John Christy）。2014 年，我在他参与美国物理学会工作组时认识了他。约翰能接触到大量美国气象记录，且非常擅长通过各种方式分析这些数据。很快，他也上手了这项工作。

严谨的研究人员总是会在尝试新东西前，先确保能复现已有结果。这一点在我俩的这项工作中尤为重要，因为在我告诉约翰 CSSR 使用的流动纪录统计方法存在的问题时，他起初并不相信。于是，他先用自己的数据复现了 CSSR 中的图 ES. 5 的结果，证明我所言非虚。接着，约翰就开始用基于“绝对纪录”的标准方法做分析。流动纪录统计方法天生就有结构性下降趋势，而基于绝对纪录的统计结果就没有这个问题。如果在观测时段内绝对纪录的数量出现了显著变化，那就是因为温度本身存在某种变化趋势。

克里斯蒂利用 1895 年起美国 725 个气象站的数据，通过绝对纪录做了创纪录高温和低温情况分析。这个气象站数量只有 CSSR 中那项分析（1930 年起）的一半左右，因为时间越早，拥有同等质量观测数据的气象站就越少。不过，如图 5. 5 所示，克里斯蒂的分析结果仍然很有说服力。

创纪录高温日的数量很清楚地体现了“温暖的 1930 年代”，但从长达 120 多年的整个观测时段来看，甚至从 1980 年至今这个人类对气候影响大幅上升的时段来看，创纪录高温日数量都没有出现明显的变化趋势。另一方面，创纪录低温日数量在这一个多世纪里出现了明显的下降趋势，且在 1985 年后呈现加速下降态势。结合图 5. 5 的上下半图，就能得到一个与常见观点完全相反的结论——自 19 世纪末以来，美国本土 48 州的极端温度现象变得不那么常见了，而且程度有所缓和。

然而，CSSR 的执行摘要还是把导向错误的比值图（本书中的图 5. 1）放到了显要位置，还配上了说明文字“创纪录高温日出现得越来

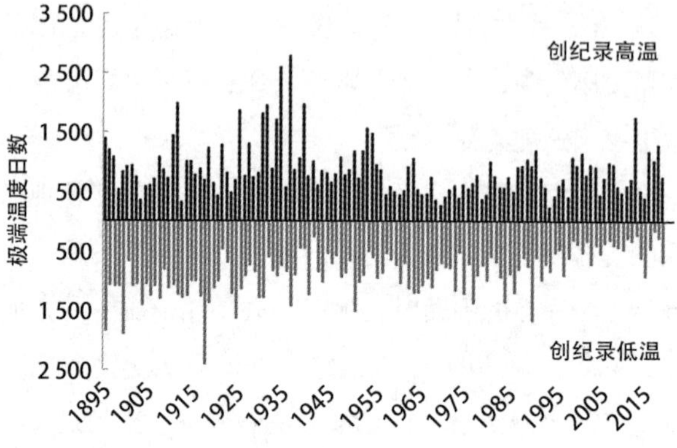

图 5.5

1895—2018 年间美国 725 个气象站的创纪录极端温度日数量，通过基于“绝对纪录”的统计方法计算得到。图的上半部分展示的是历年创纪录高温次数（平均到每 10 万次观测），下半部分则是历年创纪录低温次数。

越频繁了”。即便你出于善意辩称作者只是“忘了”加上“……与创纪录低温相比”，这份报告的误导性也无疑强得令人咋舌——尤其是把这张图与报告中讲述极端温度的其他材料放在一起看时。这张图在报告第 6 章中再次出现时，旁边的文字是这样的：“自 20 世纪 70 年代末以来，创纪录低温日数量一直在下降，而创纪录高温日数量则一直在上升。”然而，根据 CSSR 自己的定义，创纪录高温日数量其实也是在下降。

一份自称“旨在权威评估气候变化科学”的报告怎么可以如此歪曲数据？[①] 毕竟，CSSR 在发布前接受过多次评审，其中包括由美国国家学院（NASEM，即“美国国家科学、工程和医学院”）召集的一次专家小组评审。

进一步深入研究后，我发现，美国国家学院的专家评审小组实际上

① USGCRP. Climate Science Special Report：Fourth National Climate Assessment，Volume I：“About This Report.” https://science2017.globalchange.gov/chapter/front-matter-about/.

的确批评[1]了 CSSR 最后一份草案[2]中对极端温度的讨论。以下是那份草案第 6 章中的关键发现 2：

随着平均温度的上升，和我们预料的一样，美国大部分地区的极端温度事件也愈发频繁。自 1900 年代初以来，在整个美国本土，极端寒冷天气的温度都上升了。另外，在大多数西部地区，极端炎热天气的温度也上升了。最近几十年里，高强度寒潮越来越少见，而高强度热浪却越来越常见。（**极可能，置信度很高**）

美国国家学院的专家评审小组用外交辞令似的学术评审语言对这一发现作出了如下批评：

另外，考虑到本章中大多数图表反映的都是历史记录中极端高温事件呈下降趋势，很难理解囊括了“极端高温事件越发常见”的判断可以与“置信度高”或者“极可能”的可能性评价联系在一起。

当然，我的怀疑也正是源于专家评审小组指出的这种前后矛盾。

当时负责 CSSR 事宜的联邦官员、时任美国全球变化研究项目执行主管的迈克尔·库珀伯格（Michael Kuperberg）在回应美国国家学院专

① National Academies of Sciences. “Review of the Draft Climate Science Special Report.” The National Academies Press, March 14, 2017. https://www.nap.edu/catalog/24712/review-of-the-draft-climate-science-special-report.

② Wuebbles, Donald, David Fahey, and Kathleen Hibbard (coordinating lead authors). “U.S. Global Change Research Program Climate Science Special Report (CSSR).” USGCRP, December 2016. https://biotech.law.lsu.edu/blog/Draft-of-the-Climate-Science-Special-Report.pdf.

家评审小组对报告草案第6章的意见时特别指出：

> (CSSR的最终版本)吸纳了几乎所有美国国家科学院(NAS)的建议……而且还增加了一张创纪录高温和低温方面的新图表。①

这个所谓的“新图表”就是报告最终版中臭名昭著的比值图ES.5(本书中的图5.1)。美国国家学院的专家评审小组很有可能没见过加上这张图的最终版报告——否则，他们肯定会提到这张图的问题，我怀疑这张图也就不可能出现在最后的发表版本中了。随后的政府的内部评审显然没有指出(或者说是无视)了这张图的问题。

以上就是我指出并纠正官方政府报告中明显歪曲气候科学事实之处，并且“自信度极高”的原因。这并不是吹毛求疵，是真的非常重要。美国创纪录高温越发频繁的错误观点很可能会污染后续评估报告，因为后者不可避免地会引用之前的报告。从更普遍的意义上说，对于那些关心会影响社会决策的科学结论的质量及其产出过程可靠性的人士来说，这也非常重要。另外，对于那些宣称评估报告具备无可指摘权威性的人来说，这也应该非常重要。当然还少不了报道气候科学的大众媒体，因为正是他们发表了那些误人子弟的“结论”。

CSSR在创纪录温度问题上犯下了大错，可能是因为能力不足，但我怀疑另有缘由。作为一份官方评估报告，更自然的做法显然是分别列出创纪录高温日数量和创纪录低温日数量，而不是给出它们的比值——我们已经看到了，这么做很有些人为诱导、刻意为之的意味。当然，如

① Kuperberg, Michael, and CSSR Writing Team. Letter to Dr. Philip Mote (Chair) and the NAS Committee to Review the Draft Climate Science Special Report. November 2, 2017. https://science2017.globalchange.gov/PDFs/CSSR-NASresponse_110217.pdf.

果分开列出两组数据，得到的结果就会类似图 5.4 中的下降曲线，于是，就很难把越发频繁的极端高温事件列为支持“气候遭受破坏”的证据。如果有人能解释一下，这种误导性十足的分析是怎么起到提供信息作用而不是说服他人接受观点的，那我会非常高兴。

大众媒体不遗余力地传播 CSSR 关于创纪录温度的虚假信息，这点毫不意外。举个例子，2019 年 3 月，美国联合通讯社发表了一篇题为《美联社发现，创纪录高温事件频率是创纪录低温事件的 2 倍》① 的头版新闻报道，之后被广为转载。撰文记者利用 424 座气象站的数据将 CSSR 基于流动纪录的分析向前追溯到了 1920 年。有意思的是，他们刊登出来的图起点只是 1958 年，省略了全部分析时间的 1/3 以上（1920—1957 年）——或许是因为，20 世纪三四十年代的数据不利于支撑文章想说服读者接受的观点，克里斯蒂的分析已经证明了这一点。

美联社这篇文章全文（除了图片标题）都没提到创纪录高温日和创纪录低温日数量**都**在下降。令人难以置信的是，他们甚至还引用了一位前天气频道气象学家的一段直接与图片结论矛盾的话：“极端事件越来越多。随着时间的推移，遭遇更危险极端事件的概率也会上升。”

简单来说，我们会用下面这段话总结关于极端温度的数据。它成为头版新闻的潜力远低于本章开头引用 CSSR 的那段话，但它至少是正确的：

> 在美国本土，极端温度事件发生频率、强度发生了一些改变。无论是在过去这个世纪，还是在过去 40 年里，历年数据显示，创

① Borenstein, Seth, and Nicky Forster. “Heat Records Falling Twice as Often as Cold Ones, AP Finds.” Associated Press, March 19, 2019. https://apnews.com/7d00e38b9ba1470fa526b1da739c5da8.

纪录高温日数量并没有出现显著变化趋势，但创纪录低温日数量从1895年开始不断下降，并且在过去30年里下降得更快了。

当然，这就意味着温度正在变得越来越温和（寒冬和寒夜越来越少）。这和“酷热的夏天、炎热的下午越来越频繁”这样的结论大相径庭。巧合的是，最低温的上升是证明全球变暖的完美证据——只不过，绝不是“正在被炙烤”的地球，没有热到温度计都爆炸的程度。

第六章
风暴恐惧

这段灾难性飓风的时期本应只是暂时的。但情况正在越来越糟。

——《福布斯》(*Forbes*)，2020 年 10 月 7 日[①]

和大家一样，每当飓风肆虐美国时，我总会听到大众媒体大肆宣扬上面这个观点的某个版本。言下之意很明显：风暴越来越频繁且破坏力越来越强，温室气体排放量的日益上升更是会助纣为虐。然而，观测数据与科研文献反映的内容与这一观点截然不同。这种矛盾的核心来源还是评估报告，它们给出的结论总是会"偏离"自身的真实科学发现。这一章会介绍各种关于气候与风暴的科学事实，穿过媒体的"暴风骤雨"并梳理出真相，最后证明飓风和龙卷风灾害并没有表现出任何肇始于人类影响的变化。

首先，我们先来了解一点点背景。从技术角度上说，"飓风"这个术语是指发生在大西洋或东太平洋的热带气旋，在西太平洋地区称作"台风"，在孟加拉湾和北印度洋地区干脆就叫"气旋"，但它们本质上都是风暴。我这里不会对这些称呼做任何区分，统一使用美国常用的术语"飓风"来指代它们。这类风暴灾害的波及范围可达数百英里，特点是中心为低压区（风眼），周围则是螺旋分布（北半球逆时针、南半球顺时针）、会产生强降水的雷暴和龙卷风。风眼处气压越低，周围的风就越强。飓风的风速超过每小时 119 千米（74 英里）。如果风暴强度达不到飓风这个程度，那就叫“热带风暴”；要是比热带风暴还弱，那就叫“热带低气压”。飓风的强度按萨菲尔-辛普森等级划分，从 1 级到 5 级。②大风暴（3 级到 5 级）的风速超过每小时 179 千米（111 英里）。

飓风是由诞生于赤道沿线海洋区域的热带低气压（低压区）发展而来的。飓风形成后向两极移动，具体路径取决于沿途风向，大多数永远不会登陆。全球每年大约会发生 48 次飓风事件，2/3 在北半球（飓风季是 6 月到 9 月），1/3 在南半球（飓风季是 11 月到次年 5 月）。总体来说，大约 60% 的飓风发生在太平洋，30% 在印度洋，10% 在北大西洋，南大西洋很少出现飓风。

除了每年追踪各处地点、各个类别的飓风数量，科学家还开发了其他测量风暴活动的方法。一是气旋能量指数（ACE），结合了风暴的数量和强度，根据强度对每个风暴作加权（按风速的平方加权）。③二是功率耗散指数（PDI），统计方法与气旋能量指数类似，但给予强风暴的权重甚至更大（按风速的立方加权）。④

飓风的详细记录可以追溯到 1966 年卫星气象观测的出现。谁没见过那种圆形云图包围风眼的照片呢？另外尽管不够完整，但飞机观测记录也可以追溯到 1944 年前后。不过，再往前追溯，就只有那些登陆了的飓风数据了，偶尔还有一些不幸遭遇飓风的船只报告。要是还想往前追溯，就只能依靠历史报告和各种代用指标了（这个领域的研究有个美

---

① Mack, Eric. “This Era of Deadly Hurricanes Was Supposed to Be Temporary. Now It's Getting Worse.” Forbes, October 7, 2020. https://www.forbes.com/sites/ericmack/2020/10/07/this-era-of-deadly-hurricanes-was-supposed-to-be-temporary-now-its-getting-worse/.

② US Department of Commerce, NOAA. “Saffir-Simpson Hurricane Scale.” National Weather Service, June 14, 2019. https://www.weather.gov/mfl/saffirsimpson.

③ Climate Prediction Center Internet Team. “Background Information: North Atlantic Hurricane Season.” NOAA Center for Weather and Climate Prediction, Climate Prediction Center, May 22, 2019. https://www.cpc.ncep.noaa.gov/products/outlooks/Background.html.

④ Villarini, Gabriele, and Gabriel A. Vecchi. “North Atlantic Power Dissipation Index (PDI) and Accumulated Cyclone Energy (ACE): Statistical Modeling and Sensitivity to Sea Surface Temperature Changes.” Journal of Climate 25 (2012): 625-637. https://journals.ametsoc.org/jcli/article/25/2/625/33791/North-Atlantic-Power-Dissipation-Index-PDI-and.

妙的名字叫“古风暴学”）。因此，要想研究跨度70年以上（在人类开始显著影响地球气候之前）的飓风强度、频率变化趋势，我们就必须纠正不精确和不完备的观测记录——遗憾的是，这样的观测记录在气候科学中实在是太常见了。

形成飓风的低压区肇始于温暖海面上空的水汽。这些温暖水汽上升到高层大气后会凝结并释放热量。这与飓风形成后的生长和维持过程是一模一样的。因此，你可能会认为，当海面变暖时，飓风活动就可能会稳定增加。遗憾的是，实际情况没有那么简单，图6.1中的北大西洋飓

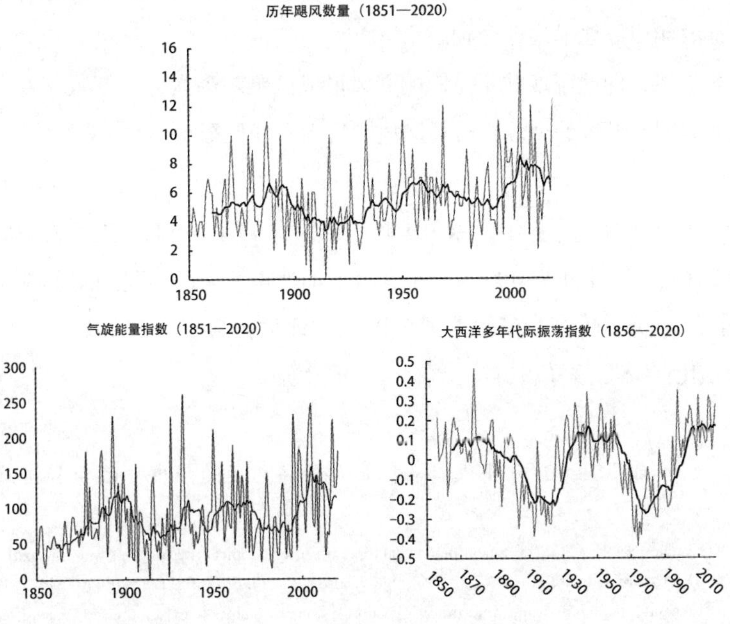

图6.1

1851—2020年间北大西洋历年飓风数量（上）和气旋能量指数（左下）。右下图展示的则是从图4.4中选取的大西洋多年代际振荡指数。在上述三张图中，灰色线代表历年变化，黑色线则代表10年追踪平均值。[①]

① Department of Atmospheric Science, Tropical Meteorology Project, Colorado State University. “North Atlantic Ocean Historical Tropical Cyclone Statistics.” 2020. http://tropical.atmos.colostate.edu/Realtime/index.php?arch&loc=northatlantic.

风气旋能量指数与历年数量长期记录就很好地说明了这一点。大西洋多年代际振荡（也就是我们在第四章中提到过的 AMO）的长期波动会影响飓风形成区域的海面温度，从而增强或抑制飓风活动。

即使海洋温度非常高，要想形成飓风还必须有恰到好处的大气条件。图 6.2 展示了飓风功率耗散指数随海面温度的变化情况。如你所见，在 2008 年之前，强飓风活动与海面温度联系紧密，但在那之后，这种联系消失了。这是因为还有大量其他环境因素①在发挥作用，比如风切变（风速或风向随高度的变化）②、撒哈拉沙尘，而现在的所有模型都没能很好地描述这两种因素。③④

当然，即使温度并不是影响飓风形成的唯一因素，也不意味着自然或人为因素导致的全球变暖对飓风灾害没有任何影响。

2016 年夏天，我给一家美国政府机构当顾问，因而调查了人类影响是否在过去几十年里让飓风灾害变得更加严重。为此，我翻阅了（当时最新的）美国政府发布的美国全国气候评估报告（NCA2014）。其中，“关键信息 8”这样写道：

自 20 世纪 80 年代以来，北大西洋飓风的强度、频率和持续时

① Emanuel, K. A. “Environmental factors affecting tropical cyclone power dissipation.” Journal of Climate 20 (2007): 5497-5509. https://doi.org/10.1175/2007JCLI1571.1.

② Kossin, J. “Hurricane intensification along United States coast suppressed during active hurricane periods.” Nature 541 (2017): 390-393. https://doi.org/10.1038/nature20783.

③ Evan, Amato T., Cyrille Flamant, Stephanie Fiedler, and Owen Doherty. “An Analysis of Aeolian Dust in Climate Models.” Geophysical Research Letters 41 (2014): 5996-6001. https://agupubs.onlinelibrary.wiley.com/doi/full/10.1002/2014GL060545.

④ Vecchi, G. A., T. L. Delworth, H. Murakami, et al. “Tropical cyclone sensitivities to CO_2 doubling: roles of atmospheric resolution, synoptic variability and background climate changes.” Climate Dynamics 53 (2019): 5999-6033. https://link.springer.com/article/10.1007/s00382-019-04913-y.

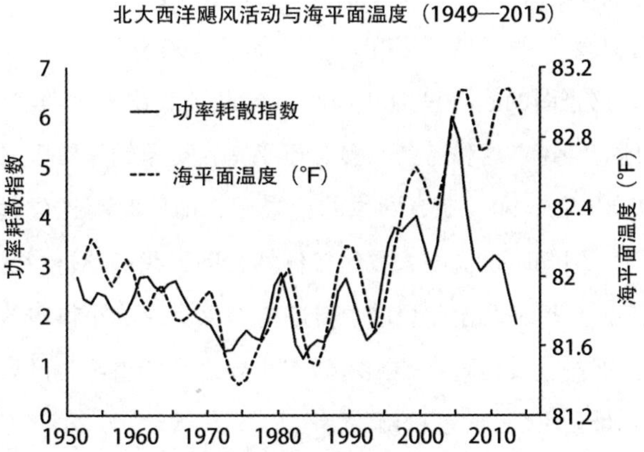

图 6.2

1949—2015 年间，北大西洋历年飓风功率耗散指数与海平面温度变化。图中数据以 10 年为间隔作平滑处理。①

间，以及最大强度飓风（4 级和 5 级）的发生频率，都上升了。人为因素和自然因素在上述增长中起到的相对贡献仍不明确。随着全球气候持续变暖，预计与飓风相关的风暴强度和降水率也会上升。②

报告还用一张图（重绘后成了这里的图 6.3）支撑这个论点。这张图显示，北大西洋值得警惕的功率耗散指数上升（也意味着强度最高的一类飓风）是自 1981 年开始出现的。虽然图 6.2 中清晰可见的下降趋

① Emanuel, K. A. 2016. Update to data originally published in: Emanuel, K. A. 2007. "Environmental factors affecting tropical cyclone power dissipation." J. Climate 20 (22): 5497 - 5509. https://www.epa.gov/climate-indicators/climate-change-indicators-tropical-cyclone-activity.

② Melillo, Jerry M., Terese (T. C.) Richmond, and Gary W. Yohe, eds. 2014. Climate Change Impacts in the United States: The Third National Climate Assessment. U. S. Global Change Research Program, 841. doi: 10.7930/J0Z31WJ2., 41.

势在图 6. 3 中也有体现，但 NCA2014 强调了总体上升趋势。于是，在非专业人士看来，我们遇到了麻烦——而且未来会更麻烦。

然而，这张图的起点只是 1970 年，勾起了我作为科学家的好奇心，我很自然地想知道：**这种趋势有多么不平常？更早的年份里又发生了什么？**在 1970 年之前许久就有飓风的记录了，即便时间越久远，数据不确定性越大，但知晓过去的大致趋势仍然有助于我们分析当前的变化趋势。举例来说，过去几十年里的上升趋势在人类影响小得多的过去是否也出现过？那些直线是否真的预示着未来要发生的事？无论如何，气候数据通常总是会出现数不清的起伏。

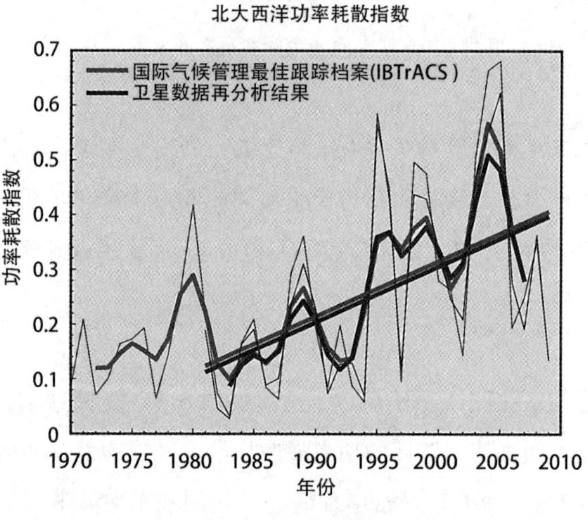

图 6. 3

北大西洋功率耗散指数。图中展示了两种不同的数据分析结果，两条直线分别代表了两种结果背后的变化趋势。(NCA2014，图 2. 23)

为此，我详细研究了这份评估报告引用的主要文献。出乎我意料的是，我发现这篇文献相当明确地指出，除了自然变化之外，并**没有**显著变化趋势，无论是飓风发生频率、强度、降水量，还是风暴潮导致的洪水情况。①

这与美国全国气候评估报告这张令人警醒的图完全不同，于是，我再次查阅报告，并且更加透彻地搜索全文。结果，我在 769 页附录 3 的正文深处发现了这句声明：

> 全球热带气旋的数量没有明显变化趋势，登陆美国的飓风数量同样没有什么确定的变化趋势。②

哇！我思忖。**这可真意外，而且确实相当重要。那为什么不把这句声明作为关键信息放在前面呢？**

在专家们撰写 2014 年美国全国气候评估报告时，几乎不可能不知道飓风数据并没有体现显著变化趋势。实际上，在 2013 年末就能看到的 IPCC 第五次评估报告（AR5）中，就清楚说明了“飓风活动存在长期上升趋势”这一论断置信度为低。另外，2012 年的一项研究重建了远至 1880 年的功率耗散指数，结果同样表明最近几十年里的情况并没有什么特别。这项研究的报告还特别提到：“相较 1995 年后飓风活动加剧的这段时间，1949 年之前的有些时段其实飓风活动还要更活跃一些。”③ 换句话说，即便在人类对气候产生显著影响之前，也存在飓风

---

① Knutson, Thomas R., John L. McBride, Johnny Chan, Kerry Emanuel, Greg Holland, Chris Landsea, Isaac Held, James P. Kossin, A. K. Srivastava, and Masato Sugi. “Tropical Cyclones and Climate Change.” Nature Geoscience 3 (2010): 157-163. https://www.nature.com/articles/ngeo779.

② USGCRP. Climate Change Impacts in the United States: The Third National Climate Assessment. “Appendix 3: Climate Science Supplement,” page 769. http://nca2014.globalchange.gov/report/appendices/climate-science-supplement.

③ Villarini, Gabriele, and Gabriel A. Vecchi. “North Atlantic Power Dissipation Index (PDI) and Accumulated Cyclone Energy (ACE): Statistical Modeling and Sensitivity to Sea Surface Temperature Changes.” Journal of Climate 25 (2012): 625-637. https://journals.ametsoc.org/jcli/article/25/2/625/33791/North-Atlantic-Power-Dissipation-Index-PDI-and.

活跃程度至少与如今相当的时期。

无论是因为大西洋多年代际振荡现在正处于“高”位（见图 6.1），还是因为别的什么原因，总之，相比 20 世纪 70 年代，自 20 世纪 90 年代中期以来的飓风活动确实愈加频繁。然而，如果把最近几十年的记录放在整个历史背景下，NCA2014 中强调的功率耗散指数上升趋势并不特别令人意外。图 6.4 展示了 1949—2019 年间历年北大西洋功率耗散指数的情况。其中，粗大的直线代表 NCA2014 大力凸显的趋势。鉴于数据每年变化巨大，我们完全可能在 1960 至 1985 年间画出一条斜率同样大的**下降**趋势直线。换句话说，NCA2014 并没有囊括 1971 年之前那些会让凸显的趋势变得不那么显著的数据。

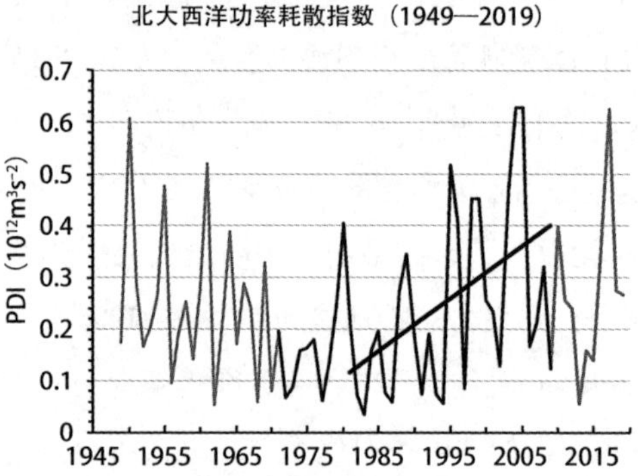

图 6.4

1949—2019 年间北大西洋功率耗散指数。黑色数据和趋势线就是 NCA2014 强调的重点（见图 6.3），灰色数据则展现了 1971 年前和 2009 年之后的情况。①

接下来发布的美国全国气候评估报告，也就是 2017 年发布的 CSSR

① Data prior to 2009 from Reference 14; data post 2008 as derived by Ryan Maue at www.climatlas.com from HURDAT2 data, https://www.nhc.noaa.gov/data/#hurdat.

继续在飓风问题上执行“埋没导语”[1] 策略。其第 9 章的关键发现 1 这样写道：

> 在大西洋观测到的海洋-大气变化中，人类活动是重要影响因素。(置信度中等) 另外，在已观测到的北大西洋飓风活动自 20 世纪 70 年代开始的上升趋势中这些变化也产生了影响。(置信度中等)[2]

对于一项关键发现来说，这样的表述实在是无力——人类活动影响大西洋变化置信度为中等（**那么，到底影响有多深?**），接着又说这种变化影响已观测到的上升趋势置信度为中等（**那么，到底影响有多深?**）。即便如此，相比这份报告 9.2 节中阐述这一问题的说明性文字，这个关键发现的表达也算坚定许多了：

> ……即便考虑到观测能力的变化，任何关于热带气旋活动存在长期（几十年到一百年）上升趋势的论断置信度均为低……这并不意味着热带气旋活动并没有上升，而是说目前的数据质量还不足以判定热带气旋活动肯定或很可能存在长期上升趋势。另外，有观点认为，在数据质量最高的观测时段（1980 年前后至今），在全球范围内观测到的环境变化并不必然与可观测到的热带气旋强度变化趋势存在联系。也就是说，到目前为止，趋势信号尚未强到足以从自然过程导致的背景波动中脱离出来的程度。

---

① 指在报道中，将最重要的信息放在次要位置，致使读者忽略。——译者

② USGCRP. Climate Science Special Report：Fourth National Climate Assessment，Volume I：Chapter 9. https://science2017.globalchange.gov/chapter/9/.

哇！让我们稍稍回退一步，仔细品味最后那几句话：“在全球范围内观测到的变化……并不必然与可观测到的……趋势存在联系……趋势信号尚未强到足以从自然过程导致的背景波动中脱离出来的程度。”如果我们连长期变化趋势是否存在都不能肯定，那必然也不能信心满满地把这样的变化归咎于人类影响。

美国国家科学院对 CSSR 的评审更是加倍运用了“埋没导语”策略。①其中第 38 页建议 CSSR 强调功率耗散指数在近几十年中的上升趋势（然而根据我们在图 6.4 中看到的，这个现象谈不上不同寻常），即便我们还没有理解其成因。

2017 年 CSSR 对飓风的讨论严重违反了费曼的威森食用油警告，亦即科学家必须“要尽可能提供全部信息，从而帮助别人判断你所做贡献的价值，而不是仅仅提供指向某个特定结论的信息”。

最近的研究也只能让热带气旋“新闻”更加稀缺。2019 年，一篇由 11 位热带气旋专家共同撰写的具有里程碑意义的论文非比寻常，因为它体现了专家意见的多样性。②这些作者发现，在所有可监测到的热带气旋活动变化中，最可靠的是：西北太平洋区域的风暴平均路径正极其缓慢地向北移动（在过去 70 年里，每 10 年纬度向北移动 0.19°±0.125°，$1^{1/2}\sigma$ 结果）。此外，即便是这么缓慢、这么微小的变化（每 10 年 21 公里或 13 英里），11 位作者中仍有 8 位只是给出了低到中的置信

---

① National Academies of Sciences. “Review of the Draft Climate Science Special Report.” The National Academies Press, March 14, 2017. https://www.nap.edu/catalog/24712/review-of-the-draft-climate-science-special-report.

② Knutson, Thomas, Suzana J. Camargo, Johnny C. L. Chan, Kerry Emanuel, Chang-Hoi Ho, James Kossin, Mrutyunjay Mohapatra, et al. “Tropical Cyclones and Climate Change Assessment: Part I: Detection and Attribution.” Bulletin of the American Meteorological Society 100 (2019): 1987–2007. https://journals.ametsoc.org/doi/abs/10.1175/BAMS-D-18-0189.1

度。最重要的是，大多数作者对“目前观测到的其他热带气旋变化不能完全归因于自然变化”这个说法给出的置信度都很低。①

我没能找到关于这篇论文的任何媒体报道（甚至新闻稿都没有）。相反，媒体仍在继续大力鼓吹那些并没有坚实证据支持的所谓“预警”。举例来说，为了给另一项研究发表造势，《今日美国》（*USA Today*）头版新闻用了标题《研究表明全球变暖导致飓风更剧烈》。②在那项研究中，研究人员使用了一项新方法分析热带气旋的卫星图像，进而得到风暴强度。③他们发现，北大西洋盆地出现了风暴变强的短期趋势。他们把这一现象同多年代际变化联系在一起，并称这种变化“让检测结果变得复杂，因为这种变化背后的气候驱动因素尚不明确”。他们最后得到的结论如下：

> 总之，有许多因素会影响热带气旋强度的特征和我们现在观测到的相关变化，本研究并无意图厘清所有因素。尤其需要指出的是，本实证研究中确定的显著趋势并不构成传统的正式监测，同时也无法精确量化人为因素在热带气旋强度变化中起到的作用。

---

① For another recent analysis showing no long-term trends in Atlantic hurricanes over more than a century, see also Loehle, C., and E. Staehling. “Hurricane trend detection.” Natural Hazards 104 (2020): 1345-1357. https://link.springer.com/article/10.1007/s11069-020-04219-x#Abs1.

② Rice, Doyle. “Global warming is making hurricanes stronger, study says.” USA Today, May 18, 2020. https://www.usatoday.com/story/news/nation/2020/05/18/global-warming-making-hurricanes-stronger-study-suggests/5216028002/.

③ Kossin, James P., Kenneth R. Knapp, Timothy L. Olander, and Christopher S. Velden. “Global Increase in Major Tropical Cyclone Exceedance Probability over the Past Four Decades.” PNAS: Proceedings of the National Academy of Sciences 117 (22): 11975-11980. https://www.pnas.org/content/early/2020/05/12/1920849117.

然而，《今日美国》这篇报道的第二句话就毫不含糊地说：“人类导致的全球变暖已经让全球范围内的飓风、台风和各类气旋风速更快。”

媒体气候报道的典型特征是不准确，但《今日美国》的这篇报道显然不止如此。事实是：认为全球变暖在某些情况下导致飓风活动产生某种变化并非不合理，只是就目前来说，的确没有任何证据能佐证这种观点。没错，飓风导致的经济损失在不断上升，但这是因为近海岸地区人口更多、有价值的基础设施也更多，并不是因为风暴的特征在发生长期变化。①另外，虽然风暴的确有可能在未来变得更糟，但基于风暴预测模型的评估显示，人为因素导致全球升温2℃（3.6℉）时风暴活动的变化很难被定性为“灾难性的”——在对许多风暴活动（但并非全部）的测度中，置信度为中到高的是强度上升10%～20%。②③

无论未来情况如何，目前评估报告中对飓风数据的描述都因为不完整而带有误导性。这些报告违反了在华盛顿特区美国国家科学院大楼显眼位置的爱因斯坦的著名格言：“探寻真理的权利也包含着一种义务，也就是不能隐瞒我们所认识到的真实的任何部分。”说到媒体，他们把

---

① Weinkle, Jessica, Chris Landsea, Douglas Collins, Rade Musulin, Ryan P. Crompton, Philip J. Klotzbach, and Roger Pielke. “Normalized Hurricane Damage in the Continental United States 1900—2017.” Nature Sustainability 1 (2018): 808 - 813. https://www.nature.com/articles/s41893 - 018 - 0165 - 2; Pielke, Roger. “Economic ‘normalisation’ of disaster losses 1998—2020: a literature review and assessment.” Environmental Hazards, August 5, 2020. https://www.tandfonline.com/doi/abs/10.1080/17477891.2020.1800440?journalCode=tenh20.

② Knutson, Thomas, Suzana J. Camargo, Johnny C. L. Chan, Kerry Emanuel, Chang-Hoi Ho, James Kossin, Mrutyunjay Mohapatra, Masaki Satoh, Masato Sugi, Kevin Walsh, and Liguang Wu. “Tropical Cyclones and Climate Change Assessment—Part II: Projected Response to Anthropogenic Warming.” Bulletin of the American Meteorological Society 101 (2020): E303-E322. https://journals.ametsoc.org/doi/pdf/10.1175/BAMS-D-18-0194.1.

③ The 2020 North Atlantic season was active, with a record number of named storms, but was not unprecedented by almost all other measures. Its ACE was exceeded by 12 earlier years, half of those before 1950.

飓风塑造成人类导致的气候变化后果的一个例子，这种做法往好了说是难以令人信服，往坏了说是明显的欺骗。

当然，飓风并不是唯一一种造成严重破坏并屡屡登上新闻头版的风暴。虽然龙卷风在全球各地均有发生，但美国的龙卷风数量是最多的。在美国，龙卷风多发于春季，从得克萨斯州北部到南达科他州都是龙卷风多发地，形成了一条“龙卷风走廊”。我们基本无法预测龙卷风何时何地出现，龙卷风的运动路径看上去也颇为随机，平均移动总长约为 8 千米（5 英里），规模相当有限（一般直径在 160 米，也就是 500 英尺左右，但有些可以比这个规模大几倍），但它们在狭长的运动路径上会造成相当严重的破坏。除了雷击之外，龙卷风或许是最有“针对性”的极端天气事件了。

说到这里，我们自然要问：气候变化是否导致龙卷风灾害也发生了变化——随着人类对气候的影响持续增长，龙卷风灾害未来又会如何变化？作为科学家，回答这些问题的起点一定是查阅数据。

图 6.5 展示了美国历年龙卷风数量情况。毫无疑问，这张图体现的绝不是什么好消息：在过去 20 年里，龙卷风的出现频率是 1950 年后 20 年里的 2 倍多——而最近这 20 年恰恰是全球显著变暖的时期。

然而，这其实是“相关性陷阱”的一个完美例证。谷歌一下便能发现，1950 年后发生频率翻倍的事件有许多，比如渔船数量和电影暴力数量，而这些变化趋势显然与气候变化无关。说回龙卷风，这种“趋势”的关键在于我们必须明白相关数据是怎么编制的——数据的编制方式常常与数据本身同样重要。所以，我们是怎么计算龙卷风数量的？

如今，天气雷达可以在 160 多千米（100 多英里）之外监测到极为微弱的龙卷风。然而，在大规模部署天气雷达之前，强度较小的龙卷风并不总能记录在案。高强度龙卷风沿途会留下明显的破坏痕迹，但强度没那么高的龙卷风则可以做到“来去无踪”，在人口稀少的地区尤为如此。要想准确知晓龙卷风数量在过去 70 年里的真实变化，就必须纠正早期记录中强风暴占比过多的观测偏差。

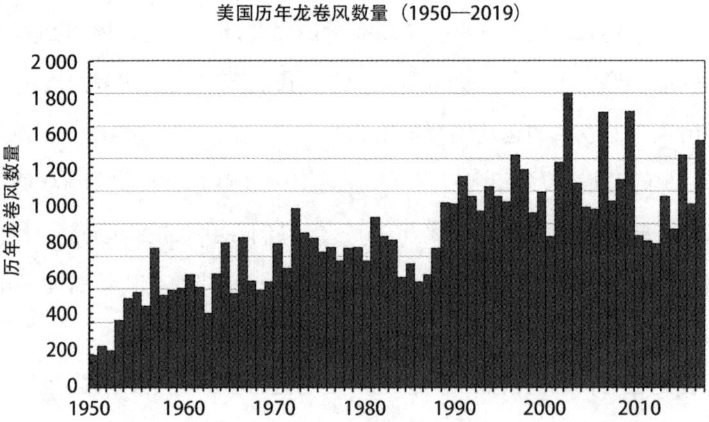

图 6.5

1950—2019 年间，美国国家海洋和大气局在本土 48 州观测记录到的历年龙卷风数量。①

我们通常用改良藤田级数衡量龙卷风强度。原版藤田级数诞生于 1971 年，改良版本则在 2007 年投入应用。EF0 代表极弱的龙卷风，而 EF5 则代表那些风速超过 260 英里/小时的强龙卷风。在如今的美国，记录在案的所有龙卷风中 60% 分级为 EF0，而在 1950 年，这类龙卷风却只占到记录总数的 20% 左右。这意味着，之所以会在最近几十年里记录

① NOAA National Centers for Environmental Information (NCEI). “Tornadoes—Annual 2019.” National Climatic Data Center, January 2020. https://www.ncdc.noaa.gov/sotc/tornadoes/201913.

到龙卷风数量增长，基本就是因为我们统计到了更多原来无法纳入统计的弱龙卷风——实际上，美国国家海洋和大气局就是这么说的。①

要想纠正过去观测记录中弱龙卷风占比过少的偏差，我们可以只考察 EF1 等级以上的龙卷风（这些龙卷风最有可能造成明显的破坏）。于是，我们就得到了图 6.6 中的两张小图。上面这张图记录的是强度在 EF1 及以上的美国龙卷风数量，虽然隐约有一个 40 年的变化周期，但在过去 60 年中并没有显示明显变化趋势。下面这张图仅考察强度最高的那些龙卷风（EF3 及以上），结果显示自 1954 年起的 60 年中，这类最高强度的龙卷风数量**下降**了大约 40%。换句话说，自 20 世纪中叶人类对地球气候影响显著增加之后，美国较高强度龙卷风数量根本没有发生显著变化，且最高强度龙卷风数量反而还减少了。

即使总数下降，龙卷风的主要分布地也已经从大平原中部和南部转移到了中西部和东南部。②其他龙卷风属性的变化趋势就没那么确定了。正如 CSSR 强调的那样，最近几十年里，龙卷风灾害的变化很大——每年出现的天数变少，但出现多起龙卷风的天数增加。③这点在图 6.7 中有所体现，这张图绘制了 1955—2013 年间美国龙卷风活动的年度变化。

导致龙卷风活动在过去几十年内发生此类变化的自然因素和人为因素都尚不明确。实际上，龙卷风本身就很难预测：我们知道龙卷风形成

① NOAA NCEI. "Historical Records and Trends: Ratio of (E) F-0 Tornado Reports to Total Reports." National Climatic Data Center, 2020. https://www.ncdc.noaa.gov/climate-information/extreme-events/us-tornado-climatology/trends.

② Gensini, V. A., and H. E. Brooks. "Spatial trends in United States tornado frequency." npj Climate and Atmospheric Science 1 (2018). https://www.nature.com/articles/s41612-018-0048-2.

③ USGCRP. Climate Science Special Report: Fourth National Climate Assessment, Volume I: Chapter 9: Extreme Storms. https://science2017.globalchange.gov/chapter/9/.

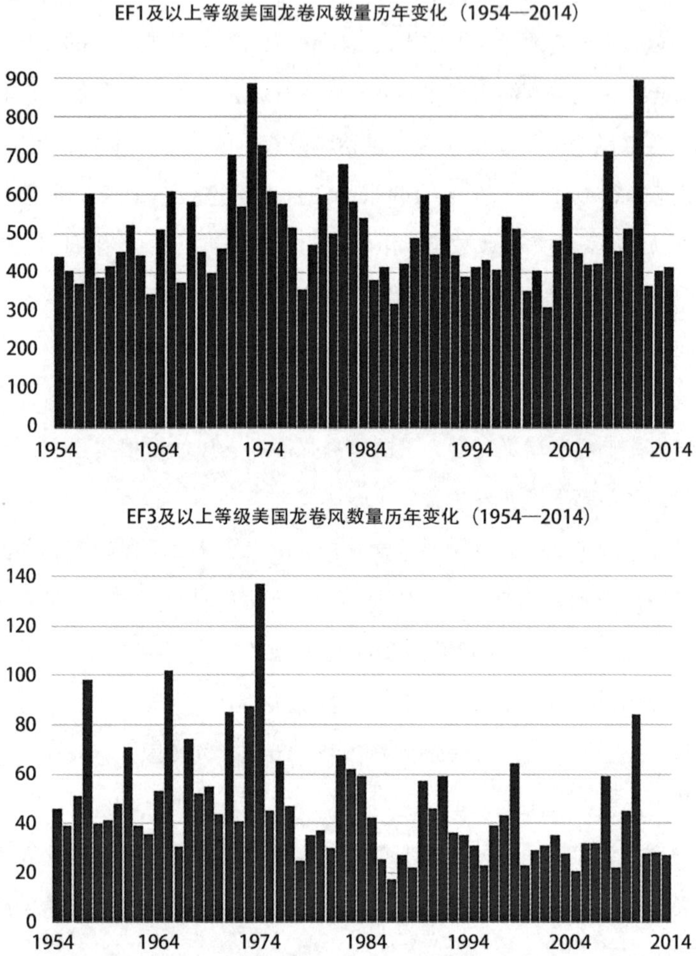

图 6.6

1954—2014 年间美国国家海洋和大气局在本土 48 州观测记录到的历年龙卷风数量。上图代表的是等级在 EF1 及以上的较高强度龙卷风数量；下图代表的则是强度在 EF3 及以上的最高强度龙卷风数量。①

① NOAA NCEI. “Historical Records and Trends: Ratio of (E) F-0 Tornado Reports to Total Reports.”

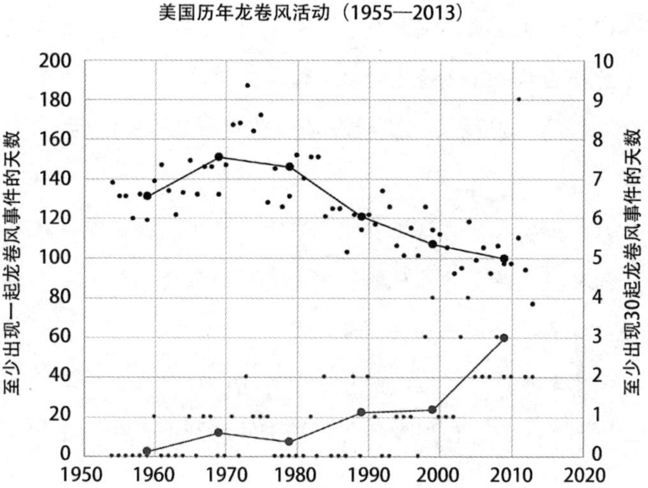

图 6.7

美国本土历年龙卷风活动。黑色点代表历年中至少出现一起 EF1 及以上等级龙卷风的天数，更大的黑色圆形和黑色线则代表这类龙卷风天数的 10 年平均值。灰色点代表历年中至少出现 30 起 EF1 及以上等级龙卷风的天数，相应地，更大的灰色圆形和灰色线则代表这类龙卷风天数的 10 年平均值。(改编自 CSSR 图 9.3。)

于雷暴，但又不是所有雷暴都能催生龙卷风——哪怕雷暴的温度和湿度分布、风切变、“自旋”都有利于龙卷风形成，也未必最终会形成龙卷风。然而，我们**可以**自信地把一个与龙卷风相关的重大变化归因于人类活动——尽管不是以人们通常想到的方式：美国现在每年死于龙卷风灾害的人数已经不到 1875 年水平的 1/10（现在的死亡占比大约是每 10 万人 0.02 人），这很大程度上要感谢雷达预警系统性能的提升。①

① Brooks, Harold E., and Charles A. Doswell III. “Deaths in the 3 May 1999 Oklahoma City Tornado from a Historical Perspective.” Weather and Forecasting 17 (2002): 354-361. https://journals.ametsoc.org/waf/article/17/3/354/40162/Deaths-in-the-3-May-1999-Oklahoma-City-Tornado.

至于龙卷风未来会如何变化，我们对气候模型和龙卷风形成因素的讨论都明白无误地表明，预测龙卷风实在是一件不确定度极高的事。然而，并不意外的是，媒体还是会忍不住至少暗示未来还会更糟。举例来说，《纽约时报》就援引了斯坦福大学一位气候科学家的话：

> 我们确实有强力证据表明，在大尺度上，全球变暖很有可能会让大气环境变得更易出现能引发龙卷风的强雷暴天气……我们只是无法从噪声中分辨出相关信号。①

与此同时，IPCC 在 2018 年的极端事件特别报告在第 3 章的摘要中写道：

> 对龙卷风等小尺度现象的预测结果置信度低，因为相互竞争的物理过程可能会影响这类现象的未来变化趋势，也因为现在的气候模型不会模拟这类现象。

对龙卷风属性未来变化的任何可信预测都必须能解释历史记录中的变化趋势，比如最高强度龙卷风的数量下降。根据我所知的情况，目前我们还没能做到这点。因此，如果一定要说点什么的话，我只能表示，在此前全球不断变暖的 75 年里，美国龙卷风变得更加温和了，而且我们现在还没有足以预测龙卷风未来变化的可靠方法。

遗憾的是，上述最后一点在气候科学中并非个例。下一次听到

① Pierre-Louis, Kendra. "As Climate Changes, Scientists Try to Unravel the Effects on Tornadoes." New York Times, August 8, 2018. https://www.nytimes.com/2018/08/08/climate/tornadoes-climate-change.html.

有人——无论他是科学家，气象预报员，还是政客——声称人类正在让风暴变得更加猛烈、让天气变得更加糟糕时，请记住这些内容。

第七章

降水风险——从洪水到野火

2009 年 5 月，我加入了奥巴马政府，因而同妻子搬去了马里兰州的郊区切维·蔡斯，就在华盛顿特区北边。那年的春天风和日丽，夏天不甚可爱，秋天气候宜人，但这一切都得让位于首都地区有史以来降雪量最大的冬天——那年冬天最大的一次暴风雪在 2 天内的降雪量达到 28 英寸，被当地媒体称为“雪灾”（Snowmageddon）。有两次，因为无法铲除前门积雪，我们一连数天困在屋子里，既没有电，也没有暖气，只依靠最古老的能源——壁炉里的木柴取暖。当时，联邦政府也关了好几天。

正如现在我们遇到意外天气现象时已经习惯了的一样，“气候变化”这个术语在那一事件中被提及。当时，有一部分人断言，气候变化显然在强降雪中发挥了重要作用，另外一些人——尤其是那些坚称人类导致气候变化的任何证据都是某种“骗局”的人——则鼓吹，“雪灾”现象恰恰“证明”地球根本就没有变暖。

哥伦比亚大学的心理学研究人员发现，天气会以一种相当简单的方式影响我们对气候变化的看法。当我们觉得天气比以往暖和时，很可能就会担心全球气候变暖，反之亦然——只不过，正如我经常在这本书中提到的那样，天气和气候根本不是一回事，这是一个基本事实。[①]天气和气候之间的关系很复杂，与降水有关的天气现象尤其如此——所谓“降水”，也就是降雨和降雪。举个例子，虽然听上去有些反直觉，但温度的上升实际上会导致更多降雪——例如，如果最低温度上升，导致北冰洋在冬季都无法结冰，那么就会有更多水通过蒸发进入大气。

由于气候是几十年跨度内的统计学概念，没有任何独立天气事件可以肯定地归因于人类影响，但人类影响确实可能会导致“雪灾”，或者说，让降雪增多。不过，同所有科学案例一样，我们最终还是要通过比较数据才能判定这类命题的真假——在这个例子中，数据就是长期范围内平均天气的变化。

幸运的是，在几乎所有发达国家，核查天气的长期变化趋势都不是件难事。图 7.1 展示了华盛顿特区历年降雪总量。在数据覆盖的 130 年（1889—2018 年）间，总降雪量整体呈下降趋势，且大约下降了 40% 左右。不过，15 年追踪平均数据则起起伏伏，年与年之间的变化就更大了。

所以，“雪灾”事件究竟有多不同寻常？我们可以从一张华盛顿特区降雪最多和最少的冬天列表中加以判断。②2009—2010 年的“雪灾”之冬确实是 1888 年以来降雪最多的冬天，这在图 7.1 中也得到了充分体现。然而，（勉强能算）降雪量第二多的是 1898—1899 年的冬天，那是不止 1 个世纪前的事了，也是人类活动显著影响地球气候之前许久。在降雪量最多的 15 个年份中，有 7 个（大约一半）发生在 1950 年之后——这是降雪量本身没有明显变化趋势时应当出现的结果（1950—2017 年总计 67 年，大约也是 130 年数据跨度的一半）。另一方面，在降雪量最少的 15 个年份中，有 5 个都出现在 2000 年之后的 18 年中——要

① Li，Ye，Eric J. Johnson，and Lisa Zaval. “Local Warming：Daily Temperature Change Influences Belief in Global Warming.” Psychological Science 22（2011）. https：//journals. sagepub. com/doi/abs/10. 1177/0956797611400913.

② Livingston，Ian，and Jordan Tessler. “Everything You Ever Wanted to Know about Snow in Washington，D. C.，Updated.” Washington Post，February 9，2018. https：//www. washingtonpost. com/news/capital-weather-gang/wp/2018/02/09/everything-you-ever-wanted-to-know-about-snow-in-washington-d-c-updated/.

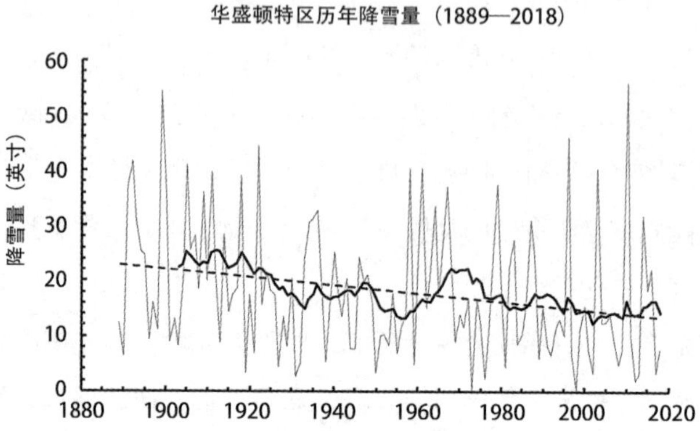

图 7.1

1889—2018 年间华盛顿特区历年低温季节降雪量。虚线代表这 130 年间的总趋势，实线则代表 15 年追踪平均值。以历年 1 月份的降雪量情况作为数据标记时点。①

是降雪量本身没有明显变化趋势的话，这个数字应该是（18×15）/130，也就是 2 左右。要是降雪量本身没有明显变化趋势，降雪量最少的 15 个年份中有 5 个及以上集中出现在 18 年内的概率小于 3%。因此，极端降雪量年份的统计记录与历年总降雪量的变化趋势相符，这意味着：如果一定要说人类影响让降雪量发生了变化的话，那就是人类活动让华盛顿特区的降雪量变少了，而不是变多了。

当然，18 年的时间跨度几乎很难说明任何气候相关内容，更不要说是气候变化了。另外，相对整个地球来说，华盛顿地区也是很小的一处地域。为了更好地判断与降水相关的事件——降雪和降雨，干旱和洪水，以及野火——可能产生了何种变化，我们需要考察在过去 1 个世纪

---

① Livingston, Ian. "Snowfall Shows a Sharp Long-Term Decline in the Washington Region, but Some Trends Are Surprising." Washington Post, November 29, 2018. https://www.washingtonpost.com/weather/2018/11/29/snowfall-shows-sharp-long-term-decline-washington-region-some-trends-are-surprising/.

全球变暖过程中的整体降水情况。干旱的严重程度是上升还是下降？洪水是越来越多发还是越来越少见？野火是越来越频繁还是越来越罕见？为了回答这些问题，我们还是得求助于数据，并且看看上述问题的答案对那些更棘手的疑问有什么启发。比如说，随着人类影响不断上升，未来还会发生何种变化？

从本质上说，地球总水量基本固定。几乎所有地球水（大约 97%）都在海洋里，剩下的几乎都在陆地上——以冰雪（尤其是格陵兰和南极冰盖）、河流、湖泊以及地下水的形式存在。不过，正如我们在第二章中看到的那样，大气虽然只贮存了地球总水量的 10 万分之一左右，却能对地球气候起到关键性作用——水汽是最为重要的温室气体，而云又是地球反照率的主要来源。

太阳能在上述各类水库之间移动水，形成所谓的“水循环”。这个循环中最大和最活跃的部分是水从地球表面进入大气（这类流动中，85% 是海洋水的蒸发，其他 15% 则是陆地水，其中大部分是植物蒸发）。平均而言，这些水会在高空停留 10 天，之后凝结，以雨或雪的形式落回地面（77% 落入海洋，23% 落在地表）。

降水量取决于空气中的水汽含量和空气温度。水汽会凝结成水或冰——等到温度下降时便落下。这就是为什么你在大冬天能看到自己呼出的温暖、潮湿的雾气。也正是因为这个原因，虽然全球年平均降水量为 980 毫米（38.6 英寸）——这就是说，如果全球各地每年降水量都相等，那么我们每个人所在地的降水量都大约是那么多，但实际上，降水量随天气、季节和（最重要的）地点的变化非常大。①从全球角度看，赤道附近的降水量较高（温暖、潮湿的空气上升并冷却后，大部分蒸发

① New, Mark, Martin Todd, Mike Hulme, and Phil Jones. “Precipitation measurements and trends in the twentieth century.” International Journal of Climatology 21 (2001): 1889–1922. https://rmets.onlinelibrary.wiley.com/doi/pdf/10.1002/joc.680.

了的水又会回到地球表面），而在干燥空气下沉的地区降水量则较低，从而形成了赤道两侧的沙漠带。全球最干燥的地方位于南美洲，智利阿卡塔马沙漠的北部边缘地带：阿里卡的年平均降水量为 0.6 毫米（0.02 英寸）。最潮湿的地方则是印度的毛辛拉姆，年平均降水量 11 871 毫米（467 英寸）。

在其他条件不变的情况下，水循环预计会随着全球变暖加剧，也就是说：水的蒸发量会增加，且更温暖的空气能携带更多水，进而导致更多降水。另外，降水情况预计还会变得更加“不均匀”，也就是干燥地区变得更加干燥，潮湿地区变得更加潮湿，强降雨更频繁、时间更长。这会导致部分地区出现更多洪涝灾害，但因为陆地水的蒸发也会随着温度升高而增加，所以干旱也会愈加频繁。至于上述变化究竟会在何时、何地、以何种方式出现，各个模型几乎没有推导出任何共同结果。

遗憾的是，不仅这种预测本身存在不确定性，而且获取足以检验这些预测的数据并加以分析也很困难，即便是像“平均降水发生了何种变化”这样的基本问题都难以回答。与温度异常不同，降水量在短时间、短距离内就能发生极大变化——可能某个地方在下雨，但 20 英里（甚至是 2 英里）外的另一个地方就非常干燥。如我们之前所说，这是因为降水涉及水的形态的突然变化：空气中的水要么凝结并落下，要么不会，具体如何取决于空气中的水汽含量和温度。因此，同研究温度不同，要想从各个气象站整合降水数据，进而获取大范围内的降水变化情况，绝不是什么容易的事。

不过，结合地面观测和卫星观测，我们仍然能获取全球降水的长期变化情况——其中以陆地上的情况最为准确，因为陆地上的气象站最多。图 7.2 表明，从 1901 年起，陆地的全球降水量异常（偏离平均值的程度）以每 10 年 0.2% 的平均速率上升。不过，因为降水量本身变动幅度大、相关数据少，而变化速率值又很小，这个结论并不太可靠。实际上，你会发现单单用稳定趋势很难描述这些数据。正如IPCC第五次评估报告（AR5）特别指出的那样：

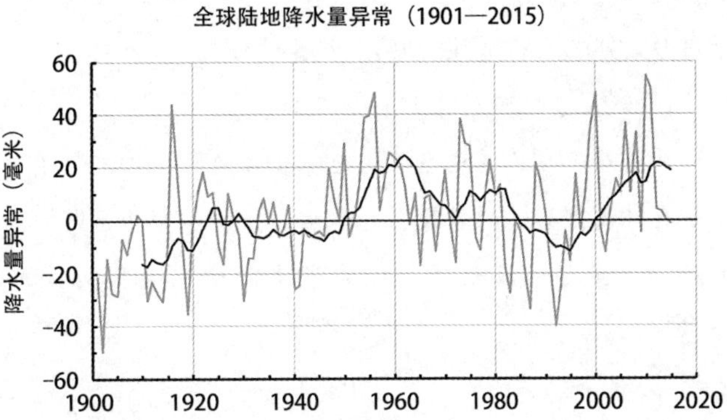

图7.2

1901—2015年间，全球陆地降水量异常。灰线代表历年数值，黑线则代表10年追踪平均值。这段时间内的陆地年平均降水量为818毫米。①

“自1901年起，全球陆地平均降水量发生变化”这个判断在1951年前的**置信度低**，在1951年之后的**置信度中等**。“自1901年起，北半球中纬度地区陆地平均降水量上升”这个判断在1951年前的**置信度中等**，在1951年之后的**置信度高**。至于其他纬度地区的平均降水量长期变化，无论是上升还是下降都**置信度低**。②

这段文字清楚表明，有充分证据证明北半球部分地区（美国、欧

① United States Environmental Protection Agency (EPA). “Climate Change Indicators: U. S. and Global Precipitation.” December 17, 2016. https://www.epa.gov/climate-indicators/climate-change-indicators-us-and-global-precipitation.

② IPCC. AR5 WGI, Section B.1 of Summary for Policymakers.

洲，以及亚洲的温带地区）陆地降水量存在区域性上升，1951 年后尤其如此，但更大范围内的全球变化无法确定。2018 年发表的一篇论文分析了至少 33 年的高质量卫星观测数据（覆盖范围在 60°S 和 60°N 之间，也就是除两极之外的所有地球区域），结果也支持上述结论：

> ……虽然现在已经相当确定地球正在变暖，但尚没有发现全球降水量有任何可察觉的显著上升趋势。虽然部分地区降水量存在上升趋势，但没有证据表明全球尺度上的降水量因为全球变暖而上升。①

这与“全球变暖会加速水循环——导致更多降雨、更多洪水”的概念相悖。但要想进一步确认，还得有覆盖两极地区、时间跨度大于 33 年的数据。②

不过，那些区域性增长又怎么说？如图 7.3 所示，自 20 世纪初以来，美国年降水量平均每 10 年上升 0.6%（目前，美国年平均降水量为 767 毫米，或者说 30.21 英寸）。不过，如你所见，简单的趋势同样无法真实描述这里的数据：相比幅度颇大的历年波动，每 10 年 0.6% 这样的整体变化实在是太小。

另外，正如 2017 年 CSSR 强调的那样，美国各地的降水量变化有

① Nguyen, Phu, Andrea Thorstensen, Soroosh Sorooshian, Kuolin Hsu, Amir Aghakouchak, Hamed Ashouri, Hoang Tran, and Dan Braithwaite. “Global Precipitation Trends Across Spatial Scales Using Satellite Observations.” Bulletin of the American Meteorological Society 99 (2018): 689–697. https://journals.ametsoc.org/bams/article/99/4/689/70305/Global-Precipitation-Trends-across-Spatial-Scales.

② Huntington, Thomas G. “Climate Warming-Induced Intensification of the Hydro-logic Cycle: An Assessment of the Published Record and Potential Impacts on Agriculture.” Advances in Agronomy 109 (2010): 1–53. https://www.sciencedirect.com/science/article/pii/B9780123850409000013.

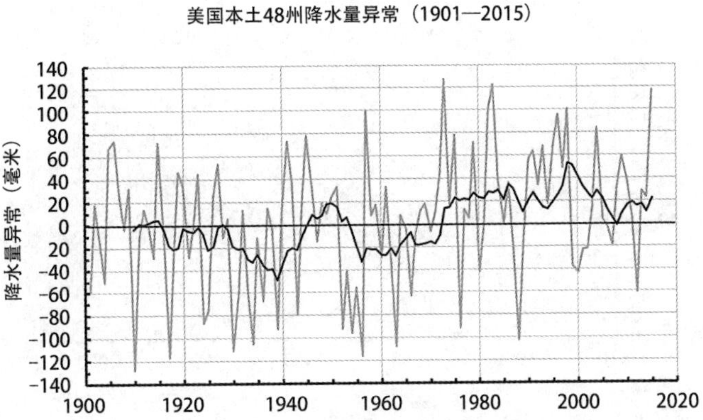

图 7.3

1901—2015 年间美国本土 48 州降水量异常。灰线代表历年数值，黑线代表 10 年追踪平均值。这段时间内的年平均降水量为 767 毫米。[①]

显著的区域性和季节性差异。[②]自 1901 年以来，美国东北部、中西部和大平原地区降水量增加，而西南部和东南部部分地区降水量下降。换句话说，从整体角度看，美国降水量确实上升了一点，但无论是历年变化还是区域性差异，都要远超总体趋势本身，所以很难据此得到关于人类影响和自然变化相对作用的可靠结论。

过去 40 年里，美国降水量的 个可察觉变化是变得越来越不均匀——如图 7.4 所示，强降雨事件，或在全年总降水量中占比很大的事件变多。这种不均匀的趋势在东北部和上中西部地区最为显著，西部地区则不明显得多。AR5 则以相当弱的口吻指出，这种趋势也适用于整个地球：

① EPA. "Climate Change Indicators：U. S. and Global Precipitation."

② USGCRP. Climate Science Special Report：Fourth National Climate Assessment，Volume I："Chapter 7：Precipitation Change in the United States." https：//science 2017. global change. gov/chapter/7/.

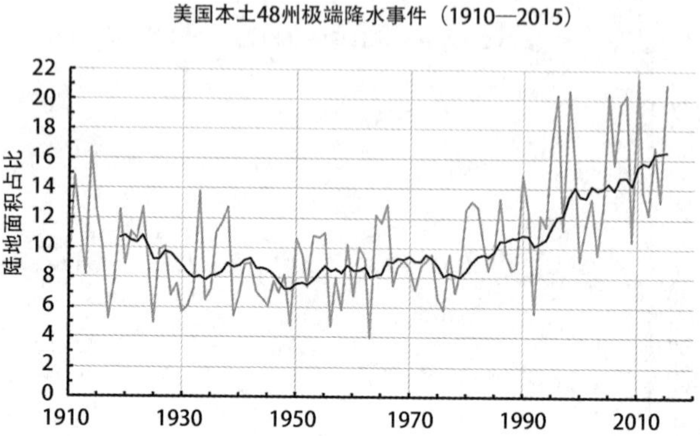

图 7.4

1910—2015 年间极端单日降水事件涉及区域在美国本土 48 州全部陆地面积中的占比（这些地方的年降水量比正常水平高得多）。灰线代表历年数据，黑线代表 10 年追踪平均值。①

……自 1951 年以来，强降水事件（例如超过了 95 百分位的）数量显著上升的区域很可能要多于显著下降的区域，但这个总体趋势存在很强的区域性和副区域性差异。②

降水对气候系统尤为重要的另一个方面是积雪覆盖面积，这会提高陆地反照率。显然，决定积雪覆盖面积的最重要因素就是降雪，但温度同样会产生影响。几乎所有（98%）地球积雪都在北半球陆地上。积雪量呈现季节性周期——冬季积雪量高，夏季积雪量低。CSSR 第 7 章的一项关键发现这样写道：

北半球春季积雪覆盖范围、北美洲最大雪深、美国西部雪水当

① EPA. "Climate Change Indicators: U. S. and Global Precipitation."
② IPCC AR5 WGI Section 2. 6. 2. 1.

量，以及美国南部和西部极端降雪年数全都下降了，而美国北部部分地区极端降雪年数上升了。(置信度中等)

自1967年以来，我们就一直在对北半球积雪作卫星观测——图7.5展示了40年内的相关数据。实际上，正如CSSR指出的那样，春季(某种程度上，夏季也是）积雪显著减少，这符合全球变暖背景下的预期——尤其是因为低温不断上升（我们在第五章中讨论过）——而秋冬季积雪略有增加。

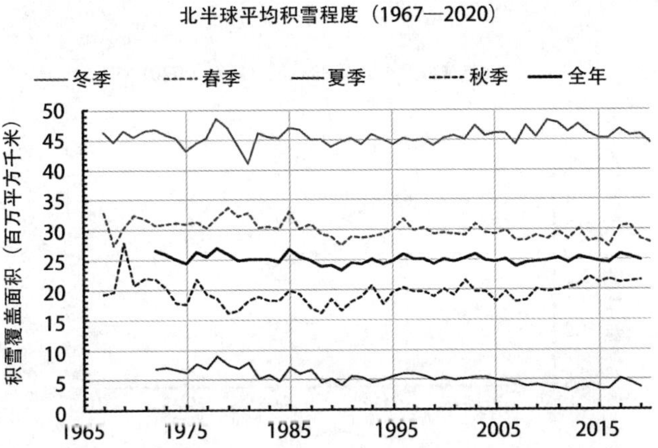

图7.5

由卫星观测数据得到的1967—2020年间北半球陆地平均积雪程度季节变化。①②

这些对比鲜明的季节性趋势结合在一起，就形成了逐渐变化的年积

① Estilow, T. W., A. H. Young, and D. A. Robinson. "A Long-Term Northern Hemisphere Snow Cover Extent Data Record for Climate Studies and Monitoring." Earth System Science Data 7 (2015): 137-142. https://essd.copernicus.org/articles/7/137/2015/essd-7-137-2015.html.

② National Snow and Ice Data Center. "SOTC: Northern Hemisphere Snow." November 1, 2019. https://nsidc.org/cryosphere/sotc/snow_ extent.html.

雪状况，更多细节如图 7.6 所示。其中，在 1989 年前后相对稳定的数值之间出现了一段大约 80 万平方千米（年平均积雪覆盖面积 2 500 万平方千米的 3%）的明显下滑。积雪覆盖范围的减少也与全球变暖的趋势一致，不过，雪上的尘土与煤灰也是一个不可忽略的因素，因为它们会吸收更多太阳光，从而加速雪的融化。然而，一条笔直的直线并不能描述这些数据的真正变化趋势，因为从 1990 年起的 30 年内 10 年平均数据没有发生变化——即便在此期间全球温度上升了 0.5℃（0.9℉）。CSSR 的关键发现没有提到这点（实际上，这份报告的其他任何地方都没提到），这让我很是意外。

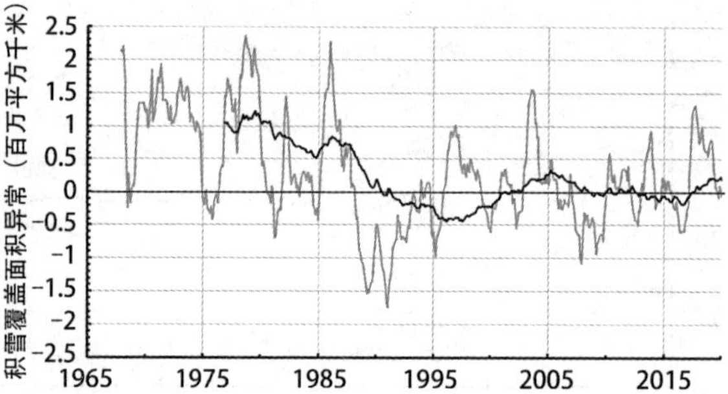

图 7.6

1967—2020 年间，北半球积雪覆盖面积异常。尖锐的灰线代表历月数值的 12 个月追踪平均值，而黑色曲线则代表 10 年追踪平均值。异常的参考基准是 1981—2010 年间的相应情况。①

当然，在新闻报道中，有资格与“气候”联系在一起的降水事件必然是极端的——也就是洪水和干旱。在过去这个世纪中，美国降水量的

① Data from NOAA. "Sea Ice and Snow Cover Extent." NOAA National Centers for Environmental Information, December 8, 2020. https://www.ncdc.noaa.gov/snow-and-ice/extent/snow-cover/nhland/0.

有限变化并没有改变洪水的平均发生率。然而，从全国范围看，洪水变化趋势差异明显，有些地方洪水发生频率上升，有些地方则下降。图7.7就很好地说明了这点，这张图展示了河流和溪水中洪水事件规模在不同地点的变化。

美国河流洪水规模变化（1965—2015）

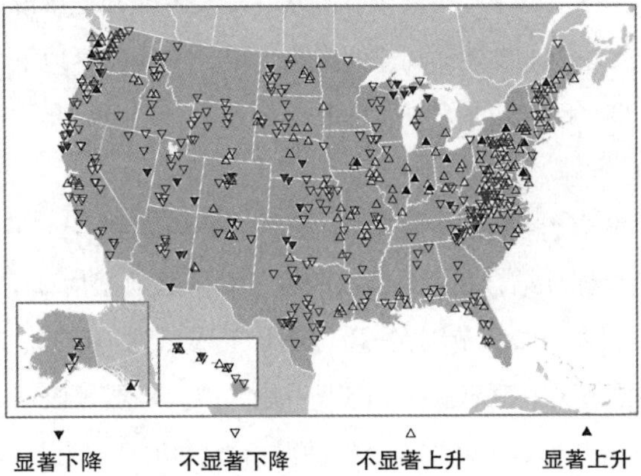

图 7.7

1965—2015 年间，美国河流及溪水中洪水事件规模变化。向上的三角代表该地洪水变大；向下的三角则代表该地洪水变小。较大的实心三角则代表该地洪水规模变化在统计学上具备显著特征。①

至于全球范围内的洪水变化，AR5 写道：“全球尺度上，洪水规模和/或频率趋势的符号置信度低。” 换句话说，我们不知道全球范围内洪水数量是增多还是下降，抑或没有变化。AR5 在 5.5 节的总结中给出了一个更长期视角的观点：

总而言之，在欧洲北部和中部、地中海西部和亚洲东部，20 世

① EPA. “Climate Change Indicators: River Flooding.” December 17, 2016. https://www.epa.gov/climate-indicators/climate-change-indicators-river-flooding.

纪以来记录到的洪水规模要比过去 500 年间更大。这个判断的置信度为高。不过，在近东、印度、北美中部，现代大洪水在规模和/或频率上与历史记录相当或更甚的判断置信度仅为中。

干旱则比洪水还要难评估，因为干旱不只是降水（或者说缺少降水）的结果。相反，干旱是温度、降水、地表径流和土壤湿度共同作用下的结果。此外，人类活动同样能影响干旱，例如耗尽地下水的农业灌溉、20 世纪 30 年代期间美国大平原地区过度开垦导致的“黑色风暴”（Dust Bowl）事件。

衡量干旱事件强度的一个常用指标是帕尔默干旱严重度指数（PDSI），这个标准结合相对易获取的温度和降水数据估算干燥程度。① 对某一地点来说，PDSI 范围在−10（非常干燥）到+10（非常潮湿）之间，但大多数情况下数值落在−4 到+4 范围内。虽然远谈不上完美，但 PDSI 在量化长期干旱事件方面已经做得相当成功。

图 7.8 展示了 1895—2015 年间美国本土 48 州年平均 PDSI。虽然在这段时间内，全美各地都存在些许地域性差异，且过去 50 年比平均水平略潮湿一些，但还是很难看出太多长期变化。AR5 表示，全球范围内的情况也基本如此——毫无疑问，很多读者对此已经见怪不怪了——“自 20 世纪中叶以来，全球尺度干旱或干燥变化趋势**置信度低**。”

然而，干旱对美国境内的部分地区来说确实是一个严重问题，且已经持续了千年。你可以在图 7.9 中清楚看到这点，这张表记录了美国西南部最近大约 1 200 年内的干旱状况。这个结果主要由树木年轮数据推演得到，显示许多干旱事件能持续几十年。1900 年前的任何干旱事件都

① Dai, Aiguo, and National Center for Atmospheric Research Staff. “Palmer Drought Severity Index (PDSI).” NCAR—Climate Data Guide, December 12, 2019. https://climatedataguide.ucar.edu/climate-data/palmer-drought-severity-index-pdsi.

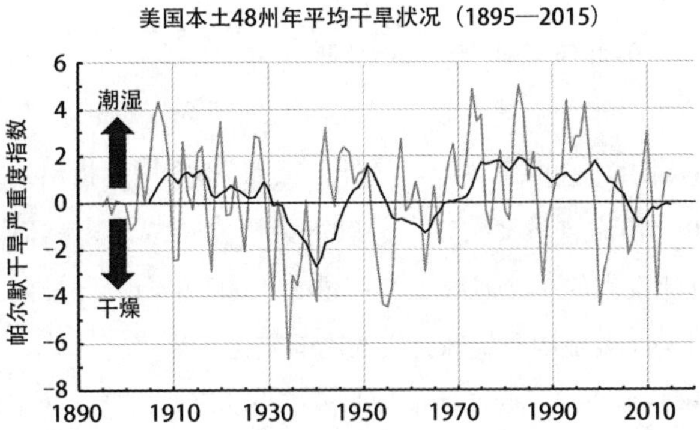

图 7.8

1895—2015 年间美国本土 48 州年平均帕尔默干旱严重度指数。黑色线代表 10 年追踪平均值。①

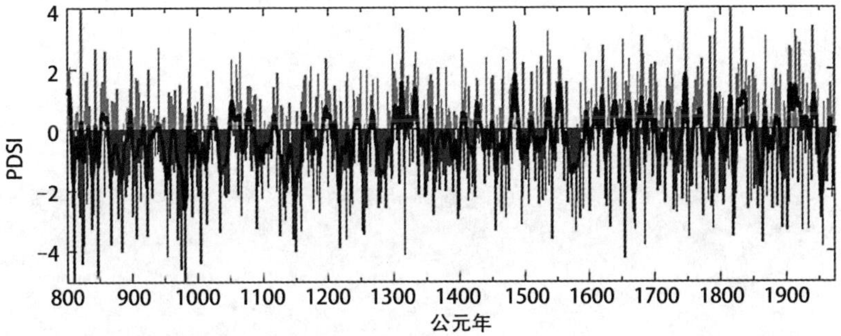

图 7.9

美国西南部历年帕尔默干旱严重度指数。深黑色线每 9 年作平滑处理。(AR5 的 WGI 图 5.13) ②

① EPA. "Climate Change Indicators: Drought." December 17, 2016. https://www.epa.gov/climate-indicators/climate-change-indicators-drought.

② Cook, Edward R., Connie A. Woodhouse, C. Mark Eakin, David M. Meko, and David W. Stahle. "Long-Term Aridity Changes in the Western United States." Science, November 5, 2004. https://science.sciencemag.org/content/306/5698/1015.

不可能是人类影响导致的，另外，目前认为，公元900—1300年间的所谓“大干旱”事件与当时全球自然变暖有关。①

模型预测，随着全球变暖，美国西南地区会变得越发干燥，但20世纪的数据相当符合历史背景。另外，正如AR5特别指出的那样，在干旱事件上，相比自然变化，目前的人为因素造成的影响似乎要弱一些。②2020年发表的一项研究证实：过去1 000年内美国境内持续多年的干旱事件的主要成因是地球大气的内部变化。③

2009年美国全国气候评估报告明确指出美国西南地区的干旱具有很大的自然变化性，并包含了一张重建的过去1 200年间科罗拉多河流量变化图。④图片所附文字写道：“这些数据表明，相比我们在过去100年内经历的，历史上的某些干旱事件严重程度更高、持续时间更长。”2014年，IPCC在AR5第5章中的一项总结性陈述中也直白地作了相似说明：

> 过去1 000年间的干旱事件在规模和持续时间上都大于自20世纪初以来我们在很多区域观测到的那些干旱事件。这个判断的置信度为高。

在这种长期视角下我们很难把最近这些年的干旱事件独独归咎于人类影响。然而，奇怪的是，2014年美国全国气候评估报告完全没有提到

---

① AR5 WGI Figure 5. 13. https://www. ipcc. ch/site/assets/uploads/2018/02/Fig5-13. jpg.

② IPCC AR5 Section 12. 5. 5. 8. 1.

③ Erb, M. P. , J. Emile-Geay, G. J. Hakim, N. Steiger, and E. J. Steig. “Atmospheric dynamics drive most interannual U. S. droughts over the last millennium. ” Science Advances 6 (2020). https://advances. sciencemag. org/content/6/32/eaay7268. full.

④ The Climate Assessment for the Southwest (CLIMAS). “Southwest Paleoclimate. ” Accessed July 8, 2020. https://climas. arizona. edu/sw-climate/southwest-paleoclimate.

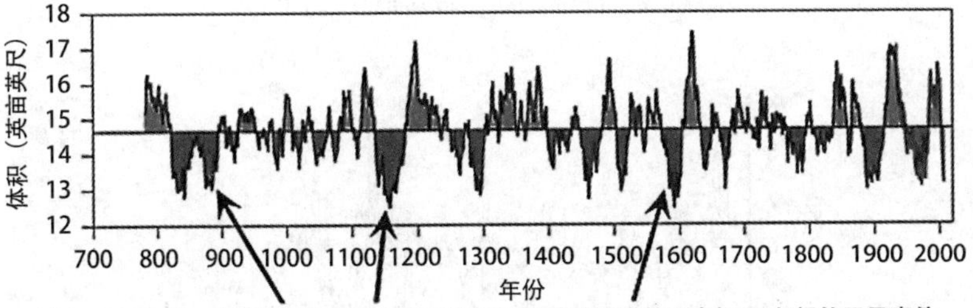

图 7. 10

主要根据树木年轮分析重建的过去 1 200 年间科罗拉多河流量变化。（图片来自 2009 美国全国气候评估报告。）①

这一点。随后的 2017 年 CSSR 也没有给出任何类似我们这里图 7. 9 和图 7. 10 这样的图，但它确实花了半页描述过去 1 000 年间的情况。②唉，然后这份报告又花了大约 2 倍的篇幅讨论当时的加利福尼亚持续 6 年的干旱——加州州长在 CSSR 正式发布前 6 个月刚刚宣布干旱结束。③如你在图 7. 11 中所见——这张图展示了 1901 年以来加利福尼亚州的帕尔默干旱严重度指数——这 6 年的干旱在 2014 年最为严重，2019 年的报道就称冬天“潮湿”了。我们很难认为分析范围短于 10 年的“气候”评估得到的任何所谓“趋势”具有合理性，即便这么说会让结论变得不那么有新闻价值。从更长的时间跨度上看，加利福尼亚州自 2000 年以来就朝干旱的方向发展了。未来几十年内这种趋势是否还会继续，仍有待观察。

---

① U. S. Global Change Research Program. “Global Climate Change Impacts in the United States 2009 Report (Legacy Site).” Accessed July 8, 2020. https://nca2009.globalchange.gov/southwest-drought-timeline/index.html.

② CSSR Section 8. 1. 1.

③ Associated Press. “California's drought is officially over, Gov. Jerry Brown says.” CBS News, April 7, 2017. https://www.cbsnews.com/news/calif-gov-jerry-brown-declares-an-end-to-drought/.

加利福尼亚干旱严重度指数（1901年1月—2020年10月）

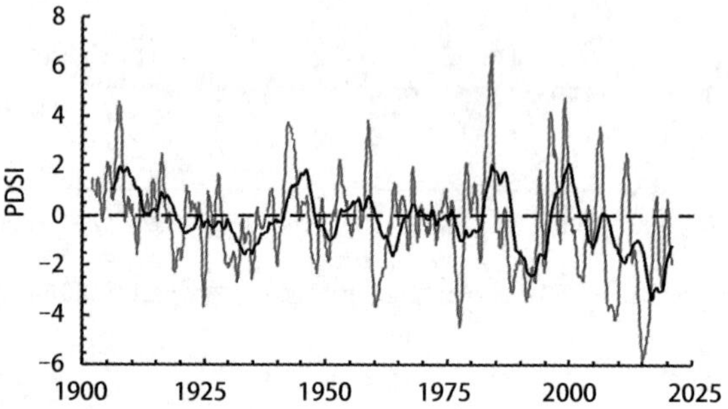

图 7.11

1901 年 1 月—2020 年 10 月间加利福尼亚帕尔默干旱严重度指数。灰色曲线代表历月数值的 12 个月追踪平均值，而黑色曲线则代表 5 年追踪平均值。①

干旱会加剧野火灾害——与其他降水相关现象相比，野火总是能收割更多头版新闻。媒体对全球各地（最近发生在巴西、澳大利亚和加利福尼亚）毁灭性火灾的报道总是把这类灾害描述为全球变暖的可怕后果。野火确实很可怕：2020 年，美国西海岸发生了破纪录的野火，数百万英亩土地烧毁，无数房屋和社区变成残垣断壁，许多民众丧生，另有数千名民众因为野火导致的糟糕空气质量被困室内。这类野火引发了大量标题类似“西部野火：专家表示，气候变化引发的‘前所未有’的事件”的报道。②而事实上，气候变化确实会影响野火的发生频率、地点和性质。不过，要想认清这种影响的具体方式，以及人类在其中起到的

① NOAA National Centers for Environmental Information, Climate at a Glance: Statewide Mapping, published November 2020, retrieved on December 6, 2020, from https://www.ncdc.noaa.gov/cag/statewide/mapping.

② Freedman, Andrew. “Western wildfires: An ‘unprecedented’ climate change fueled event, experts say.” Washington Post, September 11, 2020. https://www.washingtonpost.com/weather/2020/09/11/western-wildfires-climate-change/.

作用（或是未来会起到的作用）仍旧需要我们深入研究，浏览头版新闻远远不够。

1998年，先进的卫星传感器开始在全球范围内检测野火。出人意料的是，从1998年到2015年，野火每年焚毁的土地面积下降了大约25%。①这在来自美国宇航局的图7.12中显而易见。这张图展示了2003—2015年间全球范围内野火每年焚毁的土地面积，直线则代表变化趋势。虽然2020年发生了破坏力极大的野火事件，但从全球角度上说，这一年是2003年之后野火最不活跃的年份。②

研究人员把这个下降趋势归因于人类活动，尤其是农业扩张和集约化：

> 随着非洲、南美和中亚野火易发区人口不断上升，草原和稀树草原得到进一步开发，转变为农田。于是，焚烧草地（为了放牧或其他原因清理灌木和土地）的长期习惯行为减少了……另外，人们越来越多使用机械清理作物，火的使用越来越少。③

换句话说，无论气候变化对最近几十年内全球野火事件产生了何种影响，与气候无关的人为因素才是起到主导作用的。不过，卫星数据还

---

① Andela, N., D. C. Morton, L. Giglio, Y. Chen, G. R. van der Werf, P. S. Kasibhatla, R. S. DeFries, et al. "A Human-Driven Decline in Global Burned Area." Science, June 30, 2017. https://science.sciencemag.org/content/356/6345/1356.

② Copernicus Atmosphere Monitoring Service. "How Wildfires in the Americas and Tropical Africa in 2020 Compared to Previous Years." European Centre for Medium-Range Weather Forecasts on behalf of the European Commission. Accessed January 19, 2021. https://atmosphere.copernicus.eu/wildfires-americas-and-tropical-africa-2020-compared-previous-years.

③ Voiland, Adam. "Building a Long-Term Record of Fire." NASA, Earth Observatory. Accessed November 23, 2020. https://earthobservatory.nasa.gov/images/145421/building-a-long-term-record-of-fire.

显示，在美国西部，野火强度和范围有显著上升。事实上，CSSR 第 8 章的关键发现 6 这样写道：

自 20 世纪 80 年代初以来，美国西部和阿拉斯加大型森林野火事件数量上升（**置信度高**）。而且，我们预测，随着气候变暖，这些区域的野火事件数量还会进一步上升，并将使生态系统发生巨大改变（**置信度中等**）。

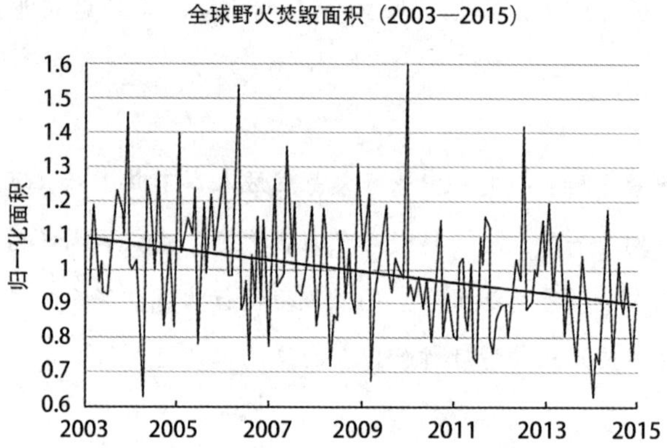

图 7.12

2003—2015 年间历月全球野火焚毁土地归一化面积（灰色曲线）及其变化趋势（黑色直线）。①

这份报告的 8.3 节还有更多细节：

20 世纪的美国州级野火数据表明，自 1916 年起至 1940 年前

① Voiland, Adam. "Building a Long-Term Record of Fire." NASA, Earth Observatory. Accessed November 23, 2020. https://earthobservatory.nasa.gov/images/145421/building-a-long-term-record-of-fire.

后，美国西部被野火焚毁的土地面积下降了，且直到 20 世纪 70 年代都保持低水平，然后在最近一段时间才开始上升。

气候变化肯定在其中发挥了作用。更少的降雨和更高的温度催生了更易点燃、更加干燥的“燃料”，同时也为野火的迅速蔓延和扩大提供了便利条件。2018 年 IPCC 的 SR15 报告在第 3 章中明确指出了这一点：

> 另有证据表明，1984—2015 年间，北美森林野火数量上升的原因是人为因素导致的气候变化。具体来说就是：气候变化提升了燃料干燥度，从而使得美国西部森林野火受灾面积相较没有气候变化时几乎翻番。

为了支撑这个观点，这份报告援引了 2016 年的一项研究，这项研究根据 27 个 CMIP5 模型的模拟结果比较了气候在有无人类影响时的不同燃料干燥程度。[①]这种燃料干燥程度上的差异又会导致不同的野火特性。当然，要想把野火焚毁面积的上升全部归咎于人为因素，前提是模型要能正确体现自然系统的内部变化，但这些模型显然做不到，尤其是考虑到美国西南部地区干旱情况在长期内的波动（如图 7.9 所示）。

气候之外的因素也一定在野火事件中起到了重要作用（哪怕不是主导作用），因为即使加利福尼亚的干旱状况没有显示任何变化趋势（如图 7.11 所示），20 世纪初的野火事件数量也出现了下降。“人类影响”可以以多种形式呈现，其中就包括森林管理（允许积累多少燃料？面对火势是加以压制还是放任其燃烧？森林及其周围区域允许何种程度的开

① Abatzoglou, John T., and A. Park Williams. “Impact of Anthropogenic Climate Change on Wildfire across Western US Forests.” PNAS 113 (2016). https://www.pnas.org/content/pnas/113/42/11770.full.pdf.

发?）和人为引燃（在美国，接近85%的野火是人为引起的）。①

虽然我们还不能完全量化（更不用说控制了）野火事件中的许多气候相关因素，但是我们完全有能力应对前面提到的这些人类因素。在这样的背景下，仅仅把野火当作“气候变化”无可避免的灾难之一来讨论和报道，我们会错失采取措施并直接减少这类灾难数量的机会。②

当然，在未来几十年里，事情可能（而且一定）会发生变化。然而，怎么变还远未确定。我们不该对模型预测的未来降水量变化太有信心——毕竟，这些结果来自我们在第四章中讨论过的那些模型。另外，正如AR5特别指出的那样：

> 自AR4正式发布后，对大规模降水模式的模拟已经有所改进，然而模型在模拟降水方面的表现仍旧比不上模拟地表温度。③

事实比这段话体现的更糟。AR5直截了当地指出，总的来说，有关气候的任何方面，都无法把CMIP5模型集成“看作可靠的区域概率预报”。④换句话说，相比定量描述全球气候变化，现在的气候模型在描述区域气候变化方面表现更糟。

---

① National Parks Service. “Wildfire Causes and Evaluations.” US Department of the Interior, November 27, 2018. https://www.nps.gov/articles/wildfire-causes-and-evaluation.htm.

② Miller, R. K., C. B. Field, and K. J. Mach. “Barriers and enablers for prescribed burns for wildfire management in California.” Nature Sustainability 3 (2020): 101–109. https://www.nature.com/articles/s41893-019-0451-7; Doerr, Stefan, H. and Cristina Santín. “Global trends in wildfire and its impacts: perceptions versus realities in a changing world.” Philos Trans R Soc Lond B Biol Sci. 371 (2016): 20150345. https://www.ncbi.nlm.nih.gov/pmc/articles/PMC4874420/.

③ AR5, Box TS. 4 of the WGI Technical Summary.

④ AR5 WGI, Box 11.2.

然而，因为干旱和洪水的冲击巨大，政客和其他官员都忍不住要引用模型结果来预言未来的灾难。前加拿大中央银行行长、后来还担任英格兰银行行长的马克·卡尼（Mark Carney）很可能是推动全球投资者和金融机构关注气候变化及人类影响方面最有影响力的人物。卡尼学识广博，在牛津大学拿到经济学博士学位，而且一直是一位杰出的中央银行家。他现在是联合国气候行动和资金问题特使，也是第26次联合国气候变化缔约方会议（COP26，2015年巴黎气候会议的后续会议，将在2021年11月于苏格兰格拉斯哥召开）英国政府的顾问。因此，密切关注他的言论很重要。

就在2015年巴黎气候会议之前的一次讲话中，卡尼以英格兰银行行长的身份阐述了“保险行业应对气候变化”的诸多方面。①极端天气事件让保险公司花了许多钱，因此，卡尼的呼吁中出现了针对洪水的警告或许也没那么奇怪：

> 虽然2014年的冬天是英格兰自乔治三世统治时期以来最潮湿的冬季，但预测表明，我们在未来的冬天里还能见到降水量进一步上涨10%。

为了支撑这个说法，卡尼援引了英国气象局“对气候观测、预测和冲击的研究”。这些研究的模型预测的是未来5年的情况，你可能因此会认为它们会比那些试图预言50年后情况的模型更准确。让我们转向数据，看看是否如此。

图7.13展示了截至2020年在英格兰和威尔士观测到的冬季（12月

① Carney, Mark. “Mark Carney: Breaking the Tragedy of the Horizon—Climate Change and Financial Stability.” bis.org, September 29, 2015. https://www.bis.org/review/r151009a.pdf.

至次年 2 月）降水情况。这组数据的起点是 1766 年，也是目前可获取到最长的仪器记录的天气数据集之一。从 1780 年到 1870 年的几十年内平均降水量看上去相当稳定，1920 年至今也是如此。变化主要发生在这两个时段之间的 50 年里——在那段时间中，人类对全球气候的影响相当微弱。

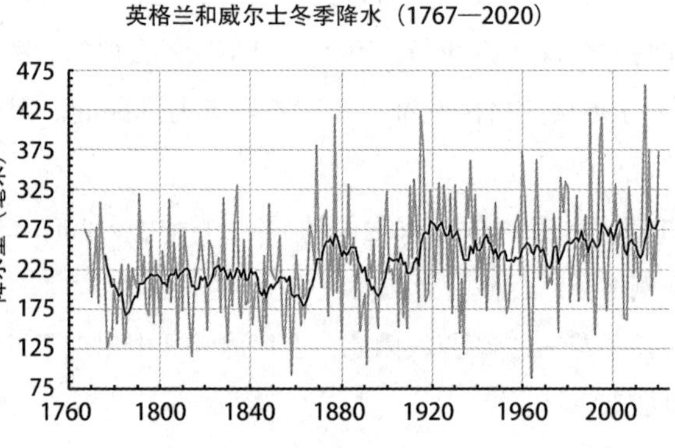

图 7.13

1767—2020 年间，英格兰和威尔士地区 12 月至次年 2 月间降水量变化。尖锐的灰色线代表历年数值，而黑色线则代表 10 年追踪平均值。①

2014 年的冬天确实是历史记录中最潮湿的（降水量 455.5 毫米，或者说 17.9 英寸），而且也确实是“自乔治三世统治时期以来最潮湿”的，毕竟，乔治三世的统治持续到 1820 年。在这两点上，卡尼并没有说错。然而事实证明，他当时引用的英国气象局 2014 年的模型后来被证明是完全错误的。2014 年至 2020 年间的 6 年冬天，降水量相当符合过去 1 个世纪内的情况。在这 6 年冬天，平均降水量为 278 毫米，比 2014 年创纪录的降水量少了 39%，和模型预测的“至少”上升到 500 毫

① Met Office Hadley Centre（National Meterological Service for the UK）. https://www.metoffice.gov.uk/hadobs/hadukp/data/seasonal/HadEWP_ ssn.dat.

米完全不沾边。另外，英国气象局在2018年发表的一份分析报告发现，英国冬季极端降水变化的最大成因是北大西洋振荡这种自然变化，而非气候发生了改变。①

当然，卡尼可以找到借口，讲话中的“预测表明”用了虚拟语气，所谓“未来的冬天”也是含糊其辞。然而，作为经济学博士、作为对金融市场乃至整个社会经济的不确定性都再熟悉不过的专业人士，既没有表现出对预测风险的足够尊重，也没有表现出对模型的足够谨慎，这着实令人意外。

洪水、干旱和野火会导致巨大的悲剧和痛楚，这些灾害的后果可能是毁灭性的。随着全世界的交流愈发频繁、紧密，每当这些事件发生时，我们就会越来越清晰地感知到它们的存在与惊人破坏力。然而，这并不能使它们成为气候变化的“进一步证明”。说到底，数据告诉我们，无论从全球角度看，还是从美国角度看，降水量都没有非常快地发生非常大的变化。并且，模型的不确定性也意味着，人类长期以来在预测降水量方面的失败绝对不会很快结束。

① Brown, Simon J. “The drivers of variability in UK extreme rainfall.” International Journal Of Climatology 38 (2018): e119–e130. https://rmets.onlinelibrary.wiley.com/doi/pdf/10.1002/joc.5356.

第八章
海平面恐慌

2013 年 9 月的《美国国家地理》（*National Geographic*）杂志封面是一张骇人的照片——半浸没在水中的自由女神像——以兜售这一期的头版新闻："不断上升的海平面——它将如何改变我们的海岸线"。任何好奇的读者都可以查阅曼哈顿最南端炮台公园（距自由女神像不到 2 英里）的潮位计记录，然后发现自 1855 年以来，那里的海平面正以每世纪大约 30 厘米（1 英尺）的平均速度上升。[①]快速计算一下就知道，按当前速度还要 2 万多年，水位才能上升到像《美国国家地理》杂志封面那样严重威胁到可怜自由女神像的程度。不过这也证明了，那些设计杂志封面的人很是知道怎么仅凭 Photoshop 和合法的艺术加工许可就能吸引我们的注意力（要知道，现存最古老的人类建筑历史还不到 6 000 年）。不过除此之外，这个封面还清楚地表明了一点：人们很关心不断上升的海平面。

我们应该这么关心吗？海平面是否真的是因为全球变暖而上升？另外，哪怕在后续几千代人的时间内这座著名纪念雕像仍旧安全，我们人类的未来是否会因此陷入危险？

和降水一样，海平面的高低完全取决于水在哪里。除了海洋之外，全球最大的储水库就是格陵兰和南极冰盖。虽然有很多因素都对我们在过去几十年内观测到的海平面小变化有所贡献，但从地质时间跨度看，影响海平面高低的最重要因素是：陆地上有多少冰。

缓慢的周期——地球轨道和地轴倾角在数万年时间跨度内的变化——会改变南北半球吸收的日光量。就像我们在第一章中看到的那样，这些变化导致全球温度在过去几百万年内大幅振荡。不过，它们其实还会导致覆在各大陆之上的冰盖增长或消融（冰盖增长的时期称为“冰期”，消融的时期则称为“间冰期”），海洋中的水则会相应减少或增多，进而导致海平面下降或上升。图 8.1 展示了远至 40 多万年前的地球海平面的地质估计。

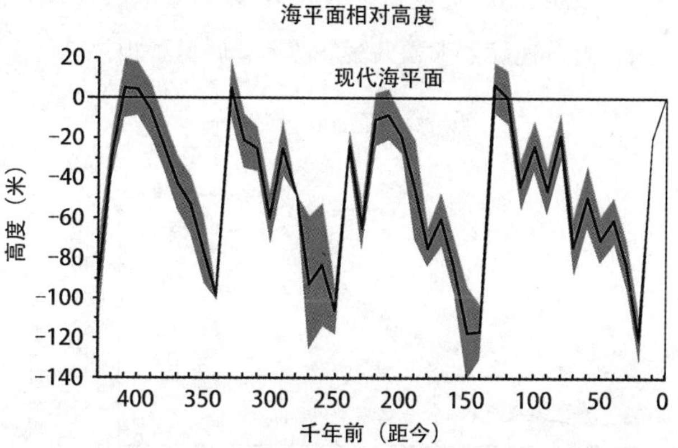

图 8.1

根据地质代用指标估计得到的过去 40 万年间全球海平面变化。估计结果中的一般不确定度为 10 米。②

---

① NOAA. “Relative Sea Level Trend 8518750 The Battery, New York.” NOAA Tides & Currents, January 1, 2020. https://tidesandcurrents.noaa.gov/sltrends/sltrends_station.shtml.

② Bianchi, Carlo Nike, et al. “Mediterranean Sea biodiversity between the legacy from the past and a future of change” in Life in the Mediterranean Sea: A Look at Habitat Changes. Ed. Noga Stambler. New York: Nova Science Publishers, 2011. http://dueproject.org/en/wp-content/uploads/2019/01/8.pdf.

如你所见，过去50万年里，海平面高度的故事桥段其实都是重复的：随着大陆规模冰川的形成，海平面会以每10万年大约120米（400英尺）的速度缓慢下降；接着，随着冰川的融化，又会在大约2万年的时间内迅速回升。在125 000年前的最近一次冰川较少的间冰期（也称为“埃米恩”）期间，海平面比今天高了大约6米（20英尺）!

末次冰盛期发生在大约22 000年前，当时，大陆冰川开始再次融化。如今，地球处于全新世间冰期，地质学家认为这个间冰期发轫于大约12 000年前。根据地质记录，自末次冰盛期以来，海平面已经上升了大约120米（400英尺），速度高达每10年120毫米（5英寸），直到大约7 000年前，上升速度才大幅放缓。图8.2展示了相关变化情况。

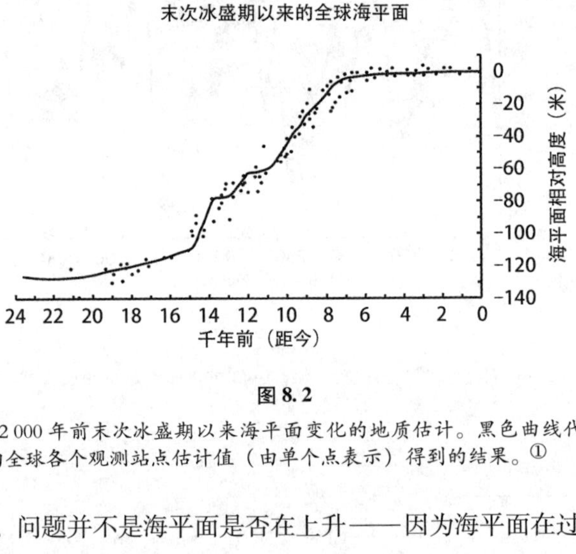

图8.2

自22 000年前末次冰盛期以来海平面变化的地质估计。黑色曲线代表平均全球各个观测站点估计值（由单个点表示）得到的结果。[①]

因此，问题并不是海平面是否在上升——因为海平面在过去2万年里一直在上升。我们想知道的是：人类影响是否加速了海平面上升。因

① Adapted from Rohde, Robert A. Global Warming Art Project. “Post-Glacial Sea Level Rise.” Wikimedia Commons, October 9, 2020. https://commons.wikimedia.org/wiki/File:Post-Glacial_Sea_Level.png.

为人类影响在1950年前后急剧上升，所以评估海平面是否上升得比没有人类影响时快的最佳方法就是将1950年后的测量结果同更遥远的过去作比较。时间跨度越小意味着海平面上升幅度越小，所以，相比在研究更长时间跨度时使用的地质代用指标，我们需要找到更准确的方法。幸运的是，从18世纪开始，欧洲和北美港口的潮位计就留下了一些关于海平面高度的记录。如今，我们掌握了全球2 000多个潮位计的测量数据，另外，从1992年开始，还有借助雷达测量海平面高度得到的卫星观测数据。

为了讨论海洋水位高度，气候科学家使用了全球平均海平面（GMSL）的概念，其结果是从全球范围内的测量数据中推导出来的。即便“水会自行找到应有的水位”[①]，但如今GMSL的上升速度仅为每年几毫米，考虑到几分之一毫米的精度要求，任何微小的变化都很重要。影响海平面高度的因素有许多，例如：全球各地所受地球引力的微小差异、洋流（想想浴缸排水口附近漩涡中那些较低的水位）、海水的温度和盐度，甚至是与天气事件有关的气压。

你完全可以想象，要想清楚认识过去大约100年间的全球海平面情况绝不是件容易的事，即便放到今天，用潮位计测量某些海岸位置的平均海平面高度也不容易做到。你需要每隔几秒钟就测一次海浪，每隔6小时就测一次潮汐，还要测量不同季节的相应情况，最后再作平均。随着时间的推移，自然因素或人为因素引发的地下水位变化会导致海岸局部沉降，进而影响潮位计的高度，地震和一般的地壳运动也会产生类似效果。举例来说，休斯敦-加尔维斯顿地区过去100年间对地下水的抽取导致土地压缩，那里的地面下沉多达3米（10英尺）。另外，当然还有仪器和观测方案变化导致的各种常见问题。不过，无论是好是坏，我

① 原文“water seeks its own level”其实也是一句谚语，意为“水往低处流”。——译者

们现在掌握的，就是潮位计数据和一些跨度长、精度高的历史记录，比如美国国家海洋和大气局发布的那些。①

要想计算得到全球平均海平面高度，就得细致分析众多沿海地点的潮位计数据，因为全球海面其实“不平”，而且海平面的上升速度也因地而异。举例来说，美国海岸沿线各地海面的上升速度就差异甚大——目前，墨西哥湾沿岸的尤金岛海面正以每年 9.65 毫米（0.38 英寸）的速度上升，而在阿拉斯加的斯卡圭，海面正以每年 17.91 毫米（0.71 英寸）的速度**下降**。

至少有 4 个独立研究小组分析了潮位计数据，以获取过去 100 多年间全球平均海平面高度。图 8.3 描绘了其中一个小组的分析结果。他们

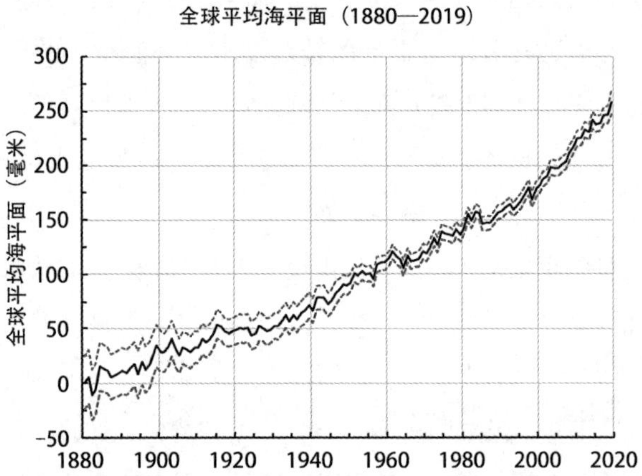

图 8.3

根据潮位计数据估算的全球平均海平面相对于 1880 年时的变化。黑色实线代表平均值，而虚线则代表不确定度。②

---

① NOAA. “Sea Level Trends.” NOAA Tides & Currents, January 1, 2020. https://tidesandcurrents.noaa.gov/sltrends/sltrends.html.

② CSIRO. “Historical Sea Level Changes—Last Few Hundred Years.” CSIRO National Collections and Marine Infrastructure (NCMI) Information and Data Centre, October 12, 2020. https://www.cmar.csiro.au/sealevel/sl_hist_few_hundred.html.

证明了早在19世纪末——人类开始显著影响地球气候之前许久——全球平均海平面就在上升，而且自1880年以来上升了大约250毫米（10英寸），平均速度为每年1.8毫米（0.07英寸）。从更短的时间周期上看，全球平均海平面的平均上升速度有所波动，过去30年内平均速度大约是每年3毫米（0.12英寸）。放在地球水循环的大背景下，这些都是很小的数字——海平面每年上升3毫米大概也就是地球年降水量的0.3%——因此每过10年有些变化也不足为奇。

前面已经提过，自1992年末以来，卫星也一直在测量全球海平面。[①]在卫星测量技术中，卫星借助雷达测量它所在海面上的高度。因此，只要再知道卫星的精确位置，就能得到海平面高度。如今，雷达测高范围基本上覆盖了全球公海，成了对沿海潮位计测量数据的很好补充。

四个独立小组分析了迄今为止放飞的11个卫星高度计的数据。卫星需要从约600千米（370英里）的高度上以1毫米的精度测量平均海面高度，连续测量数十年，这绝对是一项大工程。经过数年改进，修正了卫星轨道偏移等因素后，得到了美国国家海洋和大气局发布的图8.4。

根据这一系列卫星27年来的测量结果，全球平均海平面的变化趋势是：每年3.0±0.4毫米（0.12±0.02英寸）的平均上升速度上叠加了一个上下波动范围大约为7毫米（0.2英寸）的清晰季节性周期。

因此，在过去30年里，海平面每年上升大约3毫米（0.12英寸）——比1880年以来的总平均速度（每年1.8毫米或者说0.07英寸）高。为了判断不断扩大的人类影响如何影响海平面上升速度，IPCC的AR5给出了一张图（重绘后成了这里的图8.5）。这张图展示了从3个

① AVISO+. "Sea Surface Height Products." CNES AVISO+ Satellite Altimetry Data. Accessed December 1, 2020. https://www.aviso.altimetry.fr/en/home.html.

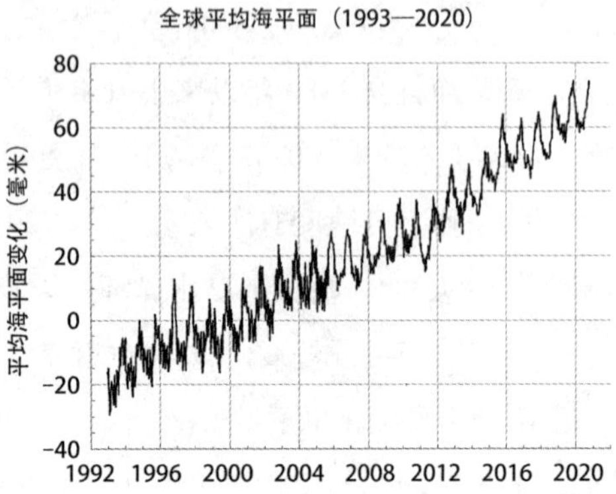

图 8.4

卫星高度计测量得到的全球平均海平面变化。3.0±0.4 毫米/年（0.12±0.02 英寸/年）的趋势上叠加了大约 7 毫米（0.2 英寸）的季节性周期。①

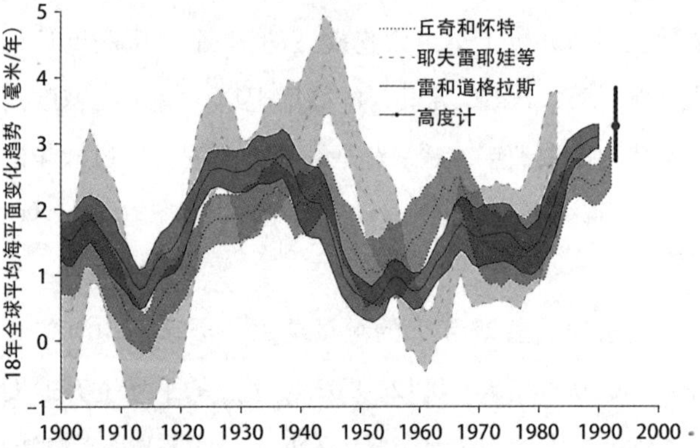

图 8.5

1900 年以来的全球平均海平面 18 年先导变化趋势。图中展示了 3 项不同潮位计分析的估测，以及卫星高度计给出的单个值。确定性则是置信度 90%，也就是真实值落在阴影区域之外的概率仅有 10%。②（AR5 的 WGI 图 3.14）

① NOAA, NESDIS, STAR. "Laboratory for Satellite Altimetry/Sea Level Rise—Global sea level time series." Accessed December 1, 2020. https://www.star.nesdis.noaa.gov/socd/lsa/SeaLevelRise/LSA_SLR_timeseries_global.php.

② IPCC. AR5 WGI Figure 3.14.

不同潮位计数据分析得到的 18 年逐年变化趋势（上升速度）及其不确定度，同时还有彼时可获取的卫星数据的 18 年趋势。（图中的每一个点代表的都是未来 18 年的变化趋势。因此，1994 年的卫星数据点反映的就是 1994—2011 年间的平均值。）

虽然最近几十年的海平面上升速度确实要比整个 20 世纪的平均速度更快，但也要看到过去几十年内的显著变化——这在图 8.5 中一目了然。如 IPCC 所说：

> 1901—2010 年间，全球平均海平面的平均上升速度极可能是每年 1.7（1.5~1.9）毫米……而 1993—2010 年间的平均上升速度极可能是每年 3.2（2.8~3.6）毫米。1920—1950 年间的平均上升速度很可能也差不多。

实际上，1925—1940 年（这个时间段的跨度几乎和当时可获取的 18 年卫星数据时间跨度一样）间的平均上升速度与最近几十年的卫星数值几乎完全一样，大约是每年 3 毫米（0.12 英寸）。

由于上升速度变化很大，很难知道最近几十年里的变化有多少是人为因素导致的，有多少是自然因素导致的。另外，虽然 IPCC 在 2019 年《气候变化中的海洋和冰雪圈特别报告》（SROCC）提到，1993—2015 年间的卫星数据表明，全球平均海平面在加速上升且置信度为高，但这并没有那么简单，一是因为这段记录的时间跨度较短，二是因为早在人类影响变得显著之前许久，全球平均海平面就已经在加速上升了。AR5 是这么说的：

> 一段时间以来，人们已经清楚地认识到海平面上升速率有所增加，北欧有 4 种始自 19 世纪早期至中期的记录都能说明这一点。

这4项记录都表明海平面的加速上升自19世纪早期至中期已经出现，只不过，也有一些观点认为加速早在18世纪末就已经开始。①

2017年8月，CSSR草案发布后，我就和其他许多独立研究的科学家一样仔细阅读了，并且立刻发现了各种问题和误导性表述——其中有几个我们已经在之前的章节中讨论过了。当时，我曾考虑过直接向报告作者提出其中部分问题，但我也清楚地感觉到需要揭示一个更普遍的问题：无论气候本身是否受损，评估报告的撰写过程显然有问题。这一点，我在看2017年CSSR之前就已经意识到了。我决定要发表一篇专栏文章，矛头直指CSSR中的一个相对严重的误导性表述，并以此为例证明气候评估报告需要更严格审查。2017年11月CSSR正式发布后我确实这么做了，选的例子正是海平面上升问题。②

虽然以10年为单位排查过去100年间的海平面上升情况是区分人为因素和自然因素的核心，但最近的评估报告（无论是CSSR还是IPCC的2019年SROCC）几乎都没有提到这点。③图8.5中能明显看到每10年海平面上升速度的变化——有时幅度很大。但最近的评估报告根本没有这样的图。相反，这些报告里充斥着图8.3和图8.4这样单纯表示海平面正在上升的图，可我们几乎不可能根据这样的图判断海平面上升速度是如何变化的、又意味着什么。

所有评估报告都花费大量笔墨强调过去20年里海平面上升速度快于整个20世纪的平均水平。举个例子，CSSR在执行摘要的第16页上

---

① IPCC. AR5 WGI Section 3.7.4.

② Koonin, Steven E. “A Deceptive New Report on Climate.” Wall Street Journal, November 2, 2017. https://www.wsj.com/articles/a-deceptive-new-report-on-climate-1509660882.

③ IPCC. “Special Report on the Ocean and Cryosphere in a Changing Climate.” https://www.ipcc.ch/srocc/.

写道：

> 自1990年以来，全球平均海平面上升了大约7~8英寸（大约16~21厘米），其中，大约3英寸（大约7厘米）发生在1993年之后。(置信度很高)

在我看来，这个判断是一个危险信号，因为它把过去20年内的上升速度同过去一个多世纪内的情况作对比。表面看来，全球平均海平面自20世纪初以来总共上升7英寸，其中3英寸（7厘米）发生在过去25年，似乎确实很令人警觉——可是，如果你知道1935—1960年这25年间，全球平均海平面差不多也上升了这么多（具体来说是6厘米，而不是7厘米），就立刻会感觉没那么严重了。然而，CSSR完全不提这点——哪怕它有关海平面上升的主要参考文献提到了图8.5中展示的那种变化。①要想知道最近25年内全球平均海平面上升速度究竟有多快，就应该同其他25年期内的上升速度作比较。

其实，早在2014年，我就在《华尔街日报》的专栏文章上提出了这个观点，然后受到了广泛批评。下面就是一个例子：

> 他（库宁）声称，现在的海平面上升速度并不比20世纪初更快。这样的结论只能通过最无耻地、挑拣樱桃一样地挑拣数据才能得出。数据真正告诉我们的是：1870—1924年，全球海平面平均每年上升0.8毫米；1925—1992年，平均每年上升1.9毫升；1993—2014年，平均每年上升3.2毫米。也就是说，全球平均海平面上升

---

① Hay, Carling C., Eric Morrow, Robert E. Kopp, and Jerry X. Mitrovica. "Probabilistic Reanalysis of Twentieth-Century Sea-Level Rise." Nature 517 (2015): 481-484. https://www.nature.com/articles/nature14093.

速度从前工业时代至今实际翻了两番。①

请注意，这番批评中引用的历史数据时间跨度分别是 54 年（1870—1924 年）和 67 年（1925—1992 年），而最近的数据时间跨度是 21 年（1993—2014 年）。这么做掩盖了 1925—1945 年这 20 年间的较快上升——我们在图 8.5 中可以相当清楚地看到这个事实。既然他们说我是在挑拣樱桃，那我也用水果作类比好了：我是拿苹果同苹果比较，而不是其他水果。另外，不论如何，我都只是引用了 IPCC 自己的话。

另一方面，CSSR 追随一些著名气候科学家的脚步，对过去 1 个世纪内海平面上升速度的巨大波动避而不谈，大概是因为这会让过去 30 年内的海平面上升速度变得不那么不寻常吧。这份报告既没有提到 20 世纪海平面上升速度的巨大代际变化，也没有提到彼时最新的上升速度在统计学意义上与 20 世纪上半叶并没有显著差异。由于缺少了这些信息，这份报告产生了误导性。

在发表专栏文章指出这点之前，我给伊利诺伊大学的唐·韦伯斯（Don Wuebbles，CSSR 的资深第一作者）和罗格斯大学的罗伯特·柯普（Robert Kopp，CSSR 海平面上升这一章的主要作者）去信，从更专业的角度探讨这个问题。他们两人都认同，我的批评并非无理取闹。柯普在 2017 年 10 月 15 日给我的一封电子邮件中这样写道：

> 我认为，您关于海平面上升速度代际变化的观点确实有用，如果我在草案公开评审阶段看到，肯定会将其考虑在内。

柯普和韦伯斯都表示，我是第一个提出这个观点的——这很令人意

① Pierrehumbert, Raymond T. "Climate Science Is Settled Enough." Slate.

外，因为这个问题很基础，又有那么多人看了报告草案。他俩还表示，本来还想加上对 20 世纪海平面上升速度变化的讨论，但那时已经太迟了（草案已经是印前最后一稿了），而且报告本来就已经太长了（同样很令人意外，因为草案并不算特别长，而且只需要很小的篇幅就能修正这个问题）。韦伯斯还说，他会考虑在 NCA2018 上加入相关内容，以修正这一错漏。然而，我在正式发表版本中没找到任何相关文字。

需要明确的是，随着全球变暖，海平面确实在上升。地表温度上升，陆地上的冰（陆冰）就会融化——另外，海洋变暖后，其中的水也会膨胀。在较长的时间跨度内，由于我们之前讨论过的地球轨道周期，以及其他自然因素或人为因素，海平面会出现季节性涨落。虽然在过去这个世纪内，海平面上升速度本就有显著差异，但全球变暖确实让更多水进入了海洋。那么，海平面未来的上升速度如何？答案很大程度取决于陆地上有多少冰会随着全球变暖而融化，以及海水会因为海洋变暖而膨胀到何种程度。

最近有一篇论文为“过去这个世纪内海平面上升速度为何会变化?”这个问题提供了深刻见解，成功终结了海平面上升“预算”问题。①所谓的“预算”是指如何调和我们观测到的海平面上升结果与已知的各种导致海平面上升的因素。最近这些年，科学家在如何平衡海平面上升预算一事上绞尽脑汁但收效甚微。这项新研究统计了 1900 年以来我们观测到的所有陆冰（格陵兰岛、南极洲和所有高山地区的冰）和液态水（储存在含水层中和水库之后）变化，并且将其同海洋热膨胀估测结果结合在一起。接着，这篇论文又把这些影响因素各自的贡献同潮位计和

① Frederikse, Thomas, Felix Landerer, Lambert Caron, Surendra Adhikari, David Parkes, Vincent W. Humphrey, Sönke Dangendorf, et al. “The causes of sea-level rise since 1900.” Nature 584 (2020): 393-397. https://www.nature.com/articles/s41586-020-2591-3.

卫星测量得到的海平面变化放在一起比较。

图 8.6 展示了这篇论文得到的结果。图片最上面的部分显示了高山冰川、陆地储水以及格陵兰与南极冰盖各自对全球海平面变化的影响。鉴于自 1900 年以来，全球已经变暖不少，这里有几点令人颇感意外：自 1900 年以来，冰川融化对全球海平面变化的贡献轻微下降了，而且现在的情况同 50 年前几乎一样；格陵兰冰盖的贡献在 1985 年前后达到最低值，而且现在的水平也并不比 1935 年时更高；在 20 世纪 70 年代的水坝建设大潮中，陆地储水成了影响海平面变化的重要（负向）贡献者。

所以，未来全球海平面变化之所以不确定，不仅是因为我们在第四章中讨论过的所有全球变暖模型本身的不确定，更是因为格陵兰和南极冰盖的动态也相当不确定。IPCC 这样总结相关情况（其中的 SMB 代表“表面物质平衡”，用于衡量大气过程导致的冰的净变化）：

> ……1970 年之前，气候模型和观测结果之间的显著差异源于气候模型无法复现格陵兰南部附近地区的冰川和格陵兰冰盖（GIS）SMB 的区域性变化。目前尚不清楚气候模型的这种偏差是源自气候系统的内部变化，还是气候模型本身的缺陷。因此，气候模型对冰川质量损失和格陵兰 SMB 过去及未来变化的模拟结果仍只能有中等置信度。①

不过，这份报告预测了不同排放情境（我们在第三章中讨论过）下的全球平均海平面上升速度。在 RCP2.6 情境（碳排放最少的情境，且在本世纪下半叶全球碳排放就消失了）下，IPCC 预测海平面会在 21 世

① IPCC. SROCC Section 4.2.2.2.6.

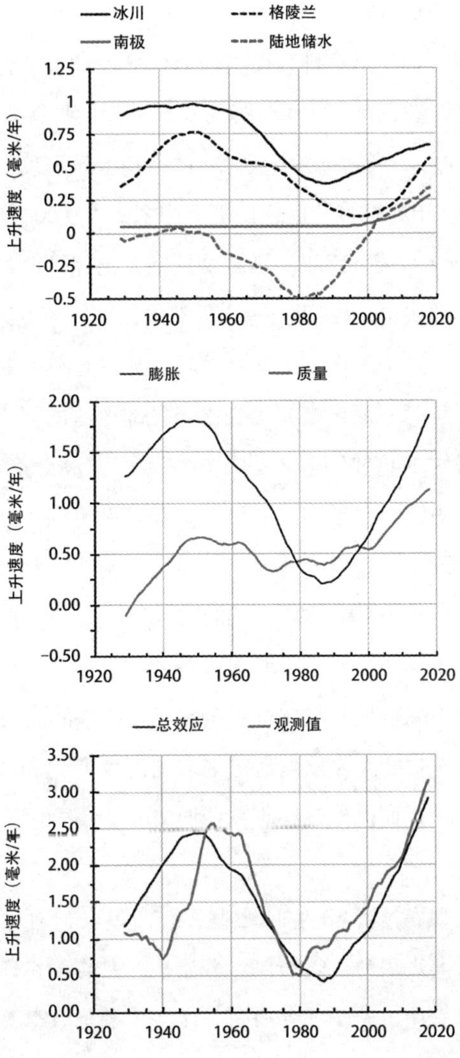

图 8.6

1929—2018 年间各因素对全球海平面上升速度的具体贡献。上图展示了四大海水来源含水量变化对海平面上升速度的具体贡献。中图展示了上述变化的总和，以及海水膨胀对海平面上升速度的具体贡献。下图展示了所有影响因素总效应同实际观测值之间的对比。图中所有变化趋势均为计算得到的 30 年追踪平均值。由于不确定性足够小，这些变化相当显著。

纪上升 0.43 米（真实值有 2/3 的概率落在 0.29~0.59 米范围内）。在另一个极端背景下，也就是碳排放最多的 RCP8.5 情境，预测海平面会上升 0.84 米（真实值有 2/3 的概率落在 0.61~1.1 米范围内）。①上述预测分别对应 4.3 毫米/年和 8.4 毫米/年的平均上升速度。这两个速度都比现在的 3 毫米/年高得多，但还比不上图 8.2 中 9 000 年前冰盖融化顶峰时期的最高纪录 12 毫米/年。最重要的是，上述预测的理论基础是我们已经讨论过的那些可疑模型——它们对南极和格陵兰冰盖变化的体现并不那么可靠，而这个因素在全球海平面上升中起到了重要作用。

无论全球平均海平面未来如何变化，局部地区的海平面都是规划调整措施时需要考虑的重要因素。另外，在对人类最为重要的沿海地区，测量海平面的历史比全球平均水平更长，准确度更高。局部海平面上升与全球海平面上升相关，但会因为陆地运动如地壳运动或地面下沉，以及海洋温度和洋流变化等当地因素而出现不同。②不过，虽然不完美，但气候模型还是预测了全球各个城市在各种排放情境下的海平面上升状况。这些预测的不确定性甚至超过对全球平均海平面的预测——预测全球海洋热含量的平均变化比预测特定区域的温度变化和洋流等局部效应的变化容易一些。正如世界气候研究计划 2017 年说的那样：

> 虽然我们在过去 10 年间进步巨大，但我们对过去与当下的海平面变化及其成因的认识仍旧相当欠缺，尤其是在预测/估计区域、局部尺度海平面上升情况方面……这些不确定性肇始于我们目前在

① IPCC. SROCC Summary for Policymakers, Finding B3.1.

② Hamlington, B. D., A. S. Gardner, E. Ivins, J. T. M. Lenaerts, J. T. Reager, and D. S. Trossman, et al. "Understanding of contemporary regional sea-level change and the implications for the future." Reviews of Geophysics 58 (2020): e2019RG000672. https://agupubs.onlinelibrary.wiley.com/doi/abs/10.1029/2019RG000672.

理解相关物理过程的理论局限、观测和监测系统的缺陷，以及模拟或预测海平面状况时所用统计和数值建模方法本身的不准确。①

当你把预测同历史数据作比较时，就会逐渐清晰地认识到这类警告的必要性。举例来说，图 8.7 展示了 160 多年内曼哈顿最南端区域每月的平均海平面异常（由本章开头提到的炮台公园潮位计测量得到，已校

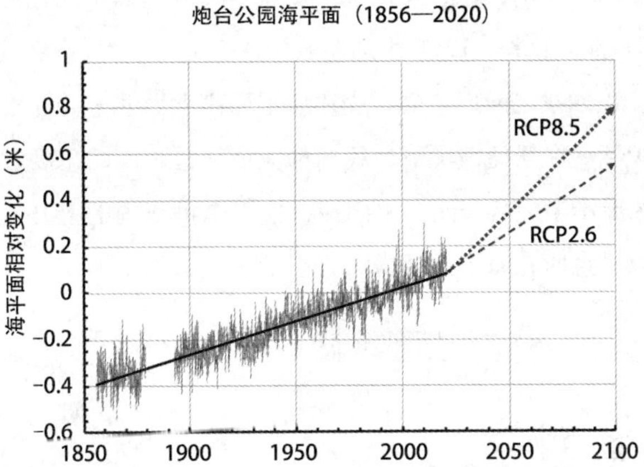

图 8.7

1856 年起，曼哈顿最南端炮台公园潮位计测量得到的每月平均海平面异常（已校正季节性变化）。图中直线代表变化趋势，带箭头的虚线代表 AR5 预测的两种不同 RCP 情境下 2020—2100 年间海平面平均上升速度。②

---

① Stammer, Detlef, Robert Nichols, Roderik van de Wal, and the GC Sea Level Steering Team. "WCRP Grand Challenge: Regional Sea Level Change and Coastal Impacts Science and Implementation Plan." CLIVAR (Climate and Ocean: Variability, Predictability and Change), World Climate Research Programme, June 8, 2018. http://www.clivar.org/sites/default/files/documents/GC_SeaLevel_Science_and_Implementation_Plan_V2.1_ds_MS.pdf.

② Historical data from NOAA. "Relative Sea Level Trend 8518750 The Battery, New York."; projections from IPCC AR5 WGI Figure 13.23.

正季节性变化）。图中实线代表平均水平，两条带箭头的虚线则代表AR5预测的两种不同RCP情境下2020—2100年间海平面平均上升速度。

结果显示，海平面长期上升速度为每年2.87±0.09毫米，与过去几十年内全球平均海平面每年3毫米的平均上升速度相差不大。AR5预测，纽约海平面在2000—2100年间会上升大约550毫米（22英寸，RCP2.6情境）至800毫米（31英寸，RCP8.5情境）。上述预测的不确定性均为±300毫米（12英寸）左右。

然而，正如我之前提到的，描述海平面高度而非上升速度的图表可能具有欺骗性。在任何情况下，我们都应该从更长期的角度看待这个问题。图8.8展示了炮台公园海平面在过去1个世纪内的上升速度，这张图应该足以平息所有海平面恐慌。

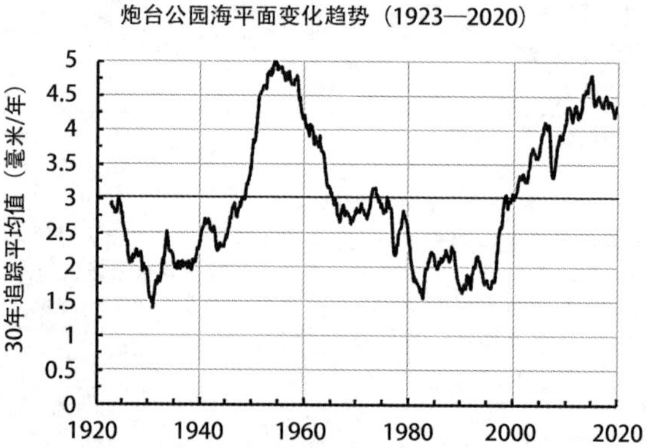

图8.8

1923—2020年间炮台公园海平面30年追踪平均值。不确定度（1σ）大约是每年0.35毫米。水平线代表炮台公园海平面在这段时间内每年3.02毫米（0.12英寸）的平均上升速度。

每个年份点反映的都是此前30年内的变化趋势，这是从更长期角度评估海平面上升趋势的绝佳办法。你可以从图中看到，虽然海平面在整个 20 世纪内的平均上升速度为每年 3 毫米左右，但其实波动非常大：在 1930 年和 1990 年之前的 30 年内低至不足每年 2 毫米（0.08 英寸）；在 1955 年和 2015 年之前的 30 年内又高达接近每年 5 毫米（0.2 英寸）。美国东北部沿岸的其他潮位计记录也同样显示了这个为期 60 年的变化周期，与我们在第四章中讨论过的大西洋多年代际振荡同步。①因此，我们完全有理由预期海平面上升速度在未来几十年内再次放缓。相比之下，IPCC 预测的海平面**平均**上升速度则异常之高，即便是其中速度最低的 RCP2.6 情境下的每年 5.5 毫米，也会超出这张表的表示范围。事实究竟如何，接下来的几十年会告诉我们答案。

媒体现在对局部海平面状况的困惑就如同模型本身一样，都是一团乱麻。举个例子，最近有一篇旨在阐述夏威夷欧胡岛海平面上升的文章，配了大量过去这些年里洪水的照片，还放上了海平面在现有水平上再上升 30 厘米、60 厘米和 100 厘米夏威夷分别会有哪些地区被淹没的地图。②然而，这篇文章没有提到，美国国家海洋和大气局在夏威夷地区的潮位计记录显示，自 1905 年以来，当地海平面平均上升速度为每年 1.5 毫米（0.06 英寸）。这意味着，只要没有出现**非常**夸张的加速上升，即便是文章所列三种情况中最少的 30 厘米（1 英尺），也需要 200 年才能达到。不幸的是，忽略这类背景的现象在媒体报道中要比在评估报告中更常见。

总而言之，我们不知道全球海平面上升过程中，人为因素导致的全

---

① Chambers, D. P., M. A. Merrifield, and R. S. Nerem. "Is there a 60-year oscillation in global mean sea level?" Geophysical Research Letters 39 (2012). https://agupubs.onlinelibrary.wiley.com/doi/10.1029/2012GL052885.

② Tada, Grace Mitchell. "The Rising Tide Underfoot." Hakai Magazine, November 17, 2020. https://www.hakaimagazine.com/features/the-rising-tide-underfoot/.

球变暖起到了多大作用，也不知道自然变化的长周期在其中扮演了何种角色。CSSR 等评估报告在讨论海平面上升的文件忽略了一些重要细节，而这些细节将弱化他们的论点——近几十年海平面上升速度超过了历史变化水平，且人类影响在其中扮演了重要角色。毫无疑问，我们导致的全球变暖对海平面上升有所贡献，但鲜有证据证明这一贡献足够重要，更不用说导致灾难性后果了。

人类倾向在海岸附近建筑城市，于是，海平面上升自古以来就是对人类的一大威胁，保险公司也认为海平面上升是与气候变化相关的主要风险之一。[①]然而，这类风险的本质和严重程度仍然悬而未决。

理想情况下，解决问题的起点应该是理解问题的起因并且辨明可以采取何种措施解决问题。认为人类导致的全球变暖是海平面上升唯一因素，这种观点会让公众产生一种印象：减少排放就是解决海平面上升问题的一种办法——唉，实际上，因为冰的融化滞后于全球变暖（还因为第三章中讨论过的二氧化碳持久影响问题），即便我们的确就是海平面上升的罪魁祸首并且明天就停止所有碳排放，全球海平面仍会继续上升。此外，正如我们之前已经讨论过的，局部海平面变化及其效应比全球海平面复杂得多，涉及洋流、海岸侵蚀、天气模式、土地使用及构成等诸多因素，必须清楚、公正地传达这些因素的具体影响及互相之间的差异。如果海平面问题确实在未来几十年内成为一项重大威胁，那么毫无疑问，只有投入更多资源到进一步的研究和调整措施中，我们才能更好地做准备——然而，如果我们坚持认为已经知晓了所有问题的答案，就不会优先依此行事了。

---

① "Global Sea Level Rise: What It Means to You and Your Business." Zurich. com, May 21, 2019. https://www.zurich.com/en/knowledge/topics/global-risks/global-sea-level-rise-what-it-means-to-you-and-your-business.

第九章

不存在的大灾难

现在，媒体、公众舆论和政治风向，都把所有迫在眉睫的社会性灾难（比如死亡和破坏、疾病、农业崩溃和经济崩溃）归咎于人类对气候的影响。幸运的是，历史数据并不支持这类论断。另外，只有把几乎不可能出现的极端情境输入气候模型（并且如我们所见，这些模型本身也无法胜任预测未来情况的任务），才能得到未来出现灾难性影响的预测结果（常常用我们熟悉的“可能像……一样糟糕”来表述）。不过，要想理解在涉及这类冲击的问题上科学被歪曲得究竟有多严重，真的需要仔细考察一些例子中的细节。这一章给出了三个阐述“不存在的大灾难”的小例子。第一个是“与气候相关的死亡”，一种由猜测、牵强假设和数据误用产生的所谓“威胁”。第二个是未来的农业“灾难”，一种杂技般歪曲证据造成的假象。第三个则是所谓“巨大的”经济损失——事实证明，即便是按相关文件自身提供的数据，这类经济损失即便不是小到无法测量，程度也非常之小。

我在为奥巴马政府工作期间第一次见到了迈克尔·格林斯通（Michael Greenstone），他当时领导了一个确定温室气体排放经济冲击的跨部门项目。初识之后，我俩又有几次交集。格林斯通现在是芝加哥大学能源政策研究所所长，我发现他是一位精明且谨慎的能源经济学家。迈克尔后来开始研究局部及全球气候变化的经济效应，并且在 2019 年就研究过程中的部分发现在国会做了证言：

> ……到 2100 年，气候变化引发温度变化进而导致的全球死亡率将上升并超过目前所有传染病加起来导致的死亡率……我们估测，到 2100 年，全球每 10 万人中将会有 85 人因为气候变化而死亡……①

我们分析一下这些数字。2018 年，全球每 10 万人中有 75 人死于各类传染病——全年总死亡率（每 10 万人中 770 人）的 1/10 左右。考虑到现在全球约有 80 亿人口，也就是说，全球每年大约有 600 万人死于各类传染病。②因此，如果未来的温度变化真的能额外导致至少那么多人死亡，那确实问题很大。（作为对比，2020 年美国每 10 万人中有 100 人死于新冠疫情相关因素。全球角度上说，这个数字是每 10 万人中 23 人，也就是所有传染病致死人数的 1/3。）

评估格林斯通这番令人警觉的论断之前，我们先得问几个问题，尤其是：目前，全球因气候变化相关因素死亡的有多少人？在过去这个世纪里，这个人数的变化有什么趋势？从更基本的角度上说，你可能还会好奇："与气候相关的死亡"指的到底是什么？

---

① McMahon, Jeff. "Rise in Climate-Related Deaths Will Surpass All Infectious Diseases, Economist Testifies." Forbes, December 26, 2019. https://www.forbes.com/sites/jeffmcmahon/2019/12/27/climate-related-deaths-in-2100-will-surpass-current-mortality-from-all-infectious-diseases-economist-testifies/; Statement of Michael Greenstone to the United States House Committee on Oversight and Reform, Subcommittee on Environment, hearing on "Economics of Climate Change," December 19, 2019. https://epic.uchicago.edu/wp-content/uploads/2019/12/Greenstone-Testimony-12192019-FINAL.pdf.

② "World Health Statistics 2018 Monitoring Health for the SDGs." World Health Organization, 2020. https://apps.who.int/iris/bitstream/handle/10665/272596/9789241565585-eng.pdf.

没错，人类不会直接死于气候。气候变化是一个缓慢的过程，而且人类社会很大程度上能够适应这种变化（或者迁移）。不过，人类的确会死于与气候相关的天气事件——干旱和洪水、风暴、极端温度，以及野火。我们在前文中已经看到，气候变化是否真的助长了这些天气现象，答案还远没有确定。不过，我们还是先看看过去这个世纪里与天气相关的死亡人数纪录吧。

鲁汶天主教大学灾害流行病学研究中心（CRED）保有一个紧急事件数据库，库中囊括了1900年以来全球22 000多起大众灾害。[①]在这所机构的网站上，我们能轻松找到并下载自然灾害致死方面的数据，并且可以按照死因是否与天气相关（相关：干旱、洪水、风暴、野火和极端温度；不相关：地震、海啸和火山爆发）做进一步细分。虽然，由于特定事件的存在，这些数字每年都有很大波动，而且低估了早年的死亡人数，但如图9.1所示，我们还是可以通过考察10年平均数据得到某种意义上的变化趋势。

我们可以从这张图中得到的第一个重要结论是：即便在过去这个世纪里，全球变暖了1.2℃（2.2℉），死于天气相关因素的人数也大幅下降了——具体来说，目前的水平大约只有1个世纪前的20%左右。这很大程度上要归功于更好的风暴追踪、更好的洪水控制、更好的医疗保障，以及各国在发展中不断提升的灾害抵御能力。联合国最近的一份报告证实了过去20年间全球死于天气相关因素的人数变化趋势。[②]此外，在最近几十年里，每年每10万人中有0.16人死于极端天气事件，大约

---

① EM-DAT. "The International Disasters Database." Centre for Research on the Epidemiology of Disasters—CRED. Accessed December 1, 2020. https://www.emdat.be/.

② UNDRR and CRED. Human Cost of Disasters. Centre for Research on the Epidemiology of Disasters and UN Office for Disaster Risk Reduction, 2019. https://www.undrr.org/media/48008/download.

只是格林斯通预测的 2100 年水平的 1/500。

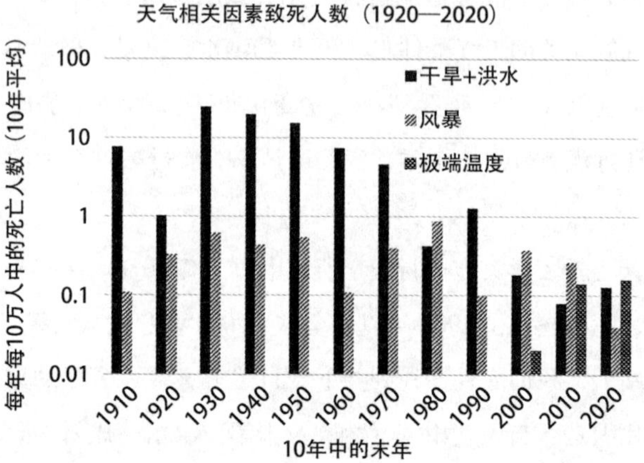

图 9.1

过去这个世纪天气相关灾害每年致死人数的 10 年平均值。纵坐标使用对数表示，横坐标标出 10 年统计周期中的末年。无论在哪个 10 年内，野火导致的死亡人数都小到图中无法展示。①

那么，格林斯通是怎么得出他那个令人警觉的结论的？在进一步的证词②中，格林斯通提供了当时刚刚发表的一篇论文③中有关这些发现的部分细节。这项分析使用历史记录研究温度对死亡人数的影响，然后把结果同气候模型对未来温度的预测结合起来，估测 2100 年死于温度

① Lomborg, Bjørn. False Alarm: How Climate Change Panic Costs Us Trillions, Hurts the Poor, and Fails to Fix the Planet. New York: Basic Books, 2020.

② Statement of Michael Greenstone to the United States House Committee on Oversight and Reform, hearing on "The Devastating Health Impacts of Climate Change." August 5, 2020. https://epic.uchicago.edu/wp-content/uploads/2020/08/Greenstone_Testimony_08052020.pdf.

③ Carleton, Tamma A., Amir Jina, Michael T. Delgado, Michael Greenstone, Trevor Houser, Solomon M. Hsiang, Andrew Hultgren, et al. "Valuing the Global Mortality Consequences of Climate Change Accounting for Adaptation Costs and Benefits." National Bureau of Economic Research (NBER), July 2020. https://www.nber.org/papers/w27599.

变化的人数。数据涉及全球24 378个地理区域，且充分考虑了当地现在的气候条件、收入状况和年龄分布。另外，研究人员还表示，他们至少部分考虑了当地的未来经济发展，以及对温度上升的适应情况。

同时，这篇研究论文承认，他们的分析充斥着各种假设和不确定因素——但格林斯通在国会作证时没有提到这点。实际上，论文作者特别强调“我们的全套估算显示出极大程度的不确定性”，而且其中至少有一部分“本质上就是无法解决的”。即便抛开经济和人口维度（我们在第四章中讨论过）不谈，无论是模型预测的温度变化本身，还是输入模型的碳排放情境，都存在巨大不确定性。事实证明，格林斯通2019年在国会作证时提出的“每10万人中有85人死亡，且置信度很高”是在难以想象的RCP8.5高排放情境下模型得到的平均值，真实值有80%的概率落在-21~201之间。因此，格林斯通证言的起点就是一个不太可能出现的极端情境。按照他自己的做法，在更可能出现的RCP4.5情境下，平均每10万人中的死亡人数减少到原来的1/6（从85锐减到14），真实值则很可能落在-45~63这个很大的范围之中。换句话说，在中等排放情境下的死亡人数反而还很有可能下降。

之所以不能对上述分析结果抱太大信心，还有其他原因。衡量模型可信度的关键标准就是它是否能复现过去已成事实的结果。举个例子，假如我们运行模型时只使用了1980年之前的数据，那么它输出的结果能多大程度匹配此后40年真实出现的死亡人数？这种“往后推算”的方法是检验气候模型本身优劣的重要手段。然而，在格林斯通的分析中完全看不到这种基础检验。没有这种检验的分析结果甚至比其依赖的气候模型更值得怀疑。

借助高度不确定的预测炮制令人警觉的标题是一回事，通过曲解已有数据推销与气候相关的死亡威胁又是另一回事。2019年，世界卫生组织总干事谭德塞（Tedros Ghebreyesus）在《外交事务》（*Froeign Affairs*）

杂志上发表了一篇题为《气候变化已经开始杀害我们》的文章。①然而，正文部分没能充分支撑这个让人难忘的标题。令人震惊的是，这篇文章把环境和家庭空气污染导致的死亡（据估计，每年每10万人中有100人因为这个原因过早死亡，占到全部死因致死总人数的1/8左右）和人类诱发气候变化导致的死亡混为一谈。世界卫生组织自己就曾说过，贫穷国家的室内空气污染——用木头、动物粪便和农作物废料生火做饭的后果——是全世界最为严重的环境问题，影响人数多达30亿。②这个问题的起因并非气候变化，而是贫穷。当然，这类污染确实会影响气候（我们之前已经讨论过，气溶胶其实有给地球降温的效果），但污染导致的死亡并不是因为气候变化，罪魁祸首是污染本身。世界卫生组织的领导层竟能无所顾忌地传递这种误导信息，这个事实尤其令人不安，因为这么做有可能会削弱公众对这个组织履行其重要公共卫生职责的信心。

2019年8月，《纽约时报》刊登了一篇题为《联合国警告，气候变化威胁全球食物供应》的文章。③这篇文章还同时宣布了IPCC的《气候变化与土地特别报告》（SRCCL）的决策者摘要正式发布。④《纽约时报》描述这份报告的发现时沿用了此类报道的标准模板：

---

① Ghebreyesus, Tedros Adhanom. "Climate Change Is Already Killing Us." Foreign Affairs, March 12, 2020. https://www.foreignaffairs.com/articles/2019-09-23/climate-change-already-killing-us.

② "Air pollution." World Health Organization (WHO). 2021. https://www.who.int/health-topics/air-pollution.

③ Flavelle, Christopher. "Climate Change Threatens the World's Food Supply, United Nations Warns." New York Times, August 8, 2019. https://www.nytimes.com/2019/08/08/climate/climate-change-food-supply.html.

④ IPCC. "Climate Change and Land." https://www.ipcc.ch/srccl/.

现在的情况已经很糟了（“气候变化导致作物产量下降，已经开始影响食物供应了”）；

未来，情况还会变得更糟（“……如果温室气体排放量持续上升，食物成本也会相应上升”）；

不过，我们可以迅速采取猛烈行动以避免最坏的情况出现（“……我们还有时间通过提升食品系统效率来应对上述威胁”）。

经过本书之前的铺垫，我相信，你读完这一连串陈述后，自然会生出有关历史背景和相关数据的老问题。最近几十年里，农业产量到底是个什么情况——真的已经受到气候变化的冲击了吗？如果是，那么程度如何？对未来灾难的预测到底是怎么说的，可信度又有多少？

要想回答这些问题，就一定要仔细阅读 IPCC 的特别报告原文。它在关键发现 A. 1. 4 中这样写道：

1961 年以来的可获取数据显示，植物油和肉类的人均供应增加了超过一倍，食物卡路里的人均供应上升了大约 1/3。(置信度高)

相应的数据支撑来自这份报告中的技术摘要，后者显示：自 1960 年以来，全球农作物和动物卡路里产量都极大程度上升了，另外，从 1965 年开始，为了满足人类的营养需求，我们每年都生产了超量食物卡路里。实际上，自 1980 年以来，全球每年每 10 万人中平均大约只有 2~4 人死于饥馑。而在 20 世纪上半叶，相应的数字是现在的 10~20 倍。① 当然，这并不是说我们已经彻底解决了饥饿问题——目前，全球仍有

① Hasell, Joe, and Max Roser. “Famines.” Our World in Data, last modified December 7, 2017. https://ourworldindata.org/famines.

10%左右的人口仍处于营养不良状态，贫困和食物分配问题就是两大原因，上述关键发现就特别提到，我们生产的食物中有1/4左右损失或浪费了。

但是，我们确实有能力养活全人类，而且这种能力很大程度上来自农作物产量的提高，比如图9.2中展示的那些。在1961—2011年这50年间，全球小麦、水稻和玉米的产量全部增长了1倍多，且美国玉米产量增加了2倍多。①

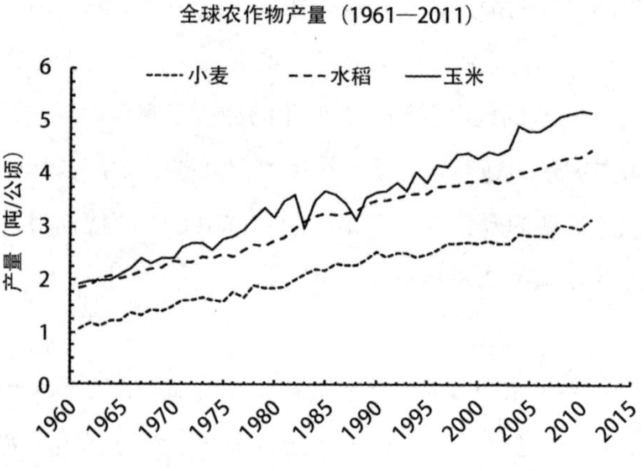

图9.2

小麦、水稻和玉米（全世界种植最多的三种农作物）全球产量变化趋势。②

农作物产量取决于诸多因素——植物遗传学、土壤可以提供的营养成分、农业活动和气候在天气方面的具体表现（温度、日照和降水）。不过，下面这个事实可能会让你惊讶：越来越高的二氧化碳浓度其实是作物产量提升的重要因素，因为更高的大气二氧化碳浓度会大幅提升农

① Nielsen, R. L. (Bob). "Historical Corn Grain Yields in the U. S." Corny News Network, Purdue University, April 2020. https://www.agry.purdue.edu/ext/corn/news/timeless/YieldTrends.html.

② IPCC SRCCL, Figure TS. 9.

作物光合作用速度，进而改变植物生理机能，使其能更高效地利用水。①②大气二氧化碳浓度的上升滋养了整个自然界。③SRCCL 在关键发现 A. 2. 3 中特别指出：根据卫星观测数据，过去 40 年间，全球有植被覆盖区域中有 25%～50%的区域叶面积指数（叶面积与土地面积的比值）显著上升，也就是“变绿”；全球只有不到 4%的区域叶面积指数下降，也就是“变褐”。

尽管农作物产量在过去几十年内大幅提升，SRCCL 仍旧提出了如下观点：

> ……即便将二氧化碳的肥效和农艺调整等因素考虑在内，1981—2010 年间，气候变化仍导致全球玉米、小麦和大豆平均产量分别下降了 4. 1%、1. 8%和 4. 5%。上述影响的不确定性方面（90%置信区间），玉米是-8. 5%～+0. 5%，小麦是-7. 5%～+4. 3%，大豆是-8. 4%～-0. 5%。没有发现气候变化显著冲击水稻产量。这项研究表明，气候变化导致全球农作物减产，使其没能达到应有的最高水平。另外，截至目前，我们的调整措施尚不足以抵消气候变化的负面影响，尤其是在低纬度地区。④

---

① Hille, Karl. "Rising Carbon Dioxide Levels Will Help and Hurt Crops." NASA, May 3, 2016. https://www.nasa.gov/feature/goddard/2016/nasa-study-rising-carbon-dioxide-levels-will-help-and-hurt-crops.

② Dusenge, M. E., A. G. Duarte, and D. A. Way. "Plant carbon metabolism and climate change: elevated CO_2 and temperature impacts on photosynthesis, photorespiration and respiration." New Phytologist 221 (2019): 32-49. https://nph.onlinelibrary.wiley.com/doi/full/10.1111/nph.15283.

③ Zhu, Zaichun, Shilong Piao, Ranga B. Myneni, Mengtian Huang, Zhenzhong Zeng, Josep G. Canadell, Philippe Ciais, et al. "Greening of the Earth and Its Drivers." Nature Climate Change 6 (2016): 791-795. https://www.nature.com/articles/nclimate3004.

④ IPCC SRCCL Section 5. 2. 2. 1

换句话说，这份报告认为，虽然小麦的真实产量在1981—2010年间上升了100%，但如果没有人为因素导致的气候变化，它本应该上升更多（104%）。类似地，玉米产量应该上升77%，而不是现在的70%。

遗憾的是，判断人为因素导致的气候变化如何及在多大程度上影响了农作物产量，远不是一件简单的事情。我们既得知道气候在没有人类影响时的状态，又得知道这种状态上的差异如何影响农业活动。换句话说，我们得做反事实分析——永远无法用实际观测结果加以检验。

实际上，上述研究使用的方法与气候、农作物模型不仅存在公认的局限性，① 而且它们得到的结果其实也相当不显著——与最初测量产量数据时的精确度相当（上述各种农作物产量数据来自联合国粮食及农业组织②，抽样精度各不相同，但最好的也不超过3%）。

说到即将到来的灾难，IPCC的报告中出现了大量针对未来粮食问题的定性警告，其中有许多根据的是我们在第四章中讨论过的可疑气候预测。例如，报告提到，在更高二氧化碳浓度和显著更高的温度中成长的农作物营养价值会下降大约10%，改变农作物相关基因可以缓解这个问题。然而，断言“产量会受到冲击”却不提受到何种程度的冲击，这样的做法即便没有误导性，那至少也是毫无意义的。

唉，我们在SRCCL中很难找到关于未来农作物产量的定量预测。然而，这份报告的关键发现A.5.4提供了一个继续“中规中矩”地按历史趋势发展的未来情境：

---

① Iizumi, Toshichika, Hideo Shiogama, Yukiko Imada, Naota Hanasaki, Hiroki Takikawa, and Motoki Nishimori. “Crop production losses associated with anthropogenic climate change for 1981—2010 compared with preindustrial levels.” International Journal of Climatology 38 (2018): 5405-5417. https://rmets.onlinelibrary.wiley.com/doi/10.1002/joc.5818.

② Food and Agriculture Organization of the United Nations (FAO). “Crops Processed.” FAO.org, July 29, 2020. http://www.fao.org/faostat/en/#data/QD/metadata.

……全球农作物和经济模型预测，到2050年，因为气候变化（RCP6.0），农作物价格将有7.6%的中等幅度上涨（范围在1%～23%），进而导致粮食价格上涨、粮食不安全及饥馑风险上升。（置信度中等）

这是个引人注目的说法，不仅因为它的具体内容，还因为它的阐述对象——价格，而非产量。全球市场上的粮食价格由供应量和需求量这两个巨大数字的平衡决定，其中任何一个发生微小变化都可能导致粮食价格大幅波动。显然，SRCCL的推导过程是：气候变化导致农作物减产，进而导致粮食供应不足，最后就是粮食价格上升。然而，建立供需模型本就困难重重，气候预测的不确定更是让这个任务变得愈加困难。而且除气候之外，还有许多因素也会影响食物供应。

不过，我们还是先把上述种种抛在一边，就字面含义本身考察上面这个关键发现。按中等幅度预测，到2050年农作物价格将有7.6%的上涨，也就是从现在起平均每年上升大约0.25%。我们现在更进一步，直接按所有模型结果中的最大幅度预测——30年后农作物价格上涨23%，或者说从现在起平均每年上升大约0.75%。农作物价格上升到这种程度会产生何种冲击？

图9.3展示了玉米和小麦价格的历史数据。你可以发现，在20世纪70年代，价格（已考虑通货膨胀因素并作相应调整）翻了倍，但自那之后就一直保持下降趋势。这表明，除气候变化之外，还有许多因素同样会影响农作物价格。另外也常会发现若干年内的价格波动远超未来30年气候相关因素导致的预期上升（23%）。换句话说，即便预测成为现实，价格波动也很难算得上“明显”。

总而言之，即便全球确实变暖了，在过去这个世纪里的农作物产量和总体粮食供应也仍然在急剧增长——2020年还创下了粮食产量的历史新高。[①]IPCC 的评估称，无论 1981—2010 年间发生了何种程度的气候变化，对如此强劲的增长来说都影响甚微。要预测到 2050 年时人类诱发的气候变化对农作物价格的冲击，不仅结果相当不确定，并且比过去的变化要小很多，因而在正常的市场动态变化中应该很难引起注意。总之，科学告诉我们，“气候”导致的农作物减产也是另一个“不存在的大灾难”的例子。

图 9.3

1913—2016 年间考虑通货膨胀并作相应调整后的玉米及小麦价格。纵坐标为对数坐标。图中所有价格的参考基准都是 1920 年前后的历史最高价。垂直粗线代表 23%，亦即预测到 2050 年的最大增长幅度，可见相较农作物价格的历史变化来说很小。[②]

2018 年感恩节后的第二天（黑色星期五），第四次美国全国气候评估报告，也就是 NCA2018 的第二卷发布。这一卷的主题是预测人类诱发气候变化的冲击，并且在正式发布后立刻引发了我们现在无比熟悉的

① Food And Agriculture Organization of the United Nations. “FAO Cereal Supply and Demand Brief.” December 3, 2020. http://www.fao.org/worldfoodsituation/csdb/en/.

② USDA Economic Research Service. “Inflation-adjusted price indices for corn, wheat, and soybeans show long-term declines.” April 2019. https://www.ers.usda.gov/data-products/chart-gallery/gallery/chart-detail/? chartId=76964

各种头版新闻标题——全都是警示即将到来的经济灾难。例如：

《气候变化将重创美国经济》(美国国家广播公司新闻[1])

《气候报告警示，气候变化将导致严峻的经济后果》(福克斯新闻[2])

《气候变化可能使美国损失数十亿美元》(《金融时报》[3])

《美国气候报告警示，气候变化将导致环境进一步恶化、经济萎靡》(《纽约时报》[4])

确实，这份报告第29章的关键信息2是这么写的：

如果全球各国不采取更积极的缓解措施，我们预测，气候变化将对美国经济、人类健康和自然环境造成重大损害。据估计，如果高碳排放模式继续且不采取相应措施（或是采取的措施程度有限），那么到本世纪末，一些经济部门的年损失将上升到数千亿美元。

上述关键信息和措辞激烈的头版新闻都让我倍感失望——这些文字

① Gregorian, Dareh. "Federal Report Says Climate Change Will Wallop U. S. Economy." NBC News, November 24, 2018. https://www.nbcnews.com/news/us-news/federal-report-says-climate-change-will-wallop-u-s-economy-n939521.

② Shaw, Adam. "Climate Report Warns of Grim Economic Consequences, Worsening Weather Disasters in US." Fox News, November 24, 2018. https://www.foxnews.com/politics/climate-report-warns-of-grim-economic-consequences-more-weather-disasters-in-us.

③ Crooks, Ed. "Climate Change Could Cost US Billions, Report Finds." Financial Times, November 23, 2018. https://www.ft.com/content/216b5ed2-ef68-11e8-89c8-d36339d835c0.

④ Davenport, Coral, and Kendra Pierre-Louis. "U. S. Climate Report Warns of Damaged Environment and Shrinking Economy." New York Times, November 23, 2018. https://www.nytimes.com/2018/11/23/climate/us-climate-report.html.

的目的显然就是为了恐吓。然而，我在这份报告发布之前就研究过，并且知道真实的预测情况是：气候变化对经济的净冲击相当小。下面我就来详细解释。

此前一年，也就是 2017 年，全球最大的投资机构之一向我征求关于气候科学的建议。他们要求我一定要考虑经济方面的冲击，于是，我便仔仔细细地阅读了联合国第五次评估报告（AR5）在这个问题上的说法。那也是我第一次研究气候变化对经济的冲击。

气候变化究竟会对经济造成何种冲击？各种预测都高度不确定。当然，我们已经知道，由于气候模型的缺陷及未来碳排放的不确定性，气候变化本身就高度不确定。另外，区域层面的气候不确定性比全球层面更大。举个例子，在最近一次加利福尼亚旱灾的前五六年，许多气候科学家都表示，人类对气候的影响提升了旱灾风险。[①]然而，在 2016 年干旱戏剧性地结束仅 1 年后，就有文章称，全球变暖意味着加利福尼亚会变得更湿润。[②]或许，这就是科学认识不断自我完善的过程吧。不客气地说，我明显感到气候科学现在仍悬而未决，所以才会出现这种**任何**不寻常天气都可以“归因于”人类影响的乱象。

另外，气候只是影响经济发展和人类福祉的诸多因素之一。经济政策、贸易状况、技术水平和政府管理都是重要影响因素，而且这些因素因国家和地区而异、会以难以预测的方式变化。经济措施具有高度区域性，其未来不确定性同区域气候预测结果的不确定性叠加在一起，使情

① Diffenbaugh, Noah S., Daniel L. Swain, and Danielle Touma. “Anthropogenic Warming Has Increased Drought Risk in California.” Proceedings of the National Academy of Sciences of the United States of America, National Academy of Sciences, March 31, 2015. https://www.ncbi.nlm.nih.gov/pmc/articles/PMC4386330/.

② Allen, Robert J., and Ray G. Anderson. “21st Century California Drought Risk Linked to Model Fidelity of the El Niño Teleconnection.” npj Climate and Atmospheric Science 1 (2018). https://www.nature.com/articles/s41612-018-0032-x.

况变得更加复杂。这么多未知因素摆在面前，预测不断上升的温度将如何及在多大程度上破坏社会经济尤其困难。其中也包括调整措施可能发挥的作用，比如提升海堤或改变农作物品种，从而最小化、甚至是利用气候变化带来的冲击。

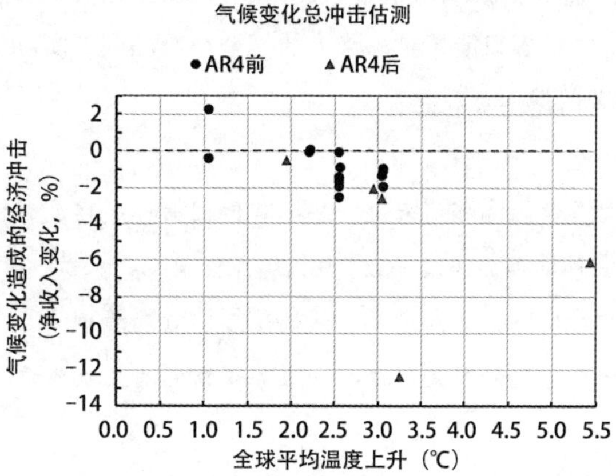

图 9.4

全球变暖在 2100 年对全球经济造成的净冲击预测。①

虽然困难重重，但 AR5 的第二工作组——他们负责根据第一工作组勾勒的气候变化概况评估其对自然生态和人类社会的冲击——还是阐述了全球变暖将如何影响世界经济活动。图 9.4 列出了大约 20 种已发表的估算结果，显示（我们现在已经很熟悉的）预测到 2100 年全球温度将上升 3℃，并且对全球经济造成负面冲击——然而，仍然不大于 3%。

在向投资者提供建议时，我提供了一些联合国报告忽略的重要背景。到 2100 年（距现在大约还有 80 年）产生 3% 的冲击，换算成年均

① Adapted from IPCC WG2 AR5, Figure 10.1.

下降速度就是3%除以80，也就是大约每年0.04%。IPCC各个情境（我们在第三章中已经讨论过）的前提是：在2100年以前，全球经济保持大约2%的年平均增长速度。那么气候变化对全球经济的冲击就是在这2%中减去0.04%，最后的结果就是年均1.96%的经济增长速度。换言之，联合国报告其实是在说，人类诱发的气候变化对经济的冲击小到可以忽略不计，最多只能算是马路上的一个小小凸起。实际上，这份报告第10章概要的第一点就是：

> 对大多数经济部门来说，相比其他因素，气候变化的冲击相对较小（中等证据，高度一致）。相比气候变化，人口、年龄、收入、技术、相对价格、生活方式、法规制度、政府管理方式等社会经济发展的诸多方面的变化对商品和服务供需的冲击都要更大。

2018年，IPCC的一名主要作者协调人撰写了一篇文章，回顾了最近4年发表的论文，并且得出了类似结论：

> ……气候变化对经济的冲击，总体来说是负面的，但平均而言程度较温和。另外，欠发达国家的严重经济冲击主要是由贫困造成的。①

专家们都清楚地知道，温度上升对经济的冲击总体而言程度相当小，并且学界在这一点上已有共识。只不过，对于那些希望敲响气候警钟的人来说，这个事实就不那么好承认了。我询问一位著名环境政策制

① Tol，Richard S. J. “The Economic Impacts of Climate Change.” Review of Environmental Economics and Policy 12（2018）. https：//www.journals.uchicago.edu/doi/10.1093/reep/rex027.

定者对这份联合国评估报告的看法时，他回答："是啊，经济受冲击的数字竟然这么小，太遗憾了。"这让我非常惊讶。

NCA2018 第二卷发表后，出现了大量令人窒息的媒体报道。上述背景让我做好了发表意见的充分准备。这份报告最后一章最后一幅图（重绘后成了这里的图 9.5）是基于 2017 年发表在《科学》杂志上的一篇文章。①它展示的是，到本世纪末全球平均温度上升对美国经济造成的直接损失预测（以相对 1980—2010 年间平均值的异常来表示）。和 IPCC 对全球经济的预测一样，这张图给出的结论也是温度上升对美国

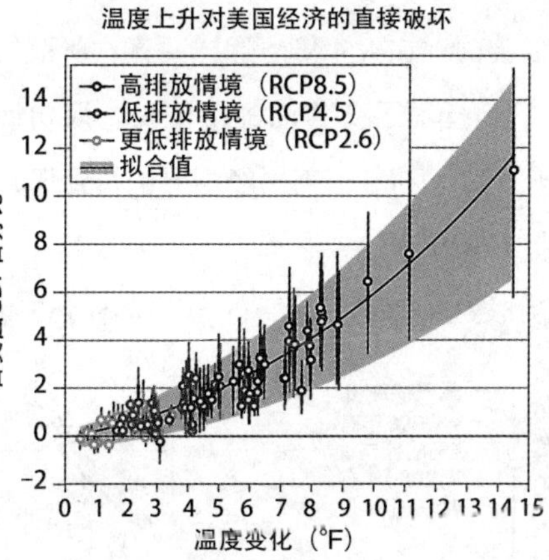

图 9.5

到本世纪末，温度上升给美国经济造成的直接损失预测。横轴代表 1980—2010 年间及 2080—2099 年间全球平均温度变化（℉）。图中的点代表中值，线和阴影部分则代表不确定度。（NCA2018，图 29.3）

① Hsiang, Solomon, Robert Kopp, Amir Jina, James Rising, Michael Delgado, Shashank Mohan, D. J. Rasmussen, et al. "Estimating Economic Damage from Climate Change in the United States." Science, June 30, 2017. https://science.sciencemag.org/content/356/6345/1362.full.

经济的冲击较小：即便是最大幅度的变暖（到本世纪末上升 5℃，或者说 9℉），对美国经济造成的损失也不过 4%。(值得一提的是，上升 5℃是相对现在的水平而言的，而现在的全球温度已经比前工业时代高了 1℃。因此，如果按巴黎协定的统计口径，这就是上升 6℃了，而这份协定设定的目标是把升温幅度控制在 1.5℃以下。)

和联合国的报告一样，NCA2018 没有把这个结果放在大背景中讨论，但我可以做个相当简单的计算：自 1930 年以来，美国经济的年均增长率为 3.2%（美国现在的经济体量比 90 年前大了差不多 20 倍）。我们保守假设美国经济未来 70 年能保持年均 2% 的增长速度，那么到 2090 年，美国经济体量会比现在大 4 倍。这样一算，所谓的到 2090 年能造成 4% 的经济冲击，只是抵消了 2 年的经济增长。换句话说，如果到 2090 年温度再额外上升 5℃（9℉），美国经济要增长到那时（70 年后）的应有水平，不过是推迟 2 年。

图 9.6 用图例形象地说明了这一点。注意图中 3 条曲线的位置有多

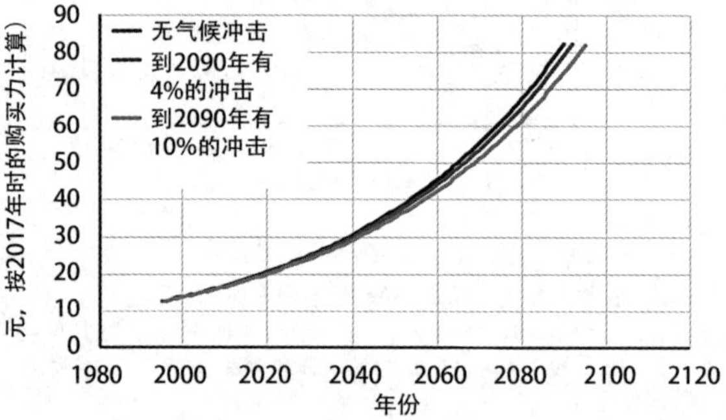

图 9.6

从现在到 2090 年的美国 GDP 预测。假设美元购买力不变。图中 3 条曲线分别代表，在美国经济保持年均 2% 的名义增长速度下，完全没有气候的冲击、气候变化到 2090 年对经济造成 4% 和 10% 冲击时的 GDP 变化。这张图假定气候变化对经济的冲击随时间呈线性变化。

么接近。其中一条曲线表明，在完全没有气候冲击的情况下，美国经济以年均2%的速度增长，那么美国GDP就会从如今的20万亿美元上升到2090年的80万亿美元。另一条曲线则根据NCA2018假设全球温度会在今天的水平上再上升5℃，这样经济增长曲线也只是轻微向右偏移，到2090年时损失应有水平的4%。最后一条曲线则假设全球温度在现在的水平上再上升7.2℃（13℉）——即便是在IPCC最为极端的高碳排放情境下预测结果也远未达到如此之高的变暖幅度。根据NCA2018，这么严重的升温会导致从现在到2090年时的经济下降10%，而要达到70年后的应有水平，也不过是推迟5年而已。

NCA2018在黑色星期五发布后的数小时内，我就起草了一篇简短的专栏文章，大致表达了我在这里阐述的内容。周一，《华尔街日报》就在线发表了我的这篇文章。①翌日，一位著名美国能源经济学家发电子邮件感谢我阐明观点——唉，这个人可能永远不会公开表示感谢。第二周，2017年那篇原始研究论文（NCA2018中使用的估计结果就来自这篇论文）的作者之一表示对媒体描述研究结果的方式感到失望。②

而气候科学界，尤其是NCA2018的作者们，对我这篇专栏文章的反应则是沉默。面对媒体的灾难化报道，他们无动于衷，没有采取任何措施。或许，他们自己都为贩卖末日焦虑的行径感到不安。又或许，就和我之前提到的那位希望经济受气候冲击的数字更大一些的决策者一样，这类报道正是他们期望的。

毫无疑问，你自己也肯定注意到了，与气候相关的经济灾难观念在

---

① Koonin, Steven. "The Climate Won't Crash the Economy." Wall Street Journal, November 27, 2018. https://www.wsj.com/articles/the-climate-wont-crash-the-economy-1543276899.

② Jina, Amir. "Will Global Warming Shrink U.S. GDP 10%? It's Complicated, Says The Person Who Made The Estimate." Forbes, December 5, 2018. https://www.forbes.com/sites/ucenergy/2018/12/05/will-global-warming-shrink-u-s-gdp-10-its-complicated-says-the-person-who-made-the-estimate.

媒体和政治的对话中仍旧存在并活跃。我们常称经济学为“糟糕的科学”，我曾经对一位著名经济学家打趣说，气候和经济预测结合在一起，会是“糟糕加倍”的结果。认为与气候变化相关的因素——包括农业条件的改变和风暴模式的变化——会对特定人群和经济部门产生不同经济冲击（和好处），是合理的想法。然而，与大众观点相左，即便是官方评估报告都表明：直至本世纪末，人类诱发的显著气候变化造成的净经济冲击，无论是对全球还是对美国经济而言都小到可以忽略不计。

很明显，媒体、政客，甚至常常是评估报告本身，都公然歪曲了科学对气候和灾难的表述。撰写报告和评审报告太过随意的科学家，不加批判重复错误内容的记者，坐视这些内容发表的编辑，热衷于煽风点火的活动家及其组织，在公众面前保持沉默、为欺骗行径背书的专家，都是造成这场败局的元凶。不断重复这类气候谬论，最终反而让它们变成了大家接受的“真相”。

写到这里，我们已经探索了气候问题上看似“定论”的说法与真实气候科学内容之间的鸿沟。那么，这条鸿沟是怎么产生的？在下一章中，我们会更加细致地考察导致公众狂热信奉一套并不存在的“共识”的巨大利益风暴。

第十章

谁破坏了“科学”，以及为什么？

如果科学的关键部分真的像前几章说的那样悬而未决，那么，为什么所谓的“科学”的叙事会如此不同？气候问题的各个利益相关方——科学家、科学机构、活动家和非政府组织、媒体、政客——是否真的为了说服大众接受他们的预设观点而不断提供误导信息？以及为什么在这件事上，所谓的“科学”获得了比科学本身更大的影响力？

多年以来，我一直在观察这个现象，并且思考了许多气候科学传播方式方面的问题。我不是人类行为领域的专家，但通过我的近距离观察视角、我的切身经历和一些有关人类的普遍真理，我知道造成现状的不是什么见不得人的阴谋，而是各方观点和利益的自我强化。让我们依次来看看那些最为重要的参与者。

媒 体

我在2004年搬去了英国，自然就开始阅读英国报纸。那上面的国际报道要比美国报纸多得多，多到让我震惊。毫无疑问，这是因为国土面积相对美国较小的英国必然要与外国产生更多联系。另外，与其他欧洲国家的联系，与曾是英帝国一部分的英联邦国家的历史关系，也是英国报纸国际报道众多的重要原因。当然，足球在英国报纸上占据的版面也远多于美国。不过，英国报纸最让我意外的不只是内容本身，更是他们的论调。无论是在社论中，还是在报道中，英国报纸都常常公开表现出明显的党派倾向。虽然我在搬去英国之前就广泛阅读过美国各大全国性报纸，比如《纽约时报》《华尔街日报》和《华盛顿邮报》，但在看到各大英国报纸——如《卫报》《泰晤士报》《每日电讯报》和《金融时报》——在报道内容、报道方式上差异如此之大，还是很受启发。

这些年来，美国媒体自发产生了更加明确且更有差异性的观点，而且这些观点也同样从社论渗透到了报道中。最值得注意的现象是：随着互联网时代的发展，新闻标题为了获取更高点击量而变得更有煽动性——即便文章内容本身并不支持他们想煽动的观点。如今，这种新闻报道朝令人警觉且易于转发方向的转变已远不止头版新闻，而是扩大到了几乎所有文章。这点在气候和能源议题上尤其明显。

无论有多高尚的宗旨，新闻行业在本质上终究是一门生意，而且在这个数字化时代愈发依赖点击量和转发量带来的“眼球效应”。极端天气事件几乎没有表现出任何长期变化趋势，这是科学事实，但报道这个事实并不符合“流血就上头版”的“新闻精神”。另一方面，也总能在这个世界的某个地方找到一个极端天气事件，足以撑起一个耸人听闻的标题。

人员变动也是媒体错误报道科学事实的一个原因。许多新闻采编室都在萎缩，严谨的深度报道越来越少。如今，很多从事气候报道的新闻人员本身并没有科学背景。这个问题尤为紧要，因为我们已经看到，评估报告本身就可能具有误导性，对非专业人士来说，就更难分辨事实究竟如何了。科学故事几乎总是关乎各种微妙的细节，需要时间和研究去验证。不幸的是，新闻生产周期的节奏只会变得越来越疯狂，留给记者和编辑做验证的时间远不如从前。现代媒体的多样性和普遍性增加了大众对新鲜“内容”的需求，率先发布故事的竞争也越来越激烈。另外，同科学家一样，虽然新闻行业的职业准则要求从业人员不带偏见，但这并不意味着偏见就不会渗透进这个行业。

我在同记者的交流中意识到，对于部分新闻从业人员来说，“气候变化”已经成了一项事业、一种使命——把这个世界从人类的破坏中拯救出来——于是，无论故事本身如何，把气候预警塞进去成了一种“正确”的事情，甚至是一种责任。一种新的职业类别的兴起更是助长了这种态势，这种职业就是“气候记者”。他们的任务很大程度上是预先确定的。如果他们没有一个可以报道的末日叙事，他们的文章就压根不会出现在报纸或广播中。

下面就举一个例子。《华盛顿邮报》最近的一篇头版新闻就报道称，拜登政府的气候政策旨在“快速减少美国的碳排放”，因为“与气候相关的灾难逐年增多，全球变暖的问题已经越来越难以忽视”。①

毫无疑问，正如你在前文中看到的，真实数据压根不支持“与气候相关的灾难逐年增多”的说法。

接下来有关新政府在气候政策方面计划的整版报道的确更基于事实。然而，要是没有开篇那一通警告，这样的文章会出现在头版上吗?

简而言之，公众对真实科学内容普遍的知识缺口，极端天气事件的戏剧性及其使人感同身受的冲击力，再加上来自产业方面的压力，全都不利于媒体做不偏不倚的公正报道。

政　客

政客通过鼓动和游说激发选民的热情和支持，从而获取选票、赢得选举。这并不是什么新鲜事。H. L 门肯（H. L. Mencken）在 1918 年发

① Brady, Dennis and Juliet Eilperin. “In Confronting Climate Change, Biden Won’t Have a Day to Waste.” Washington Post. December 22, 2020. https://www.washingtonpost.com/politics/2020/12/22/biden-climate-change/.

表的著作《捍卫妇女》(*In Defense of Women*) 中特别提到:

> 政治操作的全部目的就是要让民众保持警惕(于是,他们就会谋求安全的处境),具体做法就是用无穷无尽的妖魔鬼怪(其中大部分都是虚构的)加以威胁。①

气候灾难的威胁——无论是风暴、干旱、上升的海平面、农业减产,还是经济崩溃——都能让所有人产生共鸣。对这种威胁的描述既可以非常紧急(比如渲染最近发生的致命天气事件),又可以足够遥远,政客们的可怕预言只会在卸任几十年后才经受检验。遗憾的是,气候科学和相关的能源问题很复杂、很微妙,而复杂和微妙根本不适合用于政治信息的传递。于是,为了所谓的"科学",科学只能被割舍,经过"简化"之后用在政治舞台上。这样一来,我们需要采取的行动就可以被简单地描述为——**只要消灭化石燃料,就能拯救地球**。

当然,这不是气候议题独有的问题,选民也负有一定责任,他们厌恶灰色地带,因而不确定性很难凝聚民意基础。举个例子,如果只是将可再生能源描述为缓解**未来可能出现的问题**的**可能途径**(这其实更符合现实),而不是像现在这样称其为解决**迫在眉睫的危机**的**必要方案**,那么可再生能源政策获取的支持肯定会减少。不确定性从而也可以成为一种政治武器。对于那些会否认科学**已经**确定的基本事实——人类影响在气候变化中发挥了作用——的右翼政客,也不会放过在气候科学的不确定性上做文章的机会,比如将其当作"证据"来证明气候根本没有改变。

---

① Mencken, H. L. In Defense of Women. Project Gutenberg. Last updated February 6, 2013. https://www.gutenberg.org/files/1270/1270-h/1270-h.htm.

左翼政客则发现，讨论科学不确定性或是降低人类对气候影响的巨大挑战，并不利于获取大量选民支持。于是，他们便直截了当地宣称气候科学已是定论，给所有质疑这点的人贴上“气候否定者”的标签，同时把那些提倡“少一点说教，多一点研究”的良心科学家同公开反对科学本身的人混为一谈。

有些政客的行为甚至远远超出了谩骂、中伤的范畴，试图公然破坏科学进程。两个身价过亿的政客迈克尔·布隆伯格（Michael Bloomberg）和汤姆·斯蒂尔（Tom Steyer）——他俩的目标是“让人们觉得气候变化的威胁真实存在、迫在眉睫，且可能会毁灭人类商业”——伙同一些科学家和其他人员炮制了一系列报告，错误地把 RCP8.5 这种极端排放情境描述为“一如往常”(也就是说，人类没有进一步努力抑制碳排放)。[①][②]与此同时，他们还组织了一场复杂的运动，将错误观念输入科学会议和期刊。[③]试图以这种方式破坏科学进程的人与那些公开叫嚷着反科学的人本质上并无区别。好在，顶尖期刊现在已经揭穿了这类欺骗行径。[④][⑤]

最后，左翼政客还有一项标准操作：暗示许多宣扬“气候变化骗

---

① Helm, Burt. “Climate Change’s Bottom Line.” New York Times, January 31, 2015. https://www. nytimes. com /2015 /02 /01 /business /energy-environment /climate-changes-bottom-line. html.

② The Risky Business Project. “Risky Business: The Economic Risks of Climate Change in the United States.” June 2014. http://riskybusiness. org /site /assets /uploads /2015 /09 /RiskyBusiness_ Report_ WEB_ 09_ 08_ 14. pdf.

③ Pilke, Roger. “How Billionaires Tom Steyer and Michael Bloomberg Corrupted Climate Science.” Forbes, January 2, 2020. https://www. forbes. com/sites/rogerpielke/2020/01/02/how-billionaires-tom-steyer-and-michael-bloomberg-corrupted-climate-science.

④ Hausfather, Zeke, and Glen P. Peters. “Emissions—the ‘business as usual’ story is misleading.” Nature, January 29, 2020. https://www. nature. com/articles/d41586-020-00177-3.

⑤ Burgess, Matthew G., et al. Environmental Research Letters 16 (2020). https://doi. org/10. 1088/1748-9326/abcdd2.

局”的右翼政客之所以那么做，是因为他们与受限制性环境法规负面影响较大的产业联系紧密。唉，随着替代化石燃料的新能源产业蓬勃发展，政客们也有了炒作气候危机的经济激励。科学不应该有党派之分，但气候科学与能源政策和政治的紧密联系意味着这个科学领域几乎一定会陷入党派之争。

科学机构

对科学机构的信任是我们（以及媒体、政客）信任那些呈现在眼前的所谓的“科学”的基础。然而，在气候问题上，这些机构似乎更关心让科学契合他们的叙事，而不是让叙事符合科学。我们已经在前文中看到，准备官方评估报告的机构存在表达问题，他们常常以主动误导的方式总结或描述数据。在下一章中，我们会再深入一些讨论这种现象的起因，这里就不赘述了。

其他科学机构或者它们的领导人也相比提供信息更偏好说服。美国国家学院是美国国会 1863 年特许成立的一家私人非营利机构，职责是为国家提供咨询服务。下面这段是美国国家学院官方网站上的原话：

> 美国国家学院是在科学、工程和健康问题上为国家提供高质量、客观建议的机构。①

美国国家学院很大程度上通过由联邦机构赞助的书面报告提供建议。每年大约生产 200 份报告，内容涉及科学、工程学、医学及相关社

① “About Us：Who We Are.” The National Academies of Sciences，Engineering，and Medicine. Accessed December 1，2020 https://www.nationalacademies.org/about.

会议题。①

美国国家学院的报告在发布前需要经过漫长的撰写和评审。我很了解这个过程，因为我曾领导过两项美国国家学院的研究，也评审过数份别人的报告，同时还监管了6年美国国家学院在工程学和物理学方面的所有报告活动（其中一部分的主题是能源，但没有气候科学方面的）。如此漫长的撰写和评审过程确实让几乎所有报告都高度客观且质量很高。遗憾的是，正如我们在前文中看到的那样，他们在2014年和2017年/2018年对美国全国气候评估报告的评审（美国国家学院自身并不撰写这些报告）不是很符合上述标准。

2019年6月28日，美国国家学院的院长们发表了一份声明，确定了“气候变化的科学证据”。其中，唯一一段关于科学本身的段落是这样的：

> 科学家在一段时间之前就已经知道：种种证据都表明人类正在改变地球气候，其主要方式是排放温室气体。另外，气候变化正在带来冲击的证据也越发清晰、越来越多。地球大气和海洋都在变暖，某些极端事件的频率和强度在上升，沿海地区的海平面高度也在上升。②

即便考虑声明需要简洁，这段话也不完备、不准确且带有误导性地

---

① The National Academies of Sciences, Engineering, and Medicine. “Climate Change Publications.” The National Academies Press. Accessed December 1, 2020. https://www.nap.edu/.

② McNutt, Marcia, C. D. Mote Jr., Victor J. Dzau. “National Academies Presidents Affirm the Scientific Evidence of Climate Change.” The National Academies of Sciences, Engineering, and Medicine, June 18, 2019. http://www8.nationalacademies.org/onpinews/newsitem.aspx?RecordID=06182019.

描述了气候科学的现状。它把人类导致的全球变暖与地球气候的整体变化混为一谈，错误地暗示所有气候变化的源头都是人类影响。它提到了“某些极端事件”，却忽略了大多数极端事件（包括你读到这句话时最容易想到的那些“极端事件”，比如飓风）根本没有表现出明显变化趋势。另外，它提到“海平面高度也在上升”时，也不仅暗示这完全是人类导致的全球变暖引起的，而且忽略了海平面上升在历史上并不新鲜这个客观事实。

我相当肯定，院长们在新闻发布会上发表的这份个人声明事先没有经过美国国家学院的常规评审，否则，这些缺陷应当会被纠正。于是，这份声明虽然带着美国国家学院的权威背书，但却没有足够的严谨性。讽刺的是，这段声明之后，他们又提议美国国家学院“需要更清楚地向公众传达我们所知道的”，但院长们自己显然就没做到。

气候科学的传播受到了如此严重的破坏，甚至也动摇了公众对科学机构在其他关键社会问题（比如新冠疫情）上说法的信心。正如美国国家科学院前院长菲利普·汉德勒在 1980 年那篇社论（我在导言中提到过）中所写：

> 是时候回到科学的伦理和规范上来了，这样才能更有信心地推进政治进程。公众可能会奇怪，为什么我们连这些对政治决策至关重要的内容都还不知道——但是，只有我们老实地承认气候科学的巨大不确定性并且坚持进一步研究的必要性，公众才会保持对科学的尊重。如果我们掩饰、狡辩，就好像对所有必要的气候信息和知识都了然于胸，科学就会失去这一地位。科学家服务公共政策时，应该遵守科学伦理，而不是政治伦理。①

① Handler, Philip. “Public Doubts About Science.” Science, June 6, 1980. https://science.sciencemag.org/content/208/4448/1093.

科学家

本书在导言部分讲到了斯蒂芬·施耐德在效益与诚信之间的错误抉择。不过还有其他因素也会驱使气候研究者统一口径，对外将气候科学描述为定论，尽管他们内部可能仍在激烈地争论。费曼在那篇有关“货物崇拜”的演讲中以下面这段话作结：

> 祝愿你们未来能身处一个可以自由地保有我描述的那种正直的地方，而不必为了维持在组织中的地位、或为了获取财务支持等原因，被迫放弃这种正直。

我的亲身经历告诉我机构的这类压力是真实存在的。无论你是为政府、企业，还是非营利组织工作，总有规矩需要遵从。对学者来说，他们需要引起媒体注意以获得拨款，还会面临晋升和终身职位的问题。同行之间也会形成压力：不少研究者因为公开不支持“气候已遭破坏”的数据遭到公众谴责，职业生涯都受到严重影响。

麻省理工学院著名海洋学家卡尔·温施（Carl Wunsch）很久之前就敦促科学家在描述科学时要尽可能符合现实。①他这样描述气候科学家在必须产生引人注目的结果时面临的压力：

> 气候科学的核心问题是：无论以任何标准衡量，数据都不充分时，你要怎么做、怎么说？如果我花了3年时间分析数据，最后得

① Wunsch, Carl. “Swindled: Carl Wunsch Responds.” RealClimate, March 12, 2007. http://www.realclimate.org/index.php/archives/2007/03/swindled-carl-wunsch-responds/comment-page-3/.

到的唯一站得住脚的推论只是“现有数据不足以回答气候问题”，你要怎么才能发表这个结果？你要怎么获得下一笔拨款？常见的答案是扭曲那些充满不确定的计算结果，或是干脆完全忽略，转而发表一个《纽约时报》会报道的令人激动的故事。

这在很大程度上与医疗行业的情况类似：只做了小规模、控制不当的研究，就贸然宣称新药或新疗法的疗效。有多少这样的故事在多年后数据充足之时被撤回?①

那些**没有**参与气候研究的科学家同样背负责任。他们在评估气候科学的主张方面处于独特地位，但容易产生一种我称之为“气候迷宫”的现象。达希尔·哈米特（Dashiell Hammett）在 1929 年发表的小说《红色丰收》(*Red Harvest*) 中第一次使用了“血迷宫”这个词，用来描述长期身处暴力环境中的人出现的精神错乱状况。“气候迷宫”的病灶与之类似，指原本善于分析、行事严谨的科学家在讨论气候和能源问题时放弃原有的批判能力。举个例子，我有一位资深的科学同行，他曾要求我不要再指出 IPCC 报告中那些不利于阐述观点的部分，因为这样会导致“分心”。这显然就是进入气候迷宫的症状。这种“视而不见、听而不闻”的立场是我们在其他任何科学讨论中都从来没有见过的。

是什么导致了气候迷宫？或许是因为我们对气候科学知识的了解还不够多，或许是因为害怕公开这个事实，尤其是在科学家同行面前。又或者这就是一种简单的信念，更多源于对业内既定共识的信任，而非目前已有的证据。

列夫·托尔斯泰（Leo Tolstoy）1894 年的哲学作品《天国在你们心

① Revkin, Andrew C. “A Closer Look at Turbulent Oceans and Greenhouse Heating.” New York Times, August 26, 2014. https://dotearth.blogs.nytimes.com/2014/08/26/a-closer-look-at-turbulent-oceans-and-greenhouse-heating/.

中》(*The Kingdom of God Is Within You*) 提到了以下思想:

> 最艰深的主题也可以解释给最迟钝的人听，只要他还没有形成关于这个主题的任何想法。不过，另一方面，最简单的事情也无法对最聪慧的人讲明白，只要他没有任何怀疑，完全相信自己已经知道摆在眼前的一切。①

无论起因到底如何，气候迷宫确实是个现实问题。社会正在倡导的重大变革，未来要投入的数万亿资金，所有这些都基于气候科学的发现。科学应该接受严格的审查和质询，科学家应该以他们一贯的客观批判态度对待科学，而且，他们在这么做时不应该感到害怕。

活动家和非政府组织（NGOs）

我的收件箱里塞满了 350. org、忧思科学家联盟、自然资源保护委员会等非政府组织的筹款邮件。如果你相信“气候紧急状态”，以此为前提建立了一个组织，并且依赖捐赠者对这项事业的持续支持，那么就很有必要持续让他们感到解决气候问题有多么紧迫。于是就有了这样的口号:“气候危机很严重——我们必须鼓起勇气大胆应对”(来自 350. org 的官方网站②),“气候变化是人类有史以来面对的最深重问题之一——时间快来不及了”(来自忧思科学家联盟的官方网站③)。告诉你的捐赠

---

① Tolstoy, Leo. 1894. The Kingdom of God Is Within You. Project Gutenberg, July 26, 2013. https://www. gutenberg. org/files/43302/43302-h/43302-h. htm.

② “About 350. Org.” 350. org. Accessed December 1, 2020. https://350. org/about/.

③ “Climate Change.” Union of Concerned Scientists. Accessed December 1, 2020. https://www. ucsusa. org/climate.

者没有任何迹象表明气候受到破坏、或者预测未来气候灾难的模型本身有效性可疑，这对你没有任何好处。

媒体总是会赋予非政府组织权威立场。然而，这些组织本身也是利益相关者，有自己在气候和能源问题上的诉求。此外，他们还是能力很强的政治行动者，有能力动员支持者、筹集资金、进行选举活动，甚至行使政治权力。对很多非政府组织来说，“气候危机”就是他们存在的**全部意义**。另外，他们还要担心被更激进的组织超越。

我对环保激进主义没有任何意见，而且非政府组织的努力在很多方面都确实让这个世界变得更好了。但是，为了推进某项事业而扭曲科学绝对不可原谅，尤其是某些科学家还进入了这些组织的顾问委员会。

公　众

公众惧怕极端天气事件完全可以理解，对气候变化的担忧同人类本身一样古老。短期天气事件（风暴、洪水、干旱）给人类社会带来了压力和挑战。与此同时，时间跨度达到几十年的长期变化诱使人类大规模迁移，甚至会摧毁整个文明。举个例子，在大约750年前，持续时间长达25年的大干旱事件中，农作物反复歉收摧毁了美国西南部的许多社区。①

人类行为导致了这类气候灾难的想法也同人类本身一样古老——同样古老的是我们可以通过改变自身行为避免气候灾难的想法。《利未记》26：3-4许诺只要做了正确的事必然有回报，其中就包括了定期降雨（这点在中东地区非常重要），享受其带来的好处：

① The Editors of Encyclopaedia Britannica. “Great Drought.” Encyclopædia Britannica, November 26, 2012. https://www.britannica.com/event/Great-Drought#ref=ref112984.

> 你们若遵行我的律例，谨守我的诫命，我就给你们降下时雨，叫地生出土产，田野的树木结果子。

我们很想相信公众对气候的态度更加苛刻了，但他们中的大部分仍然只是不加质疑地接受了权威的说法。和全世界所有国家一样，大部分美国公民也不是科学家，美国的教育体系也没有向更广泛的公众提供多少科学素养。大多数人没有能力亲身检视科学是否正确，而且他们既没有时间也没有意愿这么做。许多人越发依赖社交媒体获取信息，在那里传播误导信息或虚假信息实在是太容易了。另外，根据我的经验，人们在其专业领域之外倾向于相信——并且信任——他们选择的媒体。

迈克尔·克莱顿（Michael Crichton）是一位畅销书作者，他的代表作有《仙女座菌株》(*The Andromeda Strain*)、《侏罗纪公园》(*Jurassic Park*)。克莱顿生前住在加州理工附近，在2008年去世之前也一直是加州理工学院帕萨迪纳分校智囊团的杰出成员之一。成为作家之前，克莱顿是一名医生，也是科学诚信的直言不讳的呼吁者，并且曾经对气候科学的公众表达提出质疑——他2004年发表的小说《恐惧状态》(*State of Fear*）就以此为主题。克莱顿同加州理工学院教授默里·盖尔曼（Murray Gell-Mann，诺贝尔物理学奖得主，率先提出夸克假说的研究人员之一）对话后，阐述了"盖尔曼失忆"效应：

> 你打开报纸，看到一篇话题很熟悉的文章——比如默里看到了物理学文章，或者我看到了娱乐业文章……
>
> 你可能带着愤怒或好笑的心态读到这篇报道中的多个错误，然后无论如何，只要翻到国内或国际新闻页面，就会觉得好像报纸上其他部分中对巴勒斯坦的报道要比你刚刚读到的胡扯更准确一样。

翻过一页，你就忘了自己所知道的东西。①

事情因此变得更加困难。今时今日，甚至试图讨论“科学”都会进入一个政治雷区。当我告诉别人评估报告中有关气候科学的部分实质上的含义时，很多人会立刻问我是不是特朗普的支持者。我的回答是：我不是，我是个科学家，总是支持真相。

作为科学家，我感到失望的是，科学界有那么多组织和个体明显在歪曲科学，目的是为了说服，而非提供信息。不过，就算只是一个普通公民，也应该关心这个问题。在民主国家，最终决定社会如何应对气候变化的是选民。没有充分了解科学说了什么（以及没说什么）——甚至错信了误导信息——就做出的重大决策，不太可能带来正面结果。新冠疫情就提供了发人深省的例证，气候与能源问题同样如此。

---

① Crichton, Michael. At the International Leadership Forum, La Jolla, CA, April 26, 2002. http://geer.tinho.net/crichton.why.speculate.txt.

第十一章
修复破碎的科学

2017 年初，距那次让我看到所谓的“科学”问题的美国物理学会研讨会已经过去了 3 年。在这段时间里，我一直在跟踪媒体和政客对气候科学的误导性宣传。6 个月前，我偶然发现了 2014 年美国全国气候评估报告中对飓风数据的错误描述（第六章中有介绍），感到很是恼火。于是，我越发确信所谓的“科学”需要“红队”机制——这个概念我已经酝酿了多年。

在这个机制中，一组科学家（也就是“红队”）的任务是严格地质询评估报告，努力找到并评估其中的薄弱环节。总的来说，我们会向合格的质询团队询问：“这个论点有什么问题?”当然，“蓝队”（大概率是评估报告的作者）也有机会反驳红队的发现。红队机制通常用于为重大决策提供信息，比如测试国家情报机关的发现或验证飞行器与航天器等复杂工程项目的有效性，在网络安全领域也很常见。红队捕捉错误和漏洞，识别盲点，并且常常有助于避免灾难性错误。总的来说，红队机制是谨慎的双保险决策机制的重要组成部分。（值得一提的是，“红队”和“蓝队”是传统军事术语，这种机制本来也是起源自军事，与美国政治无关。）

红队对气候评估报告的严格审查可以增强外界对报告的信心，并证明报告结论可靠（或不可靠）。这个机制既能凸显科学经受住严格审查的可靠性，又能向非专业人士展示报告中被掩盖或淡化的不确定性或“不方便”强调的内容。简而言之，这个机制可以用科学改进和加强促进所谓的“科学”。

当然，无论是IPCC，还是美国政府，都宣称他们的报告是权威的，因为在正式发表之前都已经接受了严格的同行评审。所以为什么还要做另一层级上的审查呢？正如本书前面这些章节所强调的，最直接的答案就是这些报告中出现了一些令人震惊的错误。而这些错误出现的一大重要原因就是评审它们的方式。下面，我就来详细解释。

科学是一种通过测试不断发展的知识体系，一步接着一步。如果这个过程中的每一步都扎实可靠，那么研究人员可以迅速取得某些令人惊叹的成就，比如迅猛的疫苗研发和现代信息技术发展。要想知道某个研究人员是否真的发现了可靠的全新知识，其他研究人员就会仔细审查，并经常挑战实验或观测的结果，或者构建新的模型和理论。**测量的过程是否正确？实验中的对照组是否充足？实验结果与之前的认识是否一致？出现意外结果的原因是什么？**新的结果只有得到了这类问题的满意答案后，才能融入不断增长的科学知识体系。

科学期刊的同行评审只是审查并挑战新研究结果的一种机制。在同行评审过程中，各个专家独立地分析并批判描述研究结果的论文初稿。作者对这些批评的回应则由第三方评审人裁决，评审员之后就会决定是否向期刊编辑推荐发表该论文，或应当如何修改。

在我45年的科学生涯中，参与过许多次这样的同行评审——有时候是以作者的身份，有时候是以审稿人的身份，有时候是以第三方评审人的身份，还有几次是以编辑的身份。根据我的这些亲身经历，我可以告诉你，同行评审可以提升论文的表达，通常也能抓住论文中的重大错误，但也远非完美，绝不可能保证最后发表的内容完全正确。①其他研

---

① Smith, Richard. “Peer Review: a Flawed Process at the Heart of Science and Journals.” Journal of the Royal Society of Medicine 99 (2006): 178-182. https://www.ncbi.nlm.nih.gov/pmc/articles/PMC1420798/.

究人员在自己的研究中独立地复现或反驳论文中的结果，反而能更强有力地保证论文内容的正确性。所有重要发现最终会经历这一过程。

不过，评估报告并非研究论文——相反，它是一种目的与论文截然不同的文件。期刊论文是专家为专家撰写的重点阐述报告。相较之下，评估报告的作者必须评判众多研究论文的重要性和有效性，然后再把它们综合起来，形成一套面向非专业人士的综合声明。因此，评估报告中的“故事”真的很重要，讲述“故事”的语言也同样重要——尤其是在介绍像气候这样的重要议题时。

起草和评审气候科学评估报告的过程并不会提升它的客观性。来自科学和环境机构的政府官员（他们可能预先已有了自己的观点）负责提名或选择作者，这些作者不受利益冲突的限制。也就是说，他们选择的作者可能为化石燃料公司或倡导“气候行动”的非政府组织工作。于是，评估报告就更可能被用于说服他人，而非提供信息。

一大批志愿参加评审工作的专家（就美国全国气候评估报告来说，专家中囊括了一个由美国国家学院召集的小组）负责评审报告草案。然而，与研究论文的同行评审不同，评估报告审稿人与主要作者之间的分歧并非由独立的第三方评审人裁决。相反，主要作者只要简单地说上一句“我们不同意”就可以拒绝接受批评。之后，评估报告的最终版本需要提交给政府审批（通过美国政府的跨部门程序和时常会出现争议的IPCC专家及政客会议）。另外——还有一点非常关键——IPCC的“决策者摘要”会受到政府（原本就希望推进某个方向的政策）的严重影响，甚至可能直接由后者撰写。总而言之，有很多机会和因素可以破坏评审过程和最终版评估报告的客观性。

2017年2月初，我在全球和区域气候变化大会第四次圣达菲会议（一个在传统上鼓励与会者发表各种观点的论坛）上提出了红队机制的想法。现场有数百位专家，我在宣讲结束后，请赞同这个想法的举手示意，结果惊讶地发现有那么多人给出了积极的反馈——大多数听众认为，如果执行得当，这个措施会有作用。或许，在看到自己的科学领域被如此向非专业人士描述时，这些“身在战壕中”的科研人员比我想象的还要不安。无论如何，他们的支持给了我勇气，让我把这个想法传递给更广泛的受众。

当时，第一届“科学大游行”正准备于2017年4月22日（地球日）举行，全球600个城市发起集会和游行。既然大游行的一大目标就是呼吁制定最符合公众利益的基于证据的政策，我觉得这就是一个不错的时机，可以向非专业人士传达有关气候科学及其传播的重要观点。考虑到那年秋天还计划发布一份相当重要的美国政府评估报告（NCA2018的第一部分，气候科学特别报告，也就是CSSR），这个时间点就显得尤为合适了。

科学大游行之前2天，《华尔街日报》发表了一篇我的评论文章，我在文章中提出要对气候科学评估报告做红队审查。①我以NCA2014中对飓风的误导性警示描述为例，阐明这种审查机制的必要性，并概述了具体实施方式。

我的意见在网上得到了接近750条读者评论，其中绝大多数都表示支持。特朗普政府中的一些人也注意到了我的观点，鉴于他们甚至都不愿意公开接受哪怕最基本的气候共识，他们对气候科学红队机制的“兴趣”引发了强烈的反对。其中最重要的是2017年7月末约翰·霍尔德伦（John Holdren，奥巴马政府的科学顾问，之前是CSSR的发起人）发表的文章②和一周之后埃里克·戴维森（Eric Davidson，美国地球物

① Koonin, Steven. “A ‘Red Team’ Exercise Would Strengthen Climate Science.” Wall Street Journal, April 20, 2017. https://www.wsj.com/articles/a-red-team-exercise-would-strengthen-climate-science-1492728579.

② Holdren, John P. “The Perversity of the Climate Science Kangaroo Court.” Boston Globe, July 25, 2017. https://www.bostonglobe.com/opinion/2017/07/24/the-perversity-red-teaming-climate-science/VkT05883ajZaTPMbrP3wpJ/story.html.

理联合会主席）和马西亚·麦克纳特（Marcia McNutt，美国国家科学院院长）发表的文章。[①]他们的基本观点都是：既然气候研究和气候评估报告都已经经过了同行评审，那么红队机制就是多余的。戴维森和麦克纳特的原话是这样的：

> ……如果这个机制的目的是让红队质疑主流科学界（蓝队）在气候变化问题上的共识，那么就忽略了一个事实：在逐渐形成共识的过程中，这样的挑战已经出现了成千上万次。

霍尔德伦的措辞则更为尖锐：

> 这个机制的部分支持者可能天真地认为，这个杂乱无章的过程可以发现主流气候科学的缺陷——全球气候科学界经过一层又一层或正式或非正式的专家同行评审，经过长达数十年的严格审视，但不知怎的，就是偏偏忽略了这些问题。

值得注意的是，这两篇文章既没有回应我强调的 NCA2014 对飓风数据的虚假阐释，也没有解释为什么这种问题能够逃过“长达数十年的严格审视”，逃过“经过一层又一层或正式或非正式的专家同行评审”。这尤其令人失望，因为我们科学家接受的训练就是要注重细节。相反，这些评论文章只是对评估报告的撰写和评审过程的严谨性做了模糊且乏味的保证。正如我之前特别指出的，评估报告中的**研究**部分确实经受住了公众们所期待的、严格的同行评审，但总结和结论部分并没有。飓风

---

① Davidson, Eric, and Marcia K. McNutt. “Red/Blue and Peer Review.” Eos, August 2, 2017. https://eos.org/opinions/red-blue-and-peer-review.

的例子只是评估报告中无数错误和误导性表述中的一个，我在本书之前的章节中已经介绍了其他几个典型例子。

政府对红队审查机制的关注一直持续到2019年年中，那些受到误导，认为气候科学已是定论且没有科学背景的政客也提出了更多反对意见。2019年3月7日，参议员舒默（Schumer），连同参议员卡珀（Carper）、里德（Reed）、范霍伦（Van Hollen）、怀特豪斯（Whitehouse）、马基（Markey）、沙茨（Schatz）、史密斯（Smith）、布卢门撒尔（Blumenthal）、沙欣（Shaheen）、布克（Booker）、斯塔贝诺（Stabenow）、克罗布查尔（Klobuchar）、哈桑（Hassan）、莫克利（Merkley）和范斯坦（Feinstein）提出了参议院第729号法案：

> ……禁止使用给予联邦机构的资金成立专家小组、特别工作组、咨询委员会或其他任何试图挑战气候变化科学共识或其他目的的尝试。①

虽然这个法案最后没有取得任何进展，但这肯定不是国会第一次试图阻止相关努力。对此，我承认我很震惊——“试图挑战科学共识”可以轻松囊括许多气候科学研究，而且，将某种科学观点奉为不容侵犯的共识很难算是政府的职责（至少在民主国家是这样）。我无法想象国会针对其他重要研究领域（比如新冠疗法研究）做这样的事。另外，作为学生时代学习过历史的人，我觉得这项法案会令人不安地联想起1546年特伦托会议颁布的法令，那项法令试图压制一切挑战教

① A Bill to Prohibit the Use of Funds to Federal Agencies to Establish a Panel, Task Force, Advisory Committee, or Other Effort to Challenge the Scientific Consensus on Climate Change, and for Other Purposes, S. 729, 116th Congress (2019). https://www.govtrack.us/congress/bills/116/s729/text.

会教义的行为。[1]人类的有些行为是不受时间限制的，即便我们自认为现代人类社会是那么开明。

我仍旧认为红队审查机制是一种重要工具，应该被用来修补报告的评估过程。不过，通过媒体向公众传达气候报告内容的方式也需要改进。2018 年 2 月，在美国国家学院启动气候传播倡议之后[2]，我组织了其他 34 名美国国家学院成员撰写并寄出了一封信，敦促这份倡议应该严守美国国家学院的立场，亦即致力于提供信息，而不是说服，并且避免提倡特定观点。另外，我们还敦促美国国家学院采纳一套原则，以确保所属机构在气候科学的传播上保持透明、完备、不偏不倚。

美国国家学院的院长们——我私下全都认识——在 2018 年 2 月 21 日给我回了一封措辞礼貌的电子邮件：

> 我们感谢您和这封信的其他署名人费心费力提供这些深思熟虑的意见。我们认同新的气候传播倡议在立场上必须避免提倡特定观点，在材料选取上恪守原则，同时建立一套评审机制。我们会把这封信分享给咨询委员会成员，以便为他们的审议提供参考，也让他们知道在开展工作时可以联系您或其他署名人以澄清或征询进一步的意见。

我后来也没有收到咨询委员会的回复。不过，公众和决策者也许也

① Fourth Session Council of Trent, April 8, 1546. "Canonical Decree Concerning the Canonical Scriptures." https://www.csun.edu/~hcfll004/trent4.html.

② "Climate Communications Initiative." The National Academies of Sciences, Engineering, and Medicine. Accessed December 1, 2020. https://www.nationalacademies.org/our-work/climate-communications-initiative.

会觉得这些原则很实用，因为这可以帮助他们带着更批判的态度对待那些气候“新闻”。你或许认为，在气候科学问题上，非专业人士几乎不可能知道该相信什么（或谁）。不过，即便你没有意愿或没有太多时间自行发掘事实，也仍能轻松注意到一些应当引起警惕的危险信号。下面我就举几个例子。

所有那些在提到科学家时用“否认者”或“危言耸听者”等贬义词汇贴标签的人都是在从事某种政治活动或宣传。在使用“气候变化”这个术语时对自然因素和人为因素不作区分，意味着使用者对这个问题很草率（或许是故意的）。许多文章声称主题是人类如何破坏地球气候（或者我们必须怎么做才能减少碳排放以“修复”气候），但具体内容却充斥着不能归因于人为因素的（或是不能通过改变人类行为来修复的）气候变化趋势的例子。

声称在科学家群体中达成了所谓“97%共识”的行为则是另一种危险信号。得出这个数字的研究已经被令人信服地驳斥了。[①]无论在何种情况下，都没有人曾确切地说明97%的科学家就何种问题达成了何种共识。“气候正在变化?”当然是，我同意!“人类行为正在影响气候。”绝对是，我支持!“我们正在见证灾难性的天气冲击，未来还会面临更严重的?”恐怕未必（我希望已经读到这里的你已经了然于心。）

把天气和气候混为一谈也是一种危险信号。某年的坏天气并不意味着气候变化，气候的时间跨度以10年计。另外，还会出现类似《最近30年最活跃的风暴季》这样的新闻标题……可是如果在人类对气候影响远不如今天的过去也发生过类似的事，起到主要作用的必定还是自然系统自身的变化。

① See, for example, Tol, Richard S. J. “Comment on ‘Quantifying the consensus on anthropogenic global warming in the scientific literature.’” Environmental Research Letters 11 (2016). https://iopscience. iop. org/article/10. 1088/1748-9326/11/4/048001.

省略数字也是一种危险信号。“海平面正在上涨”听上去很令人警觉，但“在过去150年中，海平面以每100年不到30厘米（1英尺）的速度上涨”听上去警示效果就差得多了。另外，没有省略数字，但对不确定性闭口不提，这也是非专业人士在讨论气候科学时的一个需要警惕的信号——至少已有一位知名记者意识到了这个问题。①

另一种常见的误导策略是忽略背景引用初看惊人的数字。《海洋变暖的速度如同每秒向其中投入5颗广岛原子弹》之类的标题听上去确实骇人，尤其是它还提到了核武器。②然而，如果你继续细读文章，就会知晓海洋变暖的速度是每10年仅仅上升0.04℃（0.07℉）。另外，稍微复习一下基础知识，你就能知道，地球每秒吸收的太阳光能量（同时也是向宇宙空间辐射的热量）等同于2 000颗广岛原子弹。引用惊人数字却不提相关背景能非常轻易地在说服的过程中起到惊吓读者的作用。

另外，非专业人士在讨论气候科学时还常常混淆已经存在的气候事实（观测结果）和可能出现的气候预测（不同情境下的模型预测结果）。第三章和第四章已经体现了气候预测本身有多么不确定，因此，看到头版新闻上刊登了某个“基于模型”预测世界末日即将到来的故事，就一定要警惕。另外，新闻报道中“可能是”“或许是”“差不多”“不能排除”等词汇更多的是反映了我们人类的无知，而不是预言了末日。至少也应该同时呈现出最好和最坏的情况，然而就像我之前提到的，读者都应该特别警惕被描述为“一如往常”的所谓最坏情况。

所有人都可以（并且应该）在阅读有关气候科学的报道时牢记这些

---

① Jenkins, Holman W., Jr. “Change Would Be Healthy at U.S. Climate Agencies.” Wall Street Journal, February 4, 2017. https://www.wsj.com/articles/change-would-be-healthy-at-u-s-climate-agencies-1486165226.

② Kottasovâ, Ivana. “Oceans Are Warming at the Same Rate as If Five Hiroshima Bombs Were Dropped in Every Second.” CNN, January 13, 2020. https://www.cnn.com/2020/01/13/world/climate-change-oceans-heat-intl/index.html.

危险信号。核查不同媒体的报道梗概有无冲突，有助于勾勒出气候新闻故事背后的真实背景。广播报道在这方面表现尤为不佳，因为它们的报道都很简短，旨在引人注目。(特别要警惕那些已经变成“气候和天气播报员”的天气播报员——要知道，报道时间跨度30年以上的气候变化完全不符合“突发新闻”的标准。）纸媒和在线新闻媒体相对还会好一些（但头版新闻除外)。

完成这一步之后，如果你还有时间，那么接下去最好能查阅报道援引的主要研究，以核实报道内容。我们可以从原版研究论文发表的期刊上看到论文摘要，对于那些特别重要的研究，有时甚至能在网上免费获取论文本身。还有一些博客也在严谨地持续报道最新的气候科学研究进展。在共识问题方面，网站“真实气候”(Real Climate，网址为realclimate. org）值得一看；在非共识问题方面，朱迪斯·科里（Judith Curry）的网站“气候等”(Climate Etc.，网址为judithcurry. com）上的讨论比较严谨。

不过，最好的核查方法还是直接查验数据——说到底，数据才是所有科学的仲裁人。从美国政府的许多网站上都能相当容易地获取气候数据——比如美国环境保护局（EPA，网址为www. epa. gov/climate-indicators）和美国国家海洋和大气局（NOAA，网址为www. noaa. gov/climate)。因此，如果你读到一篇关于海平面上升、飓风或平均温度的报道，并且希望深入挖掘一下，那就只需要接入互联网并且知道输入哪些问题可能会提供见解（希望所有读到这里的读者都已经知道了)。

第二部分　应　对

科学家可不是占卜师，没有水晶球能告诉我们如何（甚至是否需要）保护地球免受各种自然因素或人为因素可能导致的问题的影响。我们拥有的就是数据（虽然并不完美），以及基于数据运用批判性思维和解决问题的能力，从而识别甚至预测问题，进而提出解决方案。

至于解决方案究竟是什么，不同的人有不同的想法。你大概也至少听过其中一些。一种比较极端的方案是旨在于未来几十年内彻底消灭人类温室气体排放的“登月”式的计划，这也是多国政府、联合国以及几乎所有非政府组织提倡的方案。在另一个极端，有人提出我们可以一如往常，默认地球气候对人类影响相当不敏感，且我们能够适应未来出现的任何变化。

我们**可以**做很多事以减少人类对地球气候的影响（但不必然能阻止地球气候变化）。这个有关“可以”的讨论针对的主要是科学和技术，因为我们首先得知道在完全没有人类影响的情况下全球气候会如何变化，以及我们采取的行动是否会真的显著地产生积极影响。

“我们**可以**做什么”的问题与“我们**应该**做什么”的问题迥然不同。任何有关人类世界**应该**如何应对气候变化的讨论最好基于科学的确定性与不确定性。不过，归根结底，这是对于价值的讨论——必须在不完全了解未来气候状况的前提下权衡社会发展、环境保护和代际与地域公平。另外，“可以”“应该”这两个问题又与“我们**会**怎么做?”大相径庭。回答这个问题涉及政治、经济和技术发展的现实状况。实际上，有很多事我们“可以”做，甚至或许也“应该”做——比如消灭贫困——但出于各种原因却“不会去”做。重要的是，判断“会”做什么与陈述“应该”做什么并不完全一致。

2004 年，我辞去加州理工学院教授和教务长的职务，前往英国石油公司担任首席科学家，并且开始认真研究“石油之外”的能源技术。正是在那时，我开始问自己“可以做”“应该做”“会怎么做”的问题。接着，我很快便意识到，在“应该做什么”这个问题上，我并没有任何独到见解——在如此复杂的问题上，我的价值判断并不比其他任何人更好，而且我也不是哲学家或伦理学家。不过，在 1 年左右的时间内，通过为非专业人士清晰地阐述问题以及各种应对策略的优缺点，我开始对“可以做”和“会怎么做”这两个问题有了深入的有益思考。这份工作对我来说相当自然，因为它要求以冷静的科学态度采集、分析并诠释数据，而这与我之前在政府咨询部门的工作几乎没有任何不同。

在过去 15 年里，我一直在研究“我们**可以**做什么”这个问题，并且在数不清的公开表达中介绍这个问题的大框架。IPCC 的各种评估报告提出，全世界都应该（实际上是“必须”）迅速减少温室气体排放，以免出现人为因素导致的气候变化的最坏结果。另外，这些报告还提出，应该通过向“低碳”能源和农业实践过渡且使用更少能源和食物（节约资源）的方式实现“缓解”（主要是针对与能源相关的二氧化碳）。总目标是在 21 世纪中叶实现“净零碳”。虽然从原则上说，实现这种目标的减排并不存在绝对无法克服的阻碍，但科学、技术、经济、社会等诸多因素结合在一起，使得人类社会“会”这么做的概率微乎其微。幸运的是，我们不但远不能确定气候灾难是否真的在接近（正如我们在本书第一部分中看到的那样），而且还有其他应对气候变化的策略，尤其是适应措施和地球工程。

因此，人类社会究竟是在何种大背景下应对气候变化？以下就是我的观点梗概：

要想将人类对气候的影响保持在联合国和多国政府认为的安全水平之下，需要让过去几十年内一直在上涨的全球二氧化碳排放在本世纪后半叶的某个时间点彻底消失。

减排必然会面对诸多挑战，包括由人口增长和社会发展驱动的猛烈上升的能源需求、化石燃料在能源产业中的主导地位，以及低排放技术目前尚未克服的种种缺陷。

这些阻碍，以及未来气候冲击的不确定性和模糊性，意味着人类社会最有可能采取的应对措施就是适应气候变化，而且这种适应很有可能有效。

接下去，我就来介绍支持上述观点的数据和相关分析。

第十二章
无碳的幻影

2004 年 10 月，我坐在日本京都的一个大会议厅内，参加第一届科学技术与社会论坛。日本前科学技术政策大臣尾身幸次先生（Mr. Koji Omi）召集了这次由科学家、技术专家、企业高管、政策制定者和媒体参与的全球聚会，以讨论科学技术在解决全球问题（气候变化就是其中之一）上可以发挥的作用。自那之后，科学技术与社会论坛就成了每年举行一次的活动，最近这些年我都参加了，而且还是这个论坛美国联合会的负责人。像这样的会议是了解全球各地科学、技术与政策交叉领域动态的绝佳方式。

因为倒时差的关系，在大会的发言环节时我的思绪飘到了如何向非专业人士解释减少二氧化碳对气候的影响。会上讨论的几乎所有政策都集中在减少排放上，但真正直接影响气候的是温室气体在大气层中的浓度。与会者似乎普遍缺乏对排放与这个浓度间关系的认识。遗憾的是，正如我在第三章中讨论过的，正是这一点简单的科学大大增加了减少人类影响这项任务的难度。

大气中的二氧化碳浓度每年的增长量大约是排放量的一半。如果现在大气中的二氧化碳浓度是 415 ppm，且每年的二氧化碳排放量是 370 亿吨（人类目前的排放水平），那么大气中的二氧化碳浓度每年大约会上升 2 ppm。然而，浓度是排放累积的结果，并且，正如我们在前文中看到的，我们向地球大气中排放的二氧化碳并不会在我们停止排放后立刻消失。它们会在大气中累积，并且在那里停留数个世纪，由植物和海洋缓慢吸收。中等程度的减排只能推迟，而不是防止浓度的上升。那么，即便不考虑需要付出的代价，全球二氧化碳排放究竟有多大可能在未来几十年内减少到足以稳定（更不用说减少）人类对气候影响的程度？从京都回到伦敦后，我决心找到这个问题的答案，并且以简明的方式呈现给他人。

大约1年后，我对科学和社会两方面的挑战有了足够的理解，因而清楚地看到，只要综合一些基本事实就能直接得出结论：即便是稳定人类对地球气候的影响，也困难到几乎不可能实现。在为英国石油公司（以及后来奥巴马政府的能源部）工作时，如果我直接公开地发表这样的观点，那很可能会被解雇。不过，我仍然在我的工作责任和科学诚信之间找到了平衡点——简单地组织相关数据并展示出来，让别人自行沿着方向探究。

2015年11月，我终于在《纽约时报》的一个专栏[①]上发表了我2005年分析结果的精华部分。大约1个月后，全球众多国家在巴黎气候会议上承诺到2030年时削减各自的碳排放。我那个分析结果的要点很简单，现列举如下。

> 根据IPCC的报告，仅仅只是稳定人类对地球气候的影响，就要求全球年人均二氧化碳排放量到2075年时下降至1吨以下，这个水平与当前海地、也门和马拉维等国的年人均排放水平相当。做个比较，2015年，美国、欧洲和中国的年人均二氧化碳排放量分别是大约17吨、7吨和6吨。

---

① Koonin, Steven E. "The Tough Realities of the Paris Climate Talks." New York Times, November 4, 2015. https://www.nytimes.com/2015/11/04/opinion/the-tough-realities-of-the-paris-climate-talks.html.

随着经济活动和人类生活质量的提高，能源需求显著且广泛地上升。预计，随着全球大多数人的生活水平得到进一步改善，到本世纪中叶，人类的能源需求大约会上升50%。

目前，全球80%的能源由化石燃料提供，且化石燃料仍然是满足人类日益增长的能源需求的最可靠、最便捷的方式。

由于不可避免的结构性原因，发电厂、输电线路、炼油厂和输送管道等能源供应方面的基础设施发展缓慢。

发达国家当然需要减少排放，但即使发达国家将排放量削减至当前水平的一半，且发展中国家的人均排放量只增长到如今发达国家里较低的水平，全球每年的排放量也仍然会增加。

地球气候在人为因素和自然因素的双重影响下究竟会如何变化，这些变化又会如何影响自然系统和人类社会，这两个问题都有巨大的不确定性，这就让减少排放与经济发展之间本就无比紧张的关系变得更加复杂。

在其他所有条件不变的前提下，消灭——哪怕只是减少——二氧化碳排放可能是件好事。然而，其他所有条件不可能不变，因此，我们的决策必须在缓解措施的成本和有效性之间、气候科学的确定性和不确定性之间取得平衡。而且，在这种平衡中，你的利益得失取决于你身在哪个国家，你本人是否富裕，以及你对全球大约40%目前还没能获得足够能源的人类同胞有多关心（或者是不是其中一员）。

2015年12月，我已经离开政府部门4年了。当时，全球194个国家的政府官员和环境活动人士齐聚巴黎，一致同意限制人类对地球气候的影响，使全球温度上升不超过2℃（3.6℉）。第21次缔约方会议结束后不久，奥巴马政府就发表了一份情况声明书，它是这么说的：

协议设定了将全球变暖幅度控制在远低于2℃水平的目标，并且首次同意采取限制增长的措施，以使升温不超过1.5℃。另外，协议还指出，为了实现这一目标，各国应该尽可能快地使温室气体排放达到峰值。①

花点时间再仔细读一遍这个声明。你很可能会意识到它提到了一些未作任何说明的假设。

其一是存在一个大家公认的衡量变暖程度的温度基准，且这条线的定义范围跨度在0.5℃之内——否则，我们就无法区分变暖1.5℃和2℃。回看图1.1，你会发现，如果把基准设定在1910年时的全球温度，那么已经变暖了大约1.3℃。如果把基准设定在1951—1980年之间的平均水平（那张图中的零线），那么现在已经大约变暖了0.9℃，相较之前低了0.4℃。如果把基准往前推到许久之前，就比如1650年前后的小冰河期，那就意味着现在地球已然明显变暖（当然，人类世界也比那时繁荣得多）。或者，我们也许还能把基准设定在公元1000年前后的中世纪温暖期，那就意味着，到目前为止，全球变暖大约只有0.4℃（见图1.8）。实际上，我们用来衡量未来变暖程度的温度基准是模糊的。IPCC的报告通常把基准设定在19世纪后半叶，而巴黎协定则提倡使用“前工业时代”的数据作为基准。②只要这一点不明确，那么未来的政

① Office of the Press Secretary, The White House. “U.S. Leadership and the Historic Paris Agreement to Combat Climate Change.” National Archives and Records Administration, December 12, 2015. https://obamawhitehouse.archives.gov/the-press-office/2015/12/12/us-leadership-and-historic-paris-agreement-combat-climate-change.

② Titley, David. “Why Is Climate Change's 2 Degrees Celsius of Warming Limit So Important?” The Conversation, March 20, 2020. https://theconversation.com/why-is-climate-changes-2-degrees-celsius-of-warming-limit-so-important-82058.

客和政策制定者可以在任何方便的时候宣称任务胜利或失败。

其二，这份声明还默认，温室气体排放是决定全球变暖程度的唯一因素，并且我们知道气候如何对它们做出回应——足以使误差控制在25%以内（我们的预测只有达到这样的精确度，才能区分是变暖了1.5℃还是2℃）。实际上，就像我们在第四章中讨论的，气候对温室气体的回应相当不确定，如果我们认为温室气体排放量已经减少到变暖2℃的“安全”范围内，那么实际变暖程度可能在1℃~3℃范围内的任何值上。另外，我们在第四章中还看到，最新一代的气候模型不确定性甚至更大。

其三，这份声明默认，变暖1.5℃或2℃的净效应是负面的。实际上，许多分析认为，变暖不超过2℃对人类经济的净效应很可能是偏正面的，这要归功于农业条件的改善和北半球温带地区取暖成本的下降。[①]另外，正如我们在第九章中看到的，随着时间的推移，预计全球变暖2℃~5℃（3.6℉~9℉）几乎不会对人类经济产生任何冲击。

耶鲁大学经济学家威廉·诺德豪斯（William Nordhaus）在20世纪70年代率先明确提出变暖大约2℃的“护栏”概念，也正是凭借这项工作，他随后荣膺诺贝尔经济学奖。[②]不过，真正将这个概念发扬光大的是从物理学家改行到气候科学家的汉斯·约阿希姆·舍恩舒贝尔（Hans Joachim Schellnhuber），他因为不懈推广这个概念——尤其是在欧洲地区——而被誉为“2℃限制之父”。[③]在1.5℃成为主流之前十数年，我曾同舍恩舒贝尔交谈，其间我问他，“为什么是2℃，不是1.5或2.5或

---

① Tol. “The Economic Impacts of Climate Change.”

② Carbon Brief Staff. “Two Degrees: The History of Climate Change’s Speed Limit.” Carbon Brief, December 8, 2014. https://www.carbonbrief.org/two-degrees-the-history-of-climate-changes-speed-limit.

③ “‘The Father of the 2 Degrees Limit’: Schellnhuber Receives Blue Planet Prize.” Potsdam Institute for Climate Impact Research, October 19, 2017. https://www.pik-potsdam.de/news/press-releases/201cthe-father-of-the-2-degrees-limit201d-schellnhuber-receives-blue-planet-prize.

别的什么?”他的回答大意是“2℃大致正确，而且对政客们来说，这个数字很容易记”。显然，在过去10年里，政客们的记忆力提高了。

至少从评估报告和本书第一部分讨论的科学内容来看，奥巴马政府这份声明中的这几点默认假设都是可疑的，甚至可能完全错误。然而，即便它们都是对的，仍旧隐藏着一条最基础的假设，那就是：人类世界**可以**减少温室气体排放，并使全球变暖维持在2℃以内。很不幸，科学、技术、社会层面的现实使得这条最基础的假设成了最不靠谱的那个。

实际上，按照IPCC的报告，如果我们的目标是将变暖幅度限制在2℃内，那么到2075年全球二氧化碳排放必须**消失**。如果目标是将变暖幅度限制在1.5℃内，那么这个时间点会变成2050年，也就是从现在算起仅仅30年后。[①]换句话说，要想实现巴黎协定中阐述的目标，全世界都必须在未来30~50年内几乎完全放弃化石燃料。(从大气中移除二氧化碳的碳捕获方案可以创造负排放，因此，实际上对化石燃料的使用并不需要彻底消失。我会在第十四章中讨论那些计划及其可行性。)

然而，全球净排放在30~50年内彻底归零究竟有多大可能?我们使用化石燃料的原因有很多。无论对发达国家还是发展中国家来说，化石燃料提供的能源都是必要的。而且，在未来几十年内，全球都会需要多得多的能源，部分是因为人口增长。如今，全球人口即将达到80亿，到本世纪中叶会上升至90亿，而且增长的人口几乎全部会出现在发达国家之外。[②]

上述最后一个细节很重要，因为在未来几十年内，大多数人口经济状况改善产生的能源需求甚至要强过人口增长本身。图12.1展示了1980—

① Van Vuuren, Detlef P., Jae Edmonds, Mikiko Kainuma, Keywan Riahi, Allison Thomson, Kathy Hibbard, George C. Hurtt, et al. “The Representative Concentration Pathways: An Overview.” Climatic Change 109 (2011). https://link.springer.com/article/10.1007/s10584-011-0148-z.

② “World Population Prospects 2019.” United Nations, Department of Economic and Social Affairs Population Dynamics, 2020. http://esa.un.org/unpd/wpp/DataQuery/.

2017 年这接近 40 年的时间中，部分具有代表性的发达国家和发展中国家，以及全球整体的年人均能源消耗与年人均 GDP 的比值变化情况。

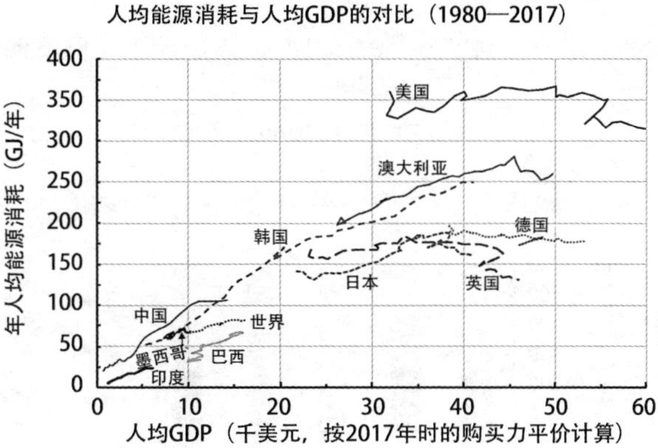

图 12. 1

1980—2017 年间部分国家和全球整体年人均能源消耗与人均 GDP 对比。能源消耗的单位是吉焦（GJ），而 GDP 的单位则是 2017 年时的美元，已作购买力平价调整。①

所有发展中国家（包括中国、印度、墨西哥和巴西）的人们在经济增长时都会消耗更多能源——他们建造基础设施，增加工业活动，需要更多的食物、电力、交通运输等。发达国家的人们对能源的需求本就很高，但增长较慢，内部的差异取决于各自经济活动、基础设施和气候状况（因为取暖和制冷的需要）的特性。相对来说，加拿大、美国、澳大利亚等能源生产大国对能源的需求就显得特别大。或许，这里应该特别强调的一点是：构成这张图表上半部分的仅仅大约 13 亿人，他们都来自经济合作与

① GDP data from the IMF（https://www.imf.org/en/Publications/WEO/weo-database/2020/October/download-entire-database），energy data from the EIA（https://www.eia.gov/international/overview/world），and population data from the World Bank（https://data.worldbank.org/indicator/SP.POP.TOTL）. Data for Germany and the World are only for 1990 onward.

发展组织（OECD）界定的发达国家；而构成这张图表下半部分的则是大约 65 亿人，随着他们的生活条件得到改善，会对能源提出更大的需求。

将人口增长和经济发展的驱动力结合在一起，预计到 2050 年，全世界对能源的需求会上涨大约 50%。图 12.2 展示了美国能源信息署的

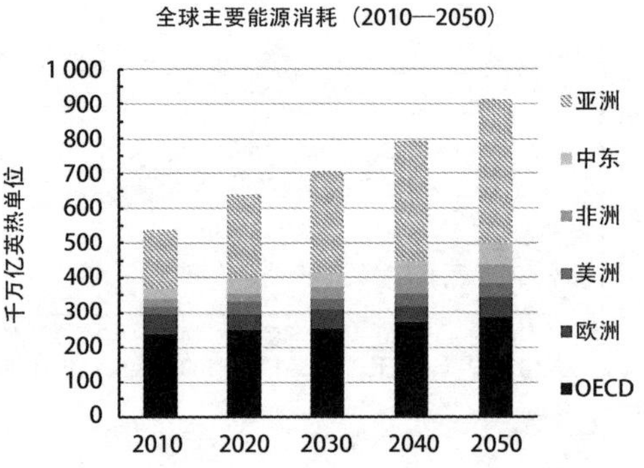

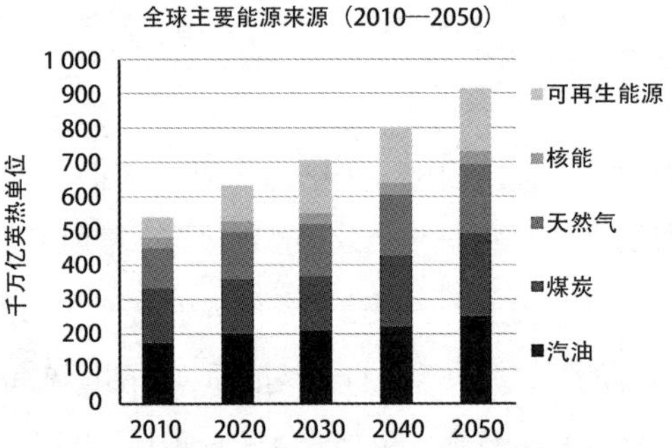

图 12.2

至 2050 年全球各地区能源消耗预计（上图）。至 2050 年全球主要能源来源预计（下图）。图中，能量的单位是千万亿英热单位（quadrillion BTUs，或大约 10^{18} 焦耳）。美国每年大约消耗 100 千万亿英热单位。2010 年的数值是真实历史值，而 2020 年的数值则是新冠疫情前的预测值。①

① Kahan, Ari. “EIA projects nearly 50% increase in world energy usage by 2050, led by growth in Asia.” US Energy Information Administration (EIA): Today in Energy, September 24, 2019. https://www.eia.gov/todayinenergy/detail.php? id=41433.

预测。上半部分表明，未来能源需求增长最强劲的地区是亚洲，全球其他地区的增长则更小、更慢。下半部分表明，全球如今大约 80% 的能源由化石燃料提供（就像过去数十年一样），而且按目前的政策，化石燃料的主导地位预计将一直持续到本世纪中叶——哪怕风能、太阳能等可再生能源的大幅增长会将化石燃料在世界能源供应中所占的份额削减至大约 70%。

请记住，由于二氧化碳能在大气中停留很长时间，因此是累积二氧化碳排放（随着时间的推移，人类排放的二氧化碳总量）真正决定大气中二氧化碳浓度，进而决定了人类对气候的影响。图 12.3 就展示了这种累积排放，而我们现在面对的挑战就是：在不断上升的能源需求面前，将这条陡峭上升的曲线尽量拉平。另外，你还能从图中看到，到今

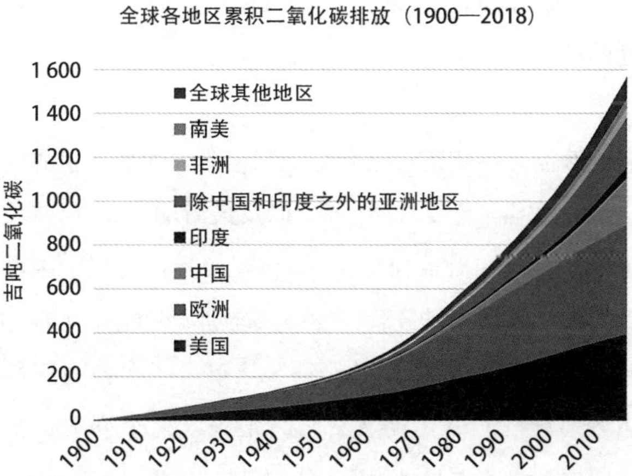

图 12.3

1900—2018 年间全球各地区累积二氧化碳排放。数据包括了使用化石燃料和生产水泥时产生的二氧化碳排放，但土地使用变化产生的排放（相比前两者要少得多）并没有囊括在内。①

① Ritchie, Hannah, and Max Roser. "CO_2 and Greenhouse Gas Emissions." Our World in Data, May 11, 2017. https://ourworldindata.org/co2-and-other-greenhouse-gas-emissions.

天为止，累积二氧化碳排放主要来自现在的发达国家。

由于现在“发展中”国家的人口总数大约是“发达”国家的5倍，全球发达国家和发展中国家的排放总量目前大致相等。然而，这两大群体的增长率截然不同，这就会产生一些发人深省的推论。首先，在本世纪中，发展中国家的累积二氧化碳排放（也就是排放的二氧化碳总量）会超过发达国家。其次，按现在的变化趋势，发达国家每减少10%的排放量（过去15年内勉强做到了），只能抵消发展中国家不到4年的排放量增长。最后，你可以先对发展中国家经济发展时的二氧化碳排放增量有一个预期：如果其他一切条件不变，只有印度的人均二氧化碳排放上升至日本（排放量最少的发达国家之一）目前的水平，那么全球排放总量会上升**超过**25%。上述人口上升和经济发展的基本趋势表明，要想在大约50年内消灭与能源有关的全球二氧化碳排放，需要全球能源体系发生根本性的巨大转变。

全球各国政府都希望通过巴黎协定开始向“净零”世界转变。各发达国家承诺在2020年前、2025年前，以及最后的2030年前减少各自确定的排放量（国家自主贡献预案，或INDCs）。而发展中国家则承诺尽可能减少各自的二氧化碳排放，并发展风能和太阳能等可再生能源。

根据该协议，从2020年开始，每5年审查一次各国执行巴黎协定的情况，由各国自行汇报其成果。“自行汇报”这个词本身就很有可能让你惊讶，但这个协定本身既没有执行机制，也不具有约束力——正如2020年11月，特朗普政府宣布美国退出巴黎协定就证明了这一点；而在2021年1月[①]，拜登政府宣布启动回归巴黎协定的进程（这也是拜登政府的第一批官方行动之一），又再次证明了这一点。除了承诺减排之

① 原文为2020年1月，疑作者笔误。——译者

外，发达国家还要提供“绿色气候基金”，以帮助发展中国家通过投资低碳能源项目尽可能降低排放。按照原定目标，到2020年，这个基金应该增加至每年1 000亿美元，但直到2019年末，各发达国家政府承诺提供的资金总额仅为103亿美元。即使到2020年底，他们也只不过追加了100亿美元。

虽然有些人认为巴黎协定是动员各国、各国际组织开展全球减排活动的关键一步，但这份协定几乎不会直接减少人类对地球气候的影响，因为稳定大气中的二氧化碳浓度需要实现100%减排。到2030年，所有国家承诺的减排行动的总效果将使全球二氧化碳排放下降不到10%。与到2075年（更不要说2050年了）实现净零排放的要求相比，这番努力显得有些微不足道。

即便是在2015年签署巴黎协定之时，这一点就很清楚了。①如我们在图12.4中看到的，现在就更加明显了。如果巴黎协定中的所有承诺都在2030年前实现，那就达成了中等程度的减排，但这距离净零排放的要求还有很长一段距离。

2015年以来的事态发展更加让人们确信，巴黎协定甚至都不太可能减缓人类对地球气候的影响，更不要说减少了。2019年12月，巴黎协定各签署国为了评估减排进展，于马德里召开第25次缔约方会议。此前不久发布的联合国《2019年排放差距报告》评估就很悲观：

> 总结下来，结果令人沮丧。各国未能阻止全球温室气体排放量的增长，这意味着我们现在需要更大幅度、更快速度地减少排

---

① “Synthesis report on the aggregate effect of the intended nationally determined contributions.” UN, FCCC, Conference of the parties twenty-first session, October 30, 2015. http://unfccc.int/resource/docs/2015/cop21/eng/07.pdf.

放……显然，仅仅依靠渐进式的改变远远不够，现在需要采取迅速的、变革式的行动。①

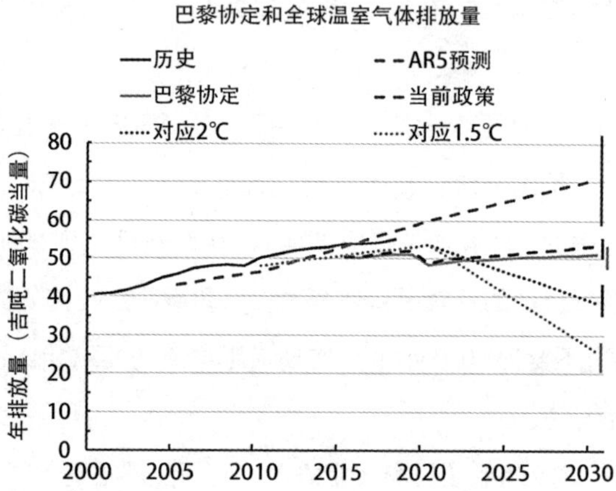

图 12.4

2000—2030 年间，全球历年温室气体排放量。图中展示了 2015 年前的历史记录、IPCC 在 AR5 中的预测，以及根据当前政策并假设所有巴黎协定目标和承诺都实现的情况下的预测排放量。另外还展示了实现全球变暖不超过 2℃和 1.5℃目标分别对应的排放量。垂直粗线代表 2030 年预测值的不确定性。2020 年，新冠疫情对减排计划的破坏显而易见。②③

图 12.5 就来自这份报告，展示了巴黎协定主要签署国的近期排放历史。

虽然 G20 国家（目前人均 GDP 大于或等于墨西哥的国家）有望实

① UNEP (2019). Emissions Gap Report 2019. Executive summary. United Nations Environment Programme, Nairobi. https://www.unenvironment.org/resources/emissions-gap-report-2019.

② "2030 Emissions Gaps." Climate Action Tracker, CAT Emissions Gaps, September 23, 2020. https://climateactiontracker.org/global/cat-emissions-gaps/.

③ Emissions data from 2019 Emissions Gap Report and projections from climate action tracker.org.

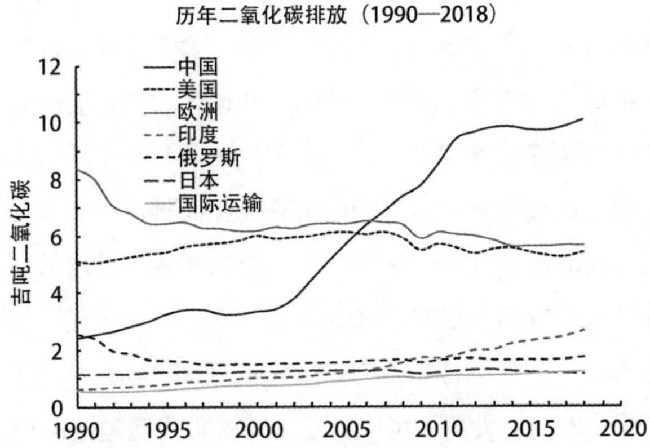

图 12.5

1990—2018 年间部分国家、地区和国际运输的历年二氧化碳排放量。

现他们的 2020 年承诺，但预计到 2030 年他们的总减排量仍旧不足。具体来说，美国的确有望在 2019 年底实现其在 2020 年减排 17%（相对 2005 年的水平）的承诺，但如果没有进一步的政策变化，将无法实现 2030 年目标。日本原本也有望实现 2030 年时减排 15% 的承诺，但自福岛核电站灾难事故之后，他们正在建造越来越多的燃煤发电站。如今总排放量不到全球 10% 的欧盟承诺到 2030 年时减排 40%，并且立法到 2050 年时实现 100% 净零排放（!）。相较之下，几乎所有高排放的发展中经济体的排放量预计到 2030 年都会显著增加——中国和印度目前正在建造的燃煤发电站将分别使其排放量上升 1 倍和 2 倍，而俄罗斯（全球第四大排放国）也提出了会大幅增加排放量的投资项目。

在如今这个全球化的世界中，缓解措施必须在全球各地都执行到位才有效果，否则像重工业这样的碳密集型活动就只会从有排放限制的地区转移到没有限制的地区。另外，我们还没有看到国际社会认真考虑低排放国家从高排放国家进口货物时的“内生”排放。欧盟已经提议征收基于碳排放的边境税，以确保所有国家能面对公平的碳排放竞争环境，同时也保持自身的工业竞争力。[1]然而，即使欧盟所有成员国都在原则上赞同这个提议，我猜确定具体实施细节的谈判过程也会旷日持久、争议丛生——并且最后以失败告终。

任何有效的政策都必须涵盖全球所有主要碳排放国，这是减少人类对地球气候影响的核心挑战。富裕国家有资源在减少排放的同时保持繁荣，而且许多国家也确实已经开始走上这条道路。他们最终能走多远、会走多远并不确定，部分原因在于创建一个最低碳排放的社会既要代价，也有干扰。然而，发展中国家面临着许多更为紧迫的问题（包括为全体国民提供充足的能源、交通、住房、教育、公共卫生设施如洁净的水和下水道等——更不用说得先从新冠疫情中恢复了）。这些问题的重要性和紧迫性让减排变得不那么重要——实际上，上述问题中的很大一部分解决起来都会增加碳排放。除非低碳技术发展到不比常规技术昂贵多少的程度，或者像绿色气候基金这样的举措变得更具实质性，否则人们自然会提出这样的问题："谁来为发展中国家减排买单?"15 年来，我一直在向许多人提这个简单的问题，但到目前为止都没有得到一个有说服力的答案。

乐观主义者会说，减排的努力必须从某个地方开始，先提高人们对这个问题的认识，而每 5 年审查一次各签署国的减排进展并确保各国实现减排承诺（无论有多么欠缺力度）的巴黎协定是这场充满挑战的漫长旅途必须迈出的第一步。然而，考虑到即使是中等程度的减排措施也只是自愿性质，也考虑到迄今为止的减排推进记录，有充足的理由怀疑巴黎协定的 2030 年目标不能实现。同样现实的情况是，从更长期的角度

① Allan, Bentley B. "Analysis | The E. U. 's Looking at a 'Carbon Border Tax.' What's a Carbon Border Tax?" Washington Post, October 23, 2019. https://www.washingtonpost.com/politics/2019/10/23/eus-looking-carbon-border-tax-whats-carbon-border-tax/.

看，世界极不可能在 2075 年（更不要说 2050 年）前实现净零排放的目标。因此，社会最终还是得在很大程度上通过适应来应对气候变化。我就属于适应派，而且也有不少了解情况的同道中人。

第十三章
美国能如愿以偿吗?

我曾向一位生活富足的美国听众提问，他是否真的明白第二年消除“碳足迹”意味着什么。也就是将与他们个人行为相关的碳排放归零。要实现碳足迹归零，就意味着不能坐飞机旅行，不能有大房子（当然也不能有第二套房子），还不能吃肉。虽然有些人对“没有肉的肉”感兴趣，但大部分人显然对这样的要求没有多少热情。不少人认为，方向未明、雏形未见的各种新“技术”和“政策”可以让他们的子孙过上“碳中和”生活，且不用承受过多痛苦。

要实现碳足迹归零，全球每个国家都必须完成这种能源使用方式的转变，哪怕全世界大多数人都需要更多能源才能拥有我们这些身在发达国家的人视为理所应当的最低生活质量。国家与国家之间差别极大——在发展程度上、在经济模式上、在能源禀赋上、在气候条件上，以及在现有能源体系上。因此，很难概括出一条适合所有国家的未来零碳排放一般路径，只能说技术、经济、政策和个人行为都必须发挥作用。对瑞士来说起作用的路径对斯里兰卡就未必见效。不过，我们现在把目光集中在一个国家上，看看美国需要什么措施才能实现零温室气体排放。

很明显，探索的起点可以是看看美国现在有哪些活动正排放温室气体。图 13.1 表明，交通运输、电力和工业活动的温室气体排放占据了绝大部分，而且重要的是，在过去 30 年内，主要排放源及其排放量都没有发生多大变化。虽然解决前三大排放源就已经是巨大挑战，但这张图还表明，要想真正实现“零排放”，还必须解决农业、住宅和商业活动的排放——要么是通过直接减排，要么是通过种植更多树木等抵消活动来直接从大气中移除二氧化碳。

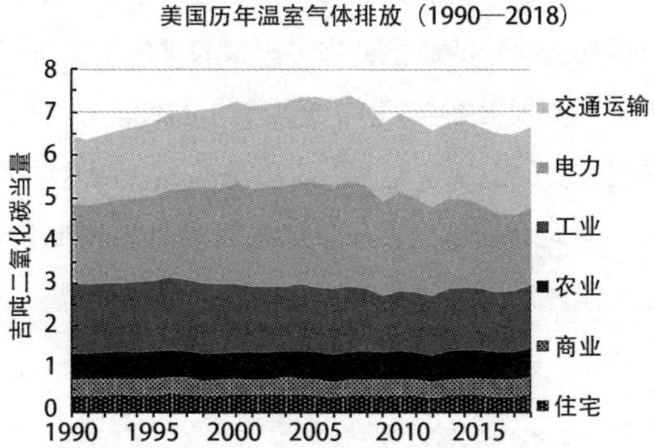

图 13.1

1990—2018 年间美国各经济部门历年温室气体排放量①

不过，美国在 2018 年的碳排放总量与 1990 年的水平大致相当。这可以视为在减排方面的进展，毕竟在此期间美国人口增加了 31%，且真实 GDP 翻番。目前，美国与能源相关的总排放量相较 2005 年时的峰值水平下降了 16%，主要是因为发电方式上用天然气取代煤炭的变化。能源密集型制造业的离岸外包也发挥了一定作用，尽管必须指出，这只是将排放转移到了其他国家。最后，这种“进展”的问题在于，从 2005 年起平均每年 1% 的减排幅度基本没有太大意义，一方面是因为大气二氧化碳浓度与排放量关系的科学现实，另一方面是因为真正重要的是全球性减排——虽然美国排放量自 2005 年之后的确下降了，但全球排放

① “Inventory of U.S. Greenhouse Gas Emissions and Sinks.” Environmental Protection Agency, April 13, 2020. https://www.epa.gov/ghgemissions/inventory-us-greenhouse-gas-emissions-and-sinks.

量仍旧上升了大约 1/3（回看图 3.2 就能知道）。

新冠疫情导致的经济增速放缓恰恰也表明了迅速减排是一项多么有挑战性的任务。相较 2019 年同期，2020 年上半年的全球二氧化碳排放只是下降了 8.8%，其中 40% 来自地面交通运输，22% 来自电力部门。另外，随着疫情限制政策的放松，许多国家的排放量迅速反弹。①

能源体系的长期结构性变化需要数十年时间。图 13.2 表明，1950 年后，随着美国经济的发展，能源需求上涨猛烈，而这种需求是通过化石燃料（石油、煤炭和天然气）产量的上升满足的。20 世纪 70 年代引入的核能增加了能源供应，但并没有取代其他任何能源。不过，在最近

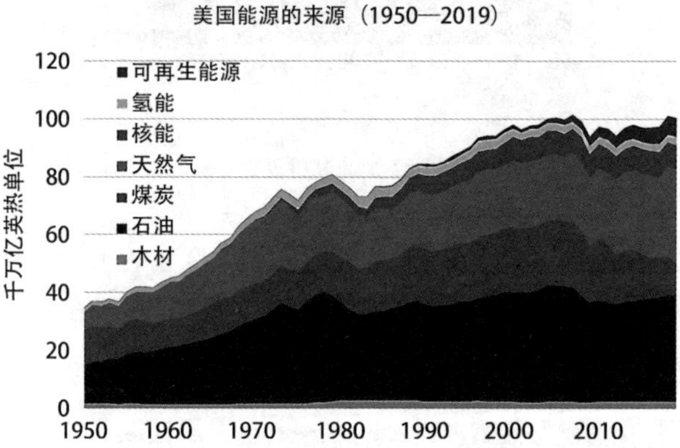

图 13.2

1950 年以来美国能源的来源。图中，历年使用能源的单位是千万亿英热单位。可再生能源包括风能和太阳能。②

---

① Liu, Z., P. Ciais, Z. Deng, et al. "Near-real-time monitoring of global CO_2 emissions reveals the effects of the COVID-19 pandemic." Nature Communications 11 (2020). https://www.nature.com/articles/s41467-020-18922-7.

② US Energy Information Administration (EIA). "Table 1.1. Primary Energy Overview." EIA, Monthly Energy Review. Accessed December 1, 2020. https://www.eia.gov/totalenergy/data/browser/.

几十年里，随着能源需求增长趋势放缓，用于发电的煤炭已被水力压裂法生产的低成本天然气取代，同时可再生能源（风能和太阳能）的增长也较小幅度地取代了煤炭。尽管新能源已经投入使用，旧能源也并没有消失。举个例子，你听到下面这个事实可能会很惊讶：目前，木材提供的能源量（在 19 世纪的大部分时间中，木材是主要能源）与南北战争时期并没有什么两样，尽管自那时以来其他能源供应已经大幅增长。

能源体系变化缓慢的原因很多也很充分。①一个重要原因是：能源的供应必须高度可靠——燃料供应中断或电力中断时，社会就会陷入停顿，混乱随之而来。实际上，美国的期望是区域性电网（不是指向用户供电的更脆弱的本地系统）在 10 年内不能中断超过 1 天。如此高的可靠性，只有对硬件系统和操作程序作了数十年的开发及优化才能实现。考虑到这一点，自然（实际上也是必要的）会采取相当保守的变化策略，其中就包括引入新技术。

阻碍变化的另一个因素是：发电厂或炼油厂等能源供应设施需要大量前期投资并且要持续运作几十年（同时偿还那些前期投资）。它们还必须与基础设施中的其他部分兼容——例如，燃料、能量补给基础设施和运输车辆必须一同工作。此外，这些能源设施——在美国几乎都是私营企业——供应的是大宗商品。电网中的电子无论是来自风力涡轮、核电站还是燃煤电厂，都是一样的。同样地，输送的燃料分子必须按类别标准化（虽然也需要一些配置以满足不同地区的空气质量规定）。因此，对于能源供应体系的建造和运营者来说，在满足安全和监管要求后，成本和可靠性就是他们考虑的主要因素。能源使用体系往往比能源供应体

① Koonin, Steven E., and Avi M. Gopstein. "Accelerating the Pace of Energy Change." Issues in Science and Technology 27 (2011). https://issues.org/koonin/.

系变化得更快——虽然美国的汽车使用寿命可以长达15年，但是建筑的更新则至少需要数十年。

同样会导致能源体系变化缓慢的是，能源对每个人、每件事来说都很重要。在发达国家，使热、光、移动等诸多事物得以实现的能源基础设施显然随处可见，从输电线到加油站再到冰箱插座，它们普遍到我们在日常生活中几乎从不会想起它们。然而，如此之高的普遍性不仅产生了上述可靠性要求，而且还产生了各类参与者的直接利益，其中包括产业界、消费者、政府和非政府组织。各方的利益往往不一致，这就使得变化在原则上就很难达成一致，更不要说具体细节了。举例来说，在管道路线和发电厂选址上，就经常出现长达数年的争议。

因此，虽然人们经常拿“曼哈顿计划”举例，但它其实并不是思考能源变化时的非常有用或恰当的例子。在20世纪40年代初，真实的曼哈顿计划只为一个客户（美国军方）生产了一些特定的原子“小玩意儿”，并非旨在改变那个早已嵌入整个社会的庞大体系。另外，它也不需要同已有的各种能源机制竞争，因为彼时我们已经有了好用的提供电力和燃料的方法。曼哈顿计划是秘密进行的，所以公众意见和接受度也不需要考虑（虽然后来间谍还是让苏联知晓了这个秘密）。最后，这个计划的预算几乎不受任何限制（它享有国家战争时期的优先任务），而那些意在替代现有能源体系的生产商不仅要考虑成本，还要担心消费者的能源价格。所有这些特点（保密性除外）也同样可见于美国20世纪60年代被称为“登月”的太空计划。[①]因此，“能源革命”这个词本身就是自相矛盾的。相反，那种大规模的、能减少足够的排放从而产生差异的能源变化，会是一个缓慢过渡的过程，更像牙齿矫正，而非直

① Stout, David. “Gore Calls for Carbon-Free Electric Power.” New York Times, July 18, 2008. https://www.nytimes.com/2008/07/18/washington/18gorecnd.html.

接拔牙。

为了使温室气体排放量减少得足够多（并且速度要足够快），以至稳定人类在可预见的未来对地球气候影响，就必须在政策上做出巨大改变——政策是能源体系建立和运行的基础。一种可能是直接监管，比如“燃煤电厂在10年内停止运营”或者“在2035年之后不得销售新的汽油动力汽车”。政府也可以对排放到大气中的每吨温室气体征收罚款，以此达到减排的目的。这类“碳价”可以通过税收或排放权市场制定——在这样的市场中，排放者可以买卖政府发行的二氧化碳排放许可额度。无论何种机制，即使是美国加速能源转变也需要数十年。

为了能真正见效，温室气体政策（也称“气候政策”）必须具备如下几个特征。

连贯性。政治的时间尺度是数年，商业的时间尺度是一个季度，而新闻的周期是一天——甚至几个小时。然而，二氧化碳能在大气中待上数百年，能源基础设施的使用寿命是数十年，排放政策也必须在数十年内保持连贯性。如果想让某人再额外投资10亿美元来建造计划维持50年的低排放发电厂，就需要给他一个合理的预期，即所有减排措施在数十年之后仍旧有人重视，而这比几届国会和总统的任期还长！

美国（和几乎其他所有国家一样）还没有准备好应对温室气体排放所固有的漫长时间跨度。因此，我们看到政客们提出的未来30年减排计划一个比一个猛烈，但这些计划实际上在他们离任之前都不会真正启动。我们已经看到，欧盟成员国内部，以及欧盟产业界与政府之间出现了大量关于减排的争论，这表明，实施这些计划绝不简单。必须保证排放政策不受政治风向的影响，就像美国试图将决策权委托给美联储以隔离货币政策和利率一样。

200 多年前，詹姆斯·麦迪逊（James Madison）在撰写《联邦党人文集》第 62 篇时就意识到了可预测政策的重要性。①在这篇文章中，麦迪逊解释了为什么美国政府需要一个比众议院更稳定、更审慎的参议院。至于具体原因，他至少列出了 6 个。其中，以下这个与当今能源政策面对的挑战高度相关。

> 从另一个角度看，不稳定的政府会造成巨大伤害。对公共机构缺乏信心会阻碍每一项有益事业，因为它们的成功和收益取决于现有政策安排有多少持续性。如果明知道自己的计划在执行之前就可能被判为非法，有哪个谨慎的商人还会冒险投入新的商业领域？如果无法确定自己预先投入的劳动和款项不会成为朝令夕改政府的牺牲品，有哪个农场主或制造商会全力以赴创立政府鼓励的产业、生产政府鼓励的产品？

显著性。如果要稳定人类对地球气候的影响，哪怕只是起个头，温室气体排放量也必须显著地减少。社会对问题的反应通常是采取部分措施后就宣布胜利，但这只是拖延时间，并不能真正解决问题。上述要求则意味着某些事或某些人必须显著改变——而这意味着政治阻力。

如图 13.1 所示，三大主要经济部门（电力、交通运输和工业）都会产生相当大的温室气体排放量。然而，全经济系统执行碳价对它们的影响迥然不同。举例来说，2019 年，美国电力中大约有 25% 是通过烧煤

① Hamilton, Alexander or James Madison (as credited on site). "Federalist No. 62." Library of Congress, Research Guides, Federalist Papers: Primary Documents in American History, Federalist Nos. 61–70. Accessed December 1, 2020. https://www.congress.gov/resources/display/content/The+Federalist+Papers#TheFederalistPapers-62.

获取的，这些煤的售价大约是每吨 39 美元。[1]如果将排放一吨二氧化碳的碳价定为 40 美元，那就意味着电力运营商的成本实质上翻倍，从而强烈地激励运营者放弃使用煤炭。相较之下，同样的碳价只会让原油的有效价格在每桶 60 美元的基础上上涨大约 40%。而且，如果把这些成本转嫁给加油站，每加仑汽油的售价也只会上升 0.35 美元左右。与油价的历史波动幅度相比，这实在是很小，所以消费者也不会有太大动力放弃使用汽油。因此在减少排放方面，电力部门（事实证明，还有供热产业）要比交通运输部门更容易受到激励，这本质上是因为相比煤炭，平均分摊到石油中每个碳原子的能量要多得多。

聚焦度。要想让减排政策的效果最大化，首先需要让这些政策聚焦于——减少排放。然而，考虑到政治需要获取广泛支持，减排政策必然会受到其他截然不同的目的稀释，比如贸易保护主义、能源安全或特定技术的推广。举例来说，美国对太阳能电池板征收相应关税大幅增加了其成本[2]，而欧盟也对节能灯泡征收高额进口关税[3]。另外，许多州级发电标准要求一定比例的可再生能源发电，而不只是“低碳”发电。这显然对核电不利，而核电是最重要的低排放技术之一。当减排行动因为与其他目标混为一谈而受到削弱时，也反映出“我们面临的生存威胁迫在眉睫”的说法并不成立。

---

① US Energy Information Agency (EIA). “Frequently Asked Questions (FAQS).” EIA, November 2, 2020. https://www.eia.gov/tools/faqs/faq.php? id=427&t=3; US Energy Information Administration (EIA). “Coal explained—Coal prices and outlook.” EIA, October 9, 2020. https://www.eia.gov/energyexplained/coal/prices-and-outlook.php.

② Green, Miranda. “Analysis: Trump Solar Tariffs Cost 62K US Jobs.” The Hill, December 3, 2019. https://thehill.com/policy/energy-environment/472691-analysis-trump-solar-tariffs-cost-62k-us-jobs.

③ Agence France-Presse. “EU Approves Anti-Dumping Penalty on Chinese Light Bulb.” Industry Week, October 15, 2007. https://www.industryweek.com/the-economy/regulations/article/21956186/eu-approves-antidumping-penalty-on-chinese-light-bulb.

系统思维。能源是由系统生产并输送的，因此，把精力集中在改变拼图的一小块不仅可能无效，甚至可能适得其反。如果让电力的很大一部分依赖快速变化的天气状况（风力涡轮和太阳能板），就会威胁到电网的可靠性，除非有可靠的备用能源能在短时间内迅速调用。类似地，只有存在一个能生产并输送其燃料的系统时，汽车才能发挥作用。

2011 年，我领导了能源部四年一次的技术审查项目，目的是为政府制定支持发展新兴清洁能源技术的战略。在一次市政厅会议上，我遇到了 4 种不同车辆技术的倡导者——生物燃料内燃机、压缩天然气、氢燃料电池和插电式电池。他们全都认为自己的技术就是未来的最佳方案，而政府要做的就是推动合适的能量补给基础设施的发展。在我提醒他们美国最多也只能大规模部署两种新型能量补给技术后，争吵紧随而至。我相信未来给乘用车提供动力的会是电力，原因有几个，但其中之一是现有的电网本身就是能量补给基础设施的良好起点。如果向插电式电动汽车的大规模过渡真的成为现实，那么系统思维就会变得更加重要，因为电力和交通运输系统必须协同工作，以适应数以百万计车辆的充电需要。

技术实用性。许多政策制定者认为，我们只需要制定恰当的法规和经济激励，就能看到新技术的开发和部署。但科学家和工程师知道，任何技术都必须考虑强大的物理学约束。举例来说，没有任何政策可以规避热力学第二定律对能源效率的基本限制——我们不能凭空“创造”能量，只能把它从一种形式转换到另一种形式，而且这个转换过程本身也总是会“消耗”一些能量。

要使政策有效，就必须以技术知识为基础。我们完全有可能对未来 10 年左右技术将如何发展（或不发展）做出合理判断。我们必须从规模水平、经济效益和改进潜力等方面评估技术。部署“感觉良好”的无效技术其实是有害的——除了无效这个显而易见的问题之外，这种技术还会因为营造出一种做了点什么的**假象**，从而削弱人们的紧迫感。最糟糕的或许是：它会将潜在的资源从更紧迫的任务中转移。我们可以用老朋友食用油举一个恰当的例子：使用过的植物油经过加工可以变成“碳中性”生物柴油。虽然这或许能解决废油处理问题，但我们绝不可能通过炸更多土豆来显著减少排放。全球每年要用2亿吨植物油，加工得到的柴油只够全世界用1天。确实不存在什么万能解药，但有些药的作用就是比其他药大。

政府在支持基础研究和尚未准备好投入市场应用的技术（比如改进型太阳能技术、核裂变技术、核聚变技术，以及下一代生物燃料）方面，可以发挥重要作用。不过，同样重要的是，政府的政策要在正确的时候推进技术发展和部署——亦即在技术能奏效时，而不只是政府希望它们奏效时。世界各地有很多因过早部署不成熟技术，最终收效甚微但却付出巨大代价的例子。美国加利福尼亚州2004年推动的“氢高速公路”就是一个很好的例子。从那时起到现在，16年过去了，加利福尼亚的3 500万辆车中只有7 000多辆依靠氢能运行。氢动力汽车的高昂成本（目前是汽油动力车的2倍多）阻碍了这种车辆的推广，氢燃料补给站的匮乏则是另一个原因 目前，加利福尼亚也只有44个，主要还集中在城市里。[①]最重要的或许是：氢气现在是用天然气生产的，并在过程中会释放二氧化碳，至少在未来几十年内也都会是如此，又怎么能称得上“零排放”？

提倡节约，而非追求效率。一个经常出现的说法是：更高效地使用能源可以减少排放。浪费能源确实**是**一件坏事，但效率针对的是我们怎样使用能源，而不是我们使用多少能源——那个**是**节约。为了减少排

---

① Cart, Julie. “California's ‘Hydrogen Highway’ Never Happened. Could 2020 Change That?” CalMatters, January 9, 2020. https://calmatters.org/environment/2020/01/why-california-hydrogen-cars-2020/.

放，真正重要的是节约。经济学家早在150年前就已经认识到了“反弹”——也就是说，效率提高后，随之而来的节约往往没有人们预期的那么多。举个例子，如果你知道灯泡用不了多少电，就可能会让它开更久；或者如果你的车用油很省，那么你也很可能会开得更多。在我看来，提倡节约的唯一可靠方式是管控或涨价。然而对我们的政府来说，这两种方式都很难推行。

在有效的温室气体排放政策下，美国的能源体系会是什么样子？答案将来自技术发展、经济、政策和个人行为之间的复杂相互作用。肯定有方法能改变我们生产和使用能源的方式，进而显著减少美国的温室气体排放。①实际上，只要不违反物理学定律，这个国家可以拥有任何它想要的能源体系。然而，由于能源在人类社会中扮演了核心角色，创建一种无排放能源体系会导致很多领域发生剧变——无论是经济上的，还是个人行为上的。问题是：美国是否会选择投入实现这种变革所需的财务和政治成本。鉴于我之前提过的种种障碍，以及还有其他更切实、更直接的事务在等待着国家的关注和资源，我认为短期内这不太可能发生。

即便这种变革真的发生了，对气候的直接影响就算有也是微乎其微：在全球排放的温室气体总量中，美国只占到大约13%。当然，有人会争辩说，其他国家会跟上美国的脚步。然而，相比美国，他们对能源的需求更加迫切，而减排的收益又如此模糊，他们这么做的可能性究竟有多高呢？

① International Energy Agency (IEA). “Clean Energy Innovation.” IEA, July 2020. https://www.iea.org/reports/clean-energy-innovation.

第十四章

备用计划

随着我越发清晰地看到有效减少温室气体排放这项任务之艰巨，也逐渐对其他或许更有可行性的气候变化应对策略产生了兴趣。其中之一是地球工程——如果人类通过排放温室气体和气溶胶无意中对全球气候产生了变暖的净效应，那么我们是否可以做一些事来有意地抵消这种不利影响？说得通俗点，我们能有效地“改造地球”吗？另一种策略就是适应气候变化，也就是为未来可能出现的情况提前规划，以及应对目前已经出现的变化。地球工程和适应措施这两个策略结合就构成了“备用计划”。

大部分确信地球气候正处于危机之中的人都对这些策略避而不谈。不过，在一些（我个人觉得）不太可能的情况下，如果人类影响把地球气候推过某些“临界点”，而有害的变化又发生得如此迅速（有好几部好莱坞电影都戏剧化地表现了这样的场景），人类世界将别无选择，只能尽力去适应——并做一些地球工程方面的努力。因此，有必要了解我们现在究竟有什么选择，并且认识到它们各自的优点、缺点、代价和副作用等。实际上，对于那些认为“气候灾难”即将到来的人来说，不支持这类研究的人才是不负责任的，尤其是如前文所述，考虑到当前的缓解措施极不可能真正阻止人类对地球气候的影响。我们明白应急计划在生活中其他领域的重要性——这就是为什么我们购买保险，为什么我们不建议学生只申请一所大学，等等。然而，在涉及气候问题时，多数人却把对备用计划的探索视为对原先计划的“背叛”，这显然是一种刚愎自用的危险态度。

地球工程的概念历史悠久，发轫于人工干预天气。①控制天气的愿景一直很诱人，并且，随着人类对天气运作机制越发了解，控制天气的方式从向神明祈求转变成了应用物理过程。19 世纪 30 年代，美国政府首位官方气象学家詹姆斯·波拉德·埃斯皮（James Pollard Espy）——也就是著名的“风暴之王”——提出，可以通过在阿巴拉契亚森林中点燃“大火”来制造云层进而诱导降雨。②无需多言，无论是国会还是公众都不可能对这种想法有多少兴趣。

20 世纪三四十年代的人工降雨实验则是改变天气方面更严谨且更有意义的努力。1974 年，苏联气候学家麦克海尔·布迪科（Mikhail Budyko）提出，如果全球变暖的问题越发严重，可以人为在平流层中创造雾霾从而冷却地球，就像大型火山喷发之后自然发生的情况那样。因此，当我在 21 世纪头十年中期开始研究地球工程技术时，肯定不是第一个（更不用说唯一一个）认为这种策略值得探索的科学家，即便当时只是为了了解这种策略可能存在的缺点。

然而，我很快就发现，只要向政府或非政府组织提及地球工程策略，他们的回应都是闭口不言，甚至存在真实的敌意。他们的关注点就是减排，不会考虑任何与这个目标不符的方案，尤其是那些允许人类世界继续使用化石燃料的。

---

① McCormick, Ty. “Geoengineering: A Short History.” Foreign Policy, September 3, 2013. https://foreignpolicy.com/2013/09/03/geoengineering-a-short-history/.

② Garber, Megan. “The Scientist Who Told Congress He Could (Literally) Make It Rain.” The Atlantic, May 4, 2015. https://www.theatlantic.com/technology/archive/2015/05/the-scientist-who-told-congress-he-could-literally-make-it-rain/392219/.

然而，科学家接受的训练是探索问题的所有可能答案，且科学建议的一个重要组成部分就是列出所有选项和每种选项的优缺点。于是，我坚持学习并静静地讨论地球工程技术。最后，我终于获得了足够支持，召集了其他9位各有所长的科学家，开始认真研究这个课题。研究的资金来自诺维姆（Novim），当时还只是一个初创基金会。如今，诺维姆仍在组织专家团队，力争“以非科学家也能理解的方式分解复杂的问题”。2008年8月，我们这个小组聚了一周，讨论探索性地球工程项目应该是个什么样子。2009年7月，诺维姆发布了这项研究的正式报告。①

我在2009年5月加入美国政府时，地球工程在多数圈子里都是禁忌。当年4月，总统的科学顾问约翰·霍尔德伦仅仅只是因为公开提及这个概念就引发了一场媒体风暴，不久之后便被迫收回这个说法。②此后，政府部门的高层也始终不鼓励我资助一个基于诺维姆研究的探索性地球工程项目——任务重点还是要放在减排上。

然而在之后的10年间，随着所有人都明显感受到了减排的巨大挑战，地球工程也逐渐可以拿上台面讨论了，甚至政府也会提及。早在2009年9月，英国皇家学会就发布了一项研究③，以其值得赞许的坦率和前瞻性开创了先例。直到2015年，美国国家科学院才发布了关于两种不同“气候干预”（也就是我们即将讨论的地球工程策略）方法

① Battisti, D., et al. 2009 IOP Conf. Ser.: Earth Environ. Sci. 6 452015. https://iopscience.iop.org/article/10.1088/1755-1307/6/45/452015.

② Revkin, Andrew C. "Science Adviser Lays Out Climate and Energy Plans." New York Times, April 9, 2009. https://dotearth.blogs.nytimes.com/2009/04/09/science-adviser-lists-goals-on-climate-energy/.

③ "Geoengineering the Climate: Science, Governance and Uncertainty." The Royal Society, September 1, 2019. https://royalsociety.org/topics-policy/publications/2009/geoengineering-climate/.

的报告①②。

对抗全球变暖至少有两种办法。其一是少许增加地球反射的能量（也就是提升地球反照率），从而让地球少吸收一点太阳能。这个策略称为“太阳辐射管理”（SRM），且对人为因素和自然因素导致的全球变暖都有效。其二是“二氧化碳移除”（CDR）。顾名思义，这个策略就是要从大气中直接吸出一些二氧化碳从而直接抵消人类排放。这两种策略在面对的实际挑战和潜在冲击（无论是正面的还是负面的）上截然不同，但都值得讨论。我们从太阳辐射管理开始。

在近两个世纪里，人类一直在不经意间增加地球反照率，因为燃烧含硫煤会产生一些能够进入到低层大气的微小颗粒（气溶胶），而这就会增加地球反射的能量。我在 2004 年加入英国石油公司后做的第一批计算中就有一项与气溶胶的冷却效应有关。当时，这家公司正在开展一项运动，力争将天然气打造成“通往低碳未来的桥梁”，因为天然气提供单位能量时产生的二氧化碳只有煤炭的一半。然而，我很快就估算出——其实在信封背面就完成了计算——如果用天然气代替煤炭，相应的气溶胶冷却效应也会减少，从而抵消二氧化碳的减排效应。在我指出这点后，英国石油公司的管理层显然不太高兴。

我们有很多方法可以进一步提高地球反照率，例如：在建筑上使用“白色屋顶”，改造农作物从而反射更多能量，在海洋表面增加微气泡，

① National Research Council of the National Academies. Climate Intervention: Reflecting Sunlight to Cool Earth. Washington, DC: The National Academies Press, 2015. https://www.nap.edu/catalog/18988/climate-intervention-reflecting-sunlight-to-cool-earth.

② National Research Council of the National Academies. Climate Intervention: Carbon Dioxide Removal and Reliable Sequestration. Washington, DC: The National Academies Press, 2015. https://www.nap.edu/catalog/18805/climate-intervention-carbon-dioxide-removal-and-reliable-sequestration.

在太空中放置巨大的反射器，等等。不过，如果要实现显著的全球冲击，在平流层中制造气溶胶可能是最合理的方法。大型火山爆发后，会在平流层中自然形成雾霾。在随后几年中，这些雾霾颗粒会逐渐沉降，而地球在此期间会显著冷却。正如我们在第二章中看到的，这种降温事件在全球温度历史记录中显而易见。

另外，现有技术条件也完全能够实现在平流层中创造雾霾的目标，具体方法有很多，例如：在飞机燃料或炮弹中加入添加剂，使它们能够在进入高空后扩散硫化氢气体（闻起来像臭鸡蛋）。这个方法不是一劳永逸的：因为雾霾颗粒会在一两年内沉降下来，所以我们必须频繁操作，不断补充平流层中的雾霾颗粒。每年需要向平流层添加的硫的量只相当于人类目前在更低海拔排放的1/10，因此对人类健康的直接冲击很小。另外，这个方法的预计成本也很低，一个经济小国甚至是一个富人就能承担自行完成整个项目的所有费用。然而仅就目前而言，“化学尾迹”① 是秘密地球工程证据的说法还仍然是无风起浪。

不过，太阳辐射管理策略也有明显的缺点。首先，如果不能维持住雾霾，等到冷却效应消散后，全球温度会迅速反弹（就像是在大太阳底下突然合上遮阳伞一样）。其次，只是增加地球反照率并不能完全抵消温室效应——温室气体能不分时间地持续让全球各个地区变暖，而改变反照率产生的冷却效应只有在那些太阳光显著的地区和时段才有效。也就是说，这种方法在夜间完全无效，冬季不那么有效，高纬度地区尤其如此。另外，气候模型还表明，太阳辐射管理策略会导致降水量及气候系统其他方面的微小变化，不过这些变化与仅由温室气体引起的不同，而且会因为各地状况的不同而出现差异。简单来说，太阳辐射管理可能

① “化学尾迹”是著名阴谋论，信奉者认为，飞机留在空中的尾迹含有未对外公布的化学物质，甚至含有生化武器的成分。——译者

产生一些附带效果，而这些效果（至少对部分人来说）可能比我们试图抵消的全球变暖更糟糕。

因此，即便在技术和经济上可行，太阳辐射管理策略也会引发一些需要国际合作才能解决的棘手社会问题。谁来决定是否应该实施这个项目？在由此产生的气候变化中，一定会出现赢家和输家，受损害者会不会得到补偿？考虑到确定气候和天气现象的成因有多难（而且我们在这方面的历史记录相当糟糕），又要怎么将这些变化归因于太阳辐射管理策略？

然后是伦理问题，用这种方式刻意扰乱地球原来的自然气候也一定会遭到公众的强烈反对。更重要的是：由于成本足够低，一个经济小国，一个次国家组织，乃至一个富人就能自行完成，就可能会出现非法的太阳辐射管理。人类世界要如何应对这类情况？

饶是如此，太阳辐射管理策略仍旧值得进一步的严谨研究。实际上，美国国会最近已经为探索性工作提供了资金支持。①这项工作的第一步，也是最重要的一步，应该是更细致、更密切地监测气候系统，从而建立一个基准，以便未来据此判断干预效果。积极观测未来火山爆发产生的效果也很重要。好在，这种监测也能让我们更好地了解气候系统本身。

除了监测之外，我们首先必须要问：**允许做哪些实地实验？是谁，通过何种程序，能给予这么做的许可？**科学界和政策界才刚刚开始努力应对这些问题。就目前的情况来说，正如我们在前面那些章节中看到的，极端天气事件还没有呈现出即将发生气候灾难的迹象，所以我们还有时间把这一切弄清楚。

---

① Fialka, John. “NOAA Gets Go-Ahead to Study Climate Plan B: Geoengineering.” E&E News: Climatewire, January 23, 2020. https://www.eenews.net/climatewire/2020/01/23/stories/1062156429.

除了增加地球反照率，我们也可以通过地球工程直接移除大气中的部分二氧化碳，从而解决部分变暖问题。二氧化碳移除策略是缓解方案的孪生兄弟——从大气中移除二氧化碳，而不是（仅仅）从源头减少向大气中排放的二氧化碳。

二氧化碳移除策略似乎有一些优势，例如：它会减少“谁排放的二氧化碳”这个问题的重要性和争议性，要知道，划分排放责任正是当前国际减排任务面对的最大阻碍之一。另外，这个策略还允许我们出于生活、经济和技术的需要继续使用化石燃料（尽管有些人会认为这是缺点）。最后，因为二氧化碳移除策略的运作原理是直接“撤销”人类影响，所以很可能也不会有什么附带影响需要担心——它只会将大气二氧化碳浓度恢复到原来应有的水平。

设计一种能直接从大气中捕获二氧化碳的化学工厂并不难。这类捕获技术与发电厂的排气系统①类似，只是相较后者还多了一项挑战：要让大量气体通过捕获系统。因此，真正的问题在于规模和成本。

要实质性减少人类影响，所需的二氧化碳移除量大得吓人。全球每年消耗的能源材料以吉吨计。全球每年消耗大约 4.5 吉吨石油和 8 吉吨煤炭，因此，即便只是每年移除 10 吉吨二氧化碳（目前排放量的大约 1/3）也需要相当庞大的基础设施捕获和处理这些物质。无需多言，肯定不便宜。最新的估算结果是：捕获并压缩一吨二氧化碳的成本就超过 100 美元，这意味着每年移除 10 吉吨二氧化碳的成本至少是 1 万亿美元。②

---

① American Physical Society, APS Panel on Public Affairs. 2011. Direct Air Capture of CO_2 with Chemicals. American Physical Society. https://www.aps.org/policy/reports/assessments/upload/dac2011.pdf.

② Keith, David W., Geoffrey Holmes, David St. Angelo, and Kenton Heidel. “A Process for Capturing CO_2 from the Atmosphere.” Joule 2 (2018): 1573 – 1594. https://www.cell.com/joule/fulltext/S2542-4351(18)30225-3.

下一个问题是：从大气中移出这些二氧化碳之后，要怎么处理它们？目前，全球每年只会使用 0.2 吉吨二氧化碳——其中，大约 0.13 吉吨用于生产尿素（肥料），0.08 吉吨用于提高石油产量（通过“注入井”把二氧化碳泵入油田，有助于把地下石油输送到“生产井”中）。也就是说，目前我们的二氧化碳使用量相比需要从大气中移除的量还不足百分之一。不幸的是，我们很难想到有什么可以大规模使用二氧化碳的新方法。除燃料之外，全球最大的流通物资是水泥（每年不到 3 吉吨）和塑料（每年大约 0.5 吉吨）。另外，二氧化碳是燃料燃烧产生能量后的产物，因此需要更多的能量（可能是“清洁”的）才能将其重新转化为燃料。总之，处理从大气中移出的二氧化碳的最佳方式还是将其隔绝，把它埋藏到地下或是海洋中。毫无疑问，从我们需要的规模来说，这一定是一项艰巨的任务。

除了用化学工厂除去大气中的二氧化碳，还可以利用自然植物——也就是植被。如第三章所述，作为季节性周期的一部分，每年在地球表面和大气之间流动的碳大约有 200 吉吨，它们或多或少处于平衡状态。人类在从地下挖出化石燃料的过程中，还会每年给这个循环增加大约 8 吉吨碳（以 30 吉吨二氧化碳的形式）。其中，大约一半被植物通过光合作用吸收。如果我们能引发更多光合作用，就可以移除更多二氧化碳。于是，就有了种植数万亿棵树（重新造林）以拯救地球的呼声。①不过，虽然我们现在就可以种树，但它们长大需要几十年。因此，虽然这么做从长期来说的确能移除二氧化碳，但如果要拿来应对“气候紧急状态”（会触发诸如 SRM 等地球工程的那种），种树还是太慢一些。另外，

① Buis, Alan. “Examining the Viability of Planting Trees to Help Mitigate Climate Change.” NASA, Global Climate Change: Vital Signs of the Planet, November 11, 2019. https://climate.nasa.gov/news/2927/examining-the-viability-of-planting-trees-to-help-mitigate-climate-change/.

我们还不了解森林到底能吸收多少二氧化碳，也不知道新增大面积森林会产生何种生态冲击。

为了提升二氧化碳的移除技术，最近有机构正在推动美国政府启动一项大规模研究计划。想必会取得进展。①举例来说，理论上可以从遗传角度改造植物，使其能更好地捕获并储存碳（只不过，大面积种植这类基因改造植物一定会引起环境方面的担忧）。②即便如此，我也很难想象要新增多大规模的森林，才能有意义地削减人类对地球气候的影响。不过要是能将从大气中移除一吨二氧化碳的成本降至现行碳价之下，那就可以赚钱。就像气候/能源行业经常出现的情况一样，哪怕没有真正做出多大贡献，但完全有可能在财务方面表现良好。

接下来，我们讨论另一个备用计划：适应。

我在南加利福尼亚住了 30 年。在那个地方，地震是一种令人不快的现实。美国地质调查局是这么描述的：

> 南加利福尼亚地区每年会发生大约 10 000 次地震。其中大部分小到人们无法察觉。只有数百次地震的震级会超过 3.0，只有大约 15~20 次震级会超过 4.0。然而，如果发生大地震，余震序列就会在接下去多个月内产生更多各种震级的地震。③

---

① Schwarber, Adria. "Moniz Making Case for $11 Billion Carbon Removal Initiative." American Institute of Physics, November 19, 2019. https://www.aip.org/fyi/2019/moniz-making-case-11-billion-carbon-removal-initiative.

② Busch, Wolfgang, Joanne Chory, Joseph Ecker, Julie Law, Todd Michael, and Joseph Noel. "Harnessing Plants Initiative." Salk Institute for Biological Studies, 2020. https://www.salk.edu/harnessing-plants-initiative/.

③ US Geological Survey. "Cool Earthquake Facts." USGS. Accessed November 27, 2020. https://www.usgs.gov/natural-hazards/earthquake-hazards/science/cool-earthquake-facts.

小地震只能算是一种滋扰，但大地震会破坏建筑物和道路，甚至会造成人员伤亡。在过去这个世纪中，加利福尼亚的地震已造成数百人丧生，数千人受伤。地震完全是一种自然现象。我们无法阻止地震，也无法预测地震何时发生（除了从统计学意义上估计）。

尽管有地震风险，我和家人也并没有急着离开帕萨迪纳——那里的天气、社区，还有加州理工学院，对我们有很强的吸引力。不过，与南加利福尼亚的其他几百万居民一样，我们也采取了预防措施。我们把房子牢牢固定在地基上，把架子牢牢固定在墙上；我们买了地震保险，储备了够几天之用的食物和水；我们对孩子做地震安全教育，还制订了紧急联系计划，规划了逃离路线。我们的家庭措施是对社会措施的补充。在更大的社会层面，人们制定了建筑规范，做了第一响应者准备，现在的预警系统也有助于将地震损失降到最低。总之，无论是个人，还是社区，我们都适应了地震的存在——通过塑造相应的基础设施和个人行为，确保我们能在自己选择的居住地长久地生活下去。生活在其他地方、面临其他自然灾害（如频繁的洪水和季节性风暴）的人们，也会以类似的方式适应居住地的自然环境。

鉴于有效减排遭遇的巨大挑战，以及导致地球工程很可能只能**在极端情况**下部署的种种担忧，现在几乎可以肯定，必须用适应气候变化的方案补充（甚至是取代）减排政策。按照我在第二部分开头提到那些问题的说法：这并不是一个关于我认为我们**应该**怎么做的声明，而是我对我们**会**怎么做的判断。

我认为适应**会**是我们应对方式的原因如下：

适应是无需理由的。几千年来，人类对气候变化的适应一直都很成功。而且，在大部分时间里，我们甚至完全不知道是什么（除了报复心强的神灵）导致了气候变化。我们现在掌握的信息有助于规划适应策略，无论气候变化是自然现象引起的，还是人为因素导致的，人类社会都能适应。

适应是可拓展的。如果气候变化加剧，初期的小规模措施也可以随之加强。

适应是地域性的。适应在本质上就是针对不同地点、不同人群的不同需求和优先级而量身定制的。这也使得它在政治上更为可行。相比对抗数千公里之外、两代人之后且尚不确定的模糊威胁，人们更愿意接受把钱花在“此时此地”(比如控制本地河流的洪水)。此外，地方性适应无需达成全球性的共识、承诺或合作——事实证明，截至目前的缓解措施难以满足上述要求。

适应是自主的。自人类形成社会以来，就一直在适应——举个例子，为了从北海中获取土地，荷兰人几个世纪以来一直在修建、修缮堤坝。无论我们是否有所规划，适应总会自动发生。

适应是有效的。从北极到热带，人类社会已经在各种环境中繁荣发展。适应气候变化总是会减少总体冲击，总是比不去适应要好——毕竟，我们改变社会不是为了让事情变得更糟!

尽管适应很重要，并且显然能与减排相辅相成，但如今我们是分别处理这两种策略的——而且更重视缓解措施。这种倾斜或许是因为适应是对持续变化的自然气候“一如往常”的应对方式，但也有可能是因为我们对适应还没有形成简单的思考框架。我们对碳排放已经形成了思考框架——也就是图 14.1 展示的所谓“稳定楔”①。这个框架列举了一系列减排策略，并且说明了每一种策略在本世纪可能实现的规模，以便评估和比较每一种策略的成本和效力。它鼓励从“系统角度”看待各种策略应有的优先级，以及彼此之间的相互作用。借助稳定楔，我们已经提

① Pacala, S., and R. Socolow. “Stabilization Wedges: Solving the Climate Problem for the Next 50 Years with Current Technologies.” Science, August 13, 2004. https://science.sciencemag.org/content/305/5686/968.full.

出了一些具体的政策建议，比如：通过收费、限额或交易为碳排放定价，制定了可再生电力标准，对能源效率也作了规定。

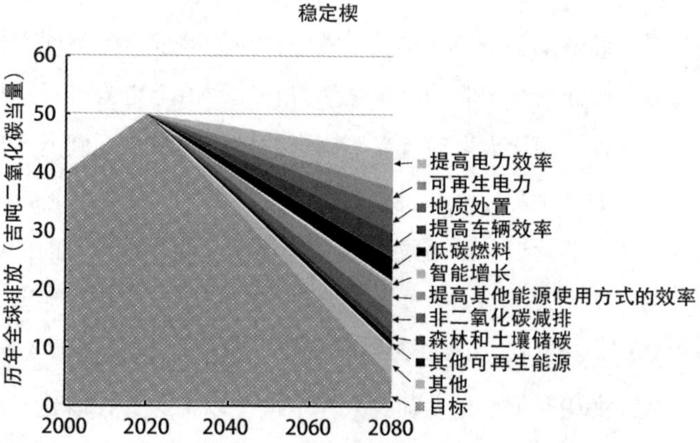

图 14.1

各种减排策略的稳定楔框架图示。图中数值都只是概念性的。①

虽然稳定楔概念绝不完美，但它的确为思考排放政策提供了一种有效的方式。正如美国国家资源保护委员会大卫·霍金斯（David Hawkins）所说：

> 稳定楔就是气候政策分析领域的某种 iPod。它是一种可以理解且有吸引力的封装方式，人们可以往里面填充自己的内容。

然而，到目前为止，还没有类似的稳定楔列出各种适应措施的方法、成本、有效性和政策杠杆。相反，对适应的讨论充其量不过是各种奇闻逸事和可能策略的大杂烩——废话多于实质内容。对适应的政策分

① Morris, Stan. "Doing more with less CO_2." AHEAD Energy Corporati on, 2020. http://www.aheadenergy.org/.

析也相对欠缺。虽然已有大量案例研究找到了可以减少对负面气候冲击的适应措施，但它们显然没有解决执行层面的问题，没有对不同适应策略做成本/效益分析，更没有比较选择适应与选择缓解之间的效果差异。此外，也几乎没人关注适应措施从分析到审议再到执行——这整个流程所需的具体体制、政治和财政改革。

和大多数事情一样，富裕的社会更容易有效地采取适应措施，他们掌握面对状况时做出改变所需的制度和经济资源。不那么发达的国家会更脆弱。因此，在全球层面推进适应措施的最佳方式就是鼓励不那么发达的国家发展经济并加强治理（比如法治或制定和执行国家战略的能力）。从这个意义上说，推进适应的任务等同于减少贫困，即使是出于很多与气候无关的原因，这也显然是件好事。

当然，正如前文提到的，如果我们能了解未来的气候冲击大概是什么样子，了解气候会如何变化，那么如今在适应措施上的投入将能最有效地削减未来气候变化的负面冲击。遗憾的是，我们同样已经看到，未来需要适应的内容仍有巨大的不确定性。目前，区域和局部气候的模型预测结果远远谈不上有多好，它们的指导性还不足以超出“海平面会继续上升”之类的模糊判断。但是至少，我们应该为已经发生过的气候变化和极端天气事件做好准备。唉，但总体上说，我们连这一点都还没有做好。

结 语

撰写这本书其实也是一个收集并综合我过去 15 年在气候与能源方面探索经历的机会。在这场旅途中，我起初认为，我们正处在一场将地球从气候灾难中解救出来的竞赛中。此后，我逐渐变成了一个公开批评气候科学呈现方式的人。另外，在整个过程中，我始终带着学生和策略家的心态，不断寻求学习更多气候知识的机会，并且关注能源体系要如何转型才能满足人类社会不断变化的需要。

这场探索之旅涉及的课题之多，令我印象深刻。据我所知，没有多少（大概率是**压根没有**）其他讨论将 5 000 万年前的微化石组成同电网管理联系起来。我们对气候的了解程度（或者说不了解程度）同样令我印象深刻。气候知识上的巨大缺口及其表明的气候系统复杂性则让我感到有些惊讶。另外，这一领域中的大多数研究人员对研究课题的重视也让我印象深刻。气候在变化，人类逃不了干系，但我们的全球能源需求也在增长。我们必须警觉这对未来意味着什么。

然而，这一路上我也感受到了失望。首先是因为部分气候科学家——在媒体和政客的怂恿下——竟然愿意歪曲科学内容。其次是因为其他许多科学家也默许了这些错误表述。公众应该得到更好的东西。在涉及我们对气候变化的已知与未知时，他们严重误导了非专业人士，从而剥夺了政府、产业和个人在充分知情的情况下决定如何应对气候变化的权利。

公众（包括媒体在内）理解评估报告真实内容的难度之大也同样令我惊讶。过去6年里，我在报纸上写了不少评论文章，但也很难弥补这一点——更何况，我那些评论文章在长度、技术、形式（连图都不能放!）上都受到限制。这本书让我得以讲述一个更丰富且能提供更多信息的故事。

经常有人问我“你的要点是什么?”或者“你会在电梯讲话中说什么?”，我的回答通常会是“气候与能源是复杂而微妙的课题。简单描述‘问题’或推定的‘解决方案’并不会产生明智的选择”之类的。如果同路人愿意陪我多坐一会儿电梯，我们还会作进一步讨论——结束时，我总是会敦促他们不要轻易相信我的话，要自己多仔细看看数据和评估报告原文。

我最大的愿望是政策制定者、记者和广大公众能在阅读本书时发现一些惊喜，然后找到科学家，对他们说“我在评估报告中核查了那个叫库宁的家伙提到的一些事情——他是对的。可我为什么之前没听说过这些?还有什么是你们没告诉我的?”之类的话。这可能会引出许多尴尬的对话，但说到底，这样的对话重要且必要。

我特意用一种描述性的，而不是规范性的方式撰写这本书：我给出事实，给出事实所暗示内容的确定性与不确定性，给出应对气候变化的诸多选项。这才是科学家在给非专业人士提建议时应有的立场——无论这些非专业人士是其他学科的科学家，是公众，还是政府或产业界的政策制定者，也无论讨论的主题是气候与能源、核恐怖主义，还是人类基因组计划。不过，虽然负责任的科学家会谨慎地区分“应该”问题、“可以”问题和“会”的问题，但每个人都难免有自己的立场和看法。另外也经常有人问我“那么你认为我们面对气候现状应该做点什么?”，我觉得我有义务回应这个问题，尤其是考虑到我现在已经把各种事实罗列了出来。

首先，我们可以持续且高质量地观测气候系统（大气、海洋、冰冻圈和生态圈）。如果我们希望了解地球气候现在的情况，正如何受到人为和自然因素的影响，以及未来会发生何种变化，这都是至关重要的。我们已经看到，人为因素导致的气候变化程度较小、不易察觉，而且已经持续了几十年，因此，即便要面对各色机构和资金支持的不断变化，持续且精准的观测也是必要的。

我们还需要更好地理解我们建构的那些极其复杂的气候模型。现有模型给出了各种排放情境下的模拟结果，它们其实并不能提供多少有用信息，但我们已经为此投入了大量精力。现在的问题是：为什么气候模型仍无法描述最近这些年的气候状况，对未来气候的预测结果为什么又是如此不确定？要是能把精力和资源投入这些问题的研究上，结果应该会好得多。总之，我们应该有更多的思考，少做些徒劳的计算。①

我们需要推进气候科学本身，这要从真诚、公开的讨论开始，这种讨论应当超越口号和论战，也应当免于被指控为阴谋。科学家应该欢迎辩论、挑战和澄清事实的机会。科学从质疑开始：如果我们坚持认为所有问题都已解决，那就很难鼓励开展新的研究。实际上，正如我在本书中展示的，仍有许多重要甚至是关键的气候问题悬而未决。真相是：真正的科学永远不会完全确定——这正是我们取得进步的方式，科学的全部意义正在于此。我们要不断深化认识，不要只是重复正统说法。

要想推进气候科学发展，还需要有意识地让其他领域的科学家也加入气候研究。气候科学的数据很丰富，获取也不难，从科学角度上说，

---

① As has been pointed out recently by one leader of the field; Emanuel, K. "The Relevance of Theory for Contemporary Research in Atmospheres, Oceans, and Climate." AGU Advances 1 (2020): e2019AV000129. https://agupubs.onlinelibrary.wiley.com/doi/epdf/10.1029/2019AV000129.

气候科学的问题很有趣且对社会很重要。引入气候领域外那些有统计学或计算机模拟专长的科学家可以对气候学家目前的视角构成补充。

我们在传播气候科学方面也应该做得更好。社会决策必须在充分了解现有气候科学知识确定性和不确定性的前提下，才能面对成本和弊端，平衡相应的风险和收益。公众应当看到完整、透明且中立的评估报告。我在第十一章中介绍的红队机制会是对气候科学评估过程的良好补充。这种机制在其他那些重要且复杂的国家事务上已被证明是有效的。第一次红队审查可以让关心气候的公众严格审查计划于2021年7月颁布的联合国AR6报告，或是美国政府计划于2023年发布的下一次美国全国气候评估报告。审查重点可以是我在本书中提出的问题或已识别出的错误表述。这些即将发布的报告会如何处理最新一代气候模型的失败？他们会不会提到（先不说强调）飓风灾害并没有呈现长期变化趋势，或者全球变暖3℃（远高于巴黎协定的目标）对经济的预计净冲击其实很小？我认为完全有必要对评估报告做此类严格审查，尤其是考虑到拜登政府正呼吁在气候与能源领域投入大约2万亿美元。

与此同时，我们还要降低气候报道中的歇斯底里情绪。记者自身也需要帮助才能更好地理解他们所接触的材料。公众则需要一些工具，从而让他们能更批判地看待关于气候（其他许多话题也同样如此）的媒体报道。

追求“容易”实现的减排也同样有意义，其中最明显的是阻止甲烷泄漏。在天然气的生产和分配系统中总会有百分之几的甲烷逸出。这是实打实的金钱损失，因而阻止甲烷泄漏有经济上的动力（这通常比气候问题更能激励生产方）。氯氟烃和含氢氯氟烃（用作冰箱制冷剂和阻燃剂）等大家相对听闻较少的温室气体也可以在不对人类社会造成太大冲击的前提下实现减排。（遗憾的是，这对人类影响的降低效果也同样轻微。）

另一个唾手可得的果实是提高成本效益以促进减排，尤其是当这么做还有附带好处时。举例来说，先进的燃煤发电厂采用汽化煤炭比直接燃烧对当地污染更少，效率也更高。另外，对车辆来说，更省油的发动机或向混合动力和电动汽车的转变，既能减少当地化学污染和噪声污染，又可以通过降低对波动剧烈的全球石油市场的依赖，增强能源安全。

第三个“容易”实现的减排操作是进一步研究并发展低排放技术。成本和可靠性是判断这类新技术是否可行的主要因素，应该把关注点放在能克服这些障碍的技术进展上。小型模块化裂变反应堆，改进型太阳能技术，以及从长远来看的核聚变技术，这些都是大有前途的研究领域，研究如何在电网上经济地储存大量电力也同样如此。在各个层面开发和部署更高效、成本效益更高的终端技术是双赢策略，从建筑通风系统到家用电器，就像过去几十年间照明技术的应用一样。特别有望成功的是在交通运输和建筑作业中应用基于信息的方法——比如推荐更高效的行驶路线或更好地监测和控制发动机性能，还有自动调低或调高无人房间的温度。

我们还需要就政府在这些努力中应当扮演的角色展开坦率的对话（给予研发何种支持力度，如何及在多大程度上鼓励新技术的部署）。我在能源部的工作之一就是推动国会、行政部门和私人部门之间的对话。我希望这类讨论能很快重启。至少在美国，在过去几十年里，政府在能源体系转型过程中应当扮演的角色一直是政治争议的焦点。

我个人不太看好“强制和紧急”脱碳措施，无论具体方式是碳定价还是强制监管。如果我们真的想在 2075 年（只是举个例子）前实现消除全球净碳排放的目标，需要做出的改变大到惊人。相较之下，人类影响气候产生的冲击不确定性太高（而且很可能很小）。另外，在我看来，缓解措施的诸多能确定的弊端要超过它们不确定的好处：全世界生活在贫困之中的人都需要越来越多负担得起的可靠能源，就目前的情况来说，大范围应用可再生能源或裂变技术要么太贵，要么不可靠，要么二者兼而有之。我会等到科学变得更加确定之后——也就是说，等到我们能更好确定气候究竟会对人类影响作何回应的时候，或者，如果无法做到这一点，等到我们在价值取向上达成共识或是等到零碳排放技术变得更加可行——再去着手实施项目，比如通过征税或者排放管制让温室气体消失，或从大气中捕捉并储存大量二氧化碳。

我认为，减少二氧化碳排放的社会与技术障碍使得人类对气候的影响在本世纪不太可能稳定下来，更不用说减少了。如果未来人类影响的后果变得比现在更加明显、更加严重，那么，成本与收益之间的平衡当然要做相应改变，人类社会也应该要随之改变。不过，我认为这种情况不会很快发生。

主张在更好地认识气候变化原因，以及未来将如何变化之前仅采取低风险的改变措施，是一种有些人称为“优柔寡断”的立场，但我更喜欢称这样的立场为“现实”“谨慎”。我尊重其他人可能得出的不同结论，也同样希望他们能尊重我的。只有当我们意识到这两种观点之间的差异说到底是来自价值观而不是科学，才可能解决分歧。

另一种谨慎的措施则是更积极地推行适应策略。这种策略完全可以奏效。正如我在上一章中所说，如今，人类生活在从热带到北极的各种不同气候中，并且已经成功适应了许多气候变化，其中包括大约400年前相对较近的小冰期。有效的适应可以把可靠的区域气候的变化预测，与评价各种适应策略成本和收益的框架结合起来。如前文所述，我们距实现上述两个目标中的任何一个都还有很长的路要走。因此，目前的最佳策略是推动发展中国家的经济发展，让他们建立各种强大的机构，以提高其适应气候变化的能力（同时也能提高他们做其他具有积极意义的事情的能力）。

最后，万一全球气候严重恶化——不论出于何种原因——人类最好能知道刻意干预气候系统（地球工程）究竟是不是一种可行策略。因此，研究我在上一章中提到的那些地球工程选项是一种谨慎的行为，并且正如我强调的，密切监测地球系统正是此类研究的第一步。无论如何，这些研究项目总能提高我们对气候系统的认识。

总之，我认为我们**应该**做的是：首先恢复科学在气候与能源领域给社会提供决策建议时的诚信——我们得从所谓的“科学”回到科学本身。接着，无论地球的未来如何，我们都应该采取最有可能为人类社会带来积极结果的措施。正如拜登总统在就职演说中所呼吁的：“我们必须拒绝那种事实本身被操控，甚至被捏造出来的文化。”

鸣 谢

这本书花了差不多3年才完成。虽然书中内容由我一人负责，但我很感激这一路上帮助过我的许多人。

这个感谢名单当然要从我的父母开始。从我很小的时候起，父亲就培养了我对自然世界和“事物如何运作”的敬畏感与好奇心，而母亲的充沛精力和乐观精神则在我的整个职业生涯中一直支持着我。

在我决定撰写这本书时，夫人劳里（Laurie）和三个孩子安娜（Anna）、阿利森（Alyson）和本杰明（Benjamin）一如既往地支持着我，就像他们在我职业生涯中支持我其他所有事情一样。在撰写本书的几年中，我没法像以前那样陪伴他们，但他们毫无怨言，这使得撰写过程变得容易多了。同时，他们阅读初稿后提出的建议也帮助我巩固了表述。

我的经纪人贾弗林公司（Javelin）的凯斯·厄本（Keith Urbahn）也认为我在气候与能源问题上的观点有必要让更多读者知晓。

我的出版人本贝拉图书公司（BenBella Books）的格伦·叶菲斯（Glenn Yeffeth）勇敢地接纳了这本肯定会让很多人不满的书，尽管它是准确、直白、易懂的（或许这就是他看中这本书的原因）。

我的编辑亚历克莎·斯蒂文森（Alexa Stevenson）提出了许多有见地的问题，并且巧妙地修改了我的文字和图表。她的努力大大提升了这本书的可读性和质量。

威尔·哈珀（Will Happer）、威廉·范韦恩哈登（William van Wijingaarden）、约翰·克里斯蒂（John Christy）和德米特里斯·考特索伊安尼斯（Demetris Koutsoyiannis）等教授提供了很多图片和数据，有助于我讲好这个科学故事。

很多人审读过《悬而未决》的稿件。虽然并非所有人都完全赞同我撰写的内容，但在我完善这本书的时候，他们的评论和见解都很有价值。这些审读人包括亨利·阿巴巴内尔（Henry Abarbanel）、凯斯林·亚历山大（Kathleen Alexander）、杰西·奥苏贝尔（Jesse Ausubel）、沃尔夫冈·鲍尔（Wolfgang Bauer）、彼得·布莱尔（Peter Blair）、凯文·丘尔顿（Kevin Chilton）、约翰·克里斯蒂、马吕斯·克洛尔（Marius Clore）、塔玛尔·埃尔克莱斯（Tamar Elkeles）、南希·福布斯（Nancy Forbes）、菲尔·古德（Phil Goode）、迈克·格雷格（Mike Gregg）、威尔·哈珀、帕特里克·霍根（Patrick Hogan）、巴里·霍尼希（Barry Honig）、斯蒂芬·徐（Stephen Hsu）、尤金·伊洛夫斯基（Eugene Illovsky）、伊莱·雅克布斯（Eli Jacobs）、西摩·卡普兰（Seymour Kaplan）、布莱恩·库宁（Brian Koonin）、卡尔海因茨·朗安克（Karlheinz Langanke）、迪克·林岑（Dick Lindzen）、哈里特·马塔尔（Harriet Mattar）、安迪·梅（Andy May）、丹·梅戎（Dan Meiron）、罗伯特·鲍威尔（Robert Powell）、罗伊·施威特斯（Roy Schwitters）、诺亚·特里潘尼尔（Noah Trepanier）、克雷格·维纳（Craig Weiner）、大卫·惠兰（David Whelan）、乔纳森·乌尔特勒（Jonathan Wurtele）和朱恩·于（June Yu）。

关于作者

照片由凯利·科拉尔（Kelly Kollar）拍摄

史蒂芬·E. 库宁博士是美国最杰出的科学家之一、美国国家科学院成员、美国科学政策制定领域的领导者。

库宁博士目前是纽约大学教授，在斯特恩商学院、坦顿工程学院和物理学系任教。他创建了纽约大学城市科学与进步研究中心，该中心专注于研究大城市大数据的获取、整合和分析，并开展相关教育工作。

库宁博士曾在奥巴马总统任内担任美国能源部副部长，分管科学事务，负责范围包括气候研究项目和能源技术战略。他是美国能源部战略计划（2011 年）和首期能源部四年技术评论（2011 年）的主要作者。在进入政府工作之前，库宁博士在英国石油公司当了 5 年首席科学家，研究可再生能源，以推动该公司“超越石油”。

库宁博士在加州理工学院理论物理学系当了接近 30 年的教授。另外，他还在加州理工学院当了 9 年的副校长和教务长，其间支持了 300 多名科学和工程学教职工的研究工作，推动了全球最大光学望远镜的发展，并倡议了计算机科学、生物工程和生物科学方面的多项研究计划。

除了是美国国家科学院成员之外，库宁博士还是美国人文与科学院、美国对外关系委员会和 JASON（为美国政府解决技术问题的科学家小组）的成员。他还当过 6 年 JASON 主席。2014—2019 年，库宁博士担任美国国家科学院工程与物理学分部委员会主席。自 2014 年以来，他还一直是美国国防分析研究所的受托人。目前，他还是美国劳伦斯利弗莫尔国家实验室的独立理事，在洛斯阿拉莫斯、桑迪亚、布鲁克海文和阿贡美国国家实验室也担任类似职务。他也是后新冠疫情时代科莫州长（Governor Cuomo）的“重新构想纽约”蓝带委员会成员。

库宁博士在加州理工学院获得物理学学士学位，在麻省理工学院获得理论物理学博士学位。作为课堂讲师，他屡获殊荣，他的公开讲座以清晰阐述复杂课题而闻名。他是 1985 年出版的经典教材《计算物理学》（*Computational Physics*）的作者，这本书介绍了复杂物理系统的计算机建模方法。他发表了大约 200 篇同行评审论文，领域涵盖物理学、天体物理学、科学计算、能源技术与政策以及气候科学。同时，他还是多部长篇报告（长度相当于图书）的主要作者，其中包括两项美国国家学院的研究。

从2014年开始，库宁博士通过一系列文章和讲座，倡导对气候与能源问题做更准确、更完备、更透明的公开表达。

Steven E. Koonin
UNSETTLED: What Climate Science Tells Us, What It Doesn't, and Why It Matters

图字：09-2022-0039号

图书在版编目（CIP）数据

悬而未决：气候变化的事实和迷思 /（美）史蒂芬·库宁（Steven E. Koonin）著；王乔琦译. -- 上海：上海译文出版社，2025. 4. --（译文科学）. -- ISBN 978-7-5327-9754-7

Ⅰ. P467-49

中国国家版本馆 CIP 数据核字第 2025GV7260 号

悬而未决：气候变化的事实和迷思

［美］史蒂芬·库宁 著　王乔琦 译

责任编辑/张吉人　周元昊　封面插画/唐正楠　装帧设计/柴昊洲

上海译文出版社有限公司出版、发行
网址：www.yiwen.com.cn
201101　上海市闵行区号景路159弄B座
上海颛辉印刷厂有限公司印刷

开本 890×1240　1/32　印张 9.5　插页 2　字数 180,000
2025年4月第1版　2025年4月第1次印刷
印数：00,001—10,000册

ISBN 978-7-5327-9754-7
定价：45.00元